AF465850

A TRAVERS

LES PRAIRIES

2e SÉRIE IN-4°.

Propriété des Éditeurs,

Eugène Ardant et Cie

BENEDICT-HENRY REVOIL

A TRAVERS

LES PRAIRIES

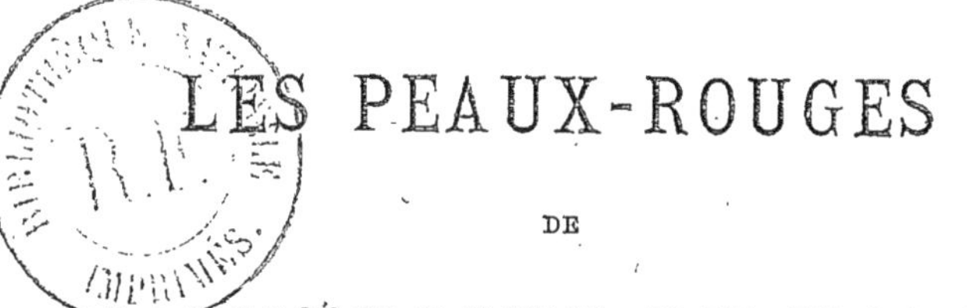

LES PEAUX-ROUGES

DE

L'AMÉRIQUE DU NORD

EXCURSIONS, CHASSES, ETC.

DÉPÔT LÉGAL
HAUTE-VIENNE

LIMOGES

EUGÈNE ARDANT ET Cie, ÉDITEURS.

A TRAVERS LES PRAIRIES

I. — Les territoires de chasse dans les prairies. — Mes compagnons de voyages. — Le commissaire du gouvernement. — Le virtuose universel. — L'amateur d'aventures. — Le Gil-Blas des frontières. — Jouissances par anticipation d'un jeune homme romanesque.

Dans ces régions lointaines de l'ouest sur lesquelles les frontières des Etats-Unis avancent tous les jours, dans ces régions tant vantées et si imparfaitement connues, s'étend, à plusieurs centaines de milles au-delà du Mississipi, un immense espace de terre inculte où l'on ne voit ni la cabane du blanc ni le wigwam de l'Indien.

Ce désert se compose de plaines coupées par des forêts, des bosquets ou des bouquets d'arbres, et est arrosé par l'Arkansas, la Grande Rivière canadienne, la Rivière Rouge et leurs tributaires.

Sur ces terres verdoyantes, l'élan, le buffle, le cheval sauvage errent encore dans leur primitive liberté, et les tribus indigènes de l'ouest ont dans ces parages leurs divers territoires de chasse. Là, se rendent les Osages, les Criks, les Delawares et d'autres nations qui se sont liées en quelque sorte à la civilisation, et vivent dans le voisinage des établissements des blancs.

Là se rendent aussi les Pawnies, les Comanches et d'autres peuples belliqueux et encore indépendants, nomades des prairies ou habitants des montagnes de rochers.

La région dont je parle est un terrain disputable entre ces tribus guerrières et vindicatives; aucune d'elles ne s'arroge le droit de se fixer dans ses limites; mais leurs chasseurs, leurs braves y vont en troupes nombreuses dans la saison de la chasse, forment leur léger campement de branches d'arbres et de peaux, se hâtent d'abattre, parmi les innombrables troupeaux qui broutent la prairie, de quoi se charger de butin, et se retirent au plus vite de ce dangereux voisinage.

Ces expéditions sont toujours armées et préparées pour la guerre comme pour la chasse. Le chasseur se tient prêt à l'attaque ou à la défense, et doit avoir une vigilance continuelle.

S'ils rencontrent dans leurs excursions les chasseurs d'une tribu ennemie, il en résulte un combat acharné; de plus, les campements sont sujets à être surpris par des guerriers errants, et les chasseurs dispersés à la poursuite du gibier à être pris ou massacrés par des ennemis embusqués.

Des crânes, des squelettes desséchés au fond des ravins obscurs, marquent le théâtre de faits sanguinaires, et montrent au voyageur la nature dangereuse de la contrée qu'il traverse.

Les pages suivantes contiendront le narré d'une excursion d'un mois dans ces territoires de chasse dont une partie n'a pas encore été explorée par les blancs.

Au commencement d'octobre 1802, j'arrivai à Fort-Gibson, un poste de notre extrême frontière de l'ouest situé sur la Grande Rivière, près de son confluent avec l'Arkansas. Depuis un mois, je voyageais avec une petite compagnie, et nous étions allés de Saint-Louis aux rives du Missouri, et le long de la ligne d'agences et de missions qui s'étend du Missouri à l'Arkansas.

A la tête de notre bande était un commissaire chargé par le gouvernement des États-Unis d'inspecter l'établissement des tribus indiennes qui émigrent de l'est à l'ouest du Mississipi. Les devoirs de sa charge le conduisaient à visiter divers postes avancés de la civilisation; et ici le lecteur me permettra de rendre hommage au mérite de notre digne conducteur. Il était né dans une des villes du Connecticut, et une vie passée dans la pratique des lois et les affaires administratives n'avait pu altérer la candeur, la bienveillance innée de son cœur. La plus grande partie de ses jours s'était écoulée au sein de sa famille et dans la société d'hommes vénérables, diacres anciens ou pasteurs évangéliques des bords paisibles du Connecticut, quand il fut appelé soudain à monter son destrier, à prendre son mousquet, et à se mêler parmi les rudes chasseurs, les hardis planteurs, les sauvages nus, à travers les solitudes, sans chemins tracés, qui s'étendent au loin à l'occident de nos provinces nouvelles.

Un autre de mes compagnons était M. L..., Anglais de naissance, mais d'origine étrangère, et doué de toute la vivacité d'esprit et de toute la facilité de caractère d'un naturel du continent européen. Ses voyages en divers pays en avaient fait à certain degré un citoyen du monde, prêt à se conformer à tous les changements exigés par les différentes mœurs, les différentes localités au milieu desquelles il se trouvait. C'était un homme universel : botaniste, géologue, chasseur aux scarabées et aux papillons, amateur de musique, dessinateur très-au-dessus du médiocre; bref, virtuose général et spécial, et de plus chasseur infatigable, sinon toujours heureux. Jamais homme n'eut à la fois plus de fers au feu, par conséquent jamais homme ne fut plus affairé et plus satisfait.

Mon troisième compagnon, qui avait suivi le second d'Europe en Amérique, se présentait comme le Télémaque de notre virtuose, et, à l'instar de son prototype, il donnait parfois un peu d'embarras et d'inquiétude au sage Mentor. C'était un jeune comte suisse à peine âgé de vingt-un ans, plein de talents et d'esprit, mais entreprenant, aventureux à l'excès, et prêt à s'engager dans les pas les plus dangereux pour l'amour du mouvement et de la nouveauté.

Après avoir parlé de mes camarades, je ne dois pas omettre de citer un personnage de rang inférieur, mais d'une importance prédominante : l'écuyer, le groom, le cuisinier, le constructeur de tentes, en un mot, le factotum, et je puis ajouter la commère de notre compagnie. C'était un petit créole français, maigre, jaune, tanné, aux membres souples et grêles, nommé Antoine, et familièrement Tony ; une sorte de Gil-Blas de la frontière, qui avait passé sa vie errante tour à tour parmi les blancs et parmi les Indiens; tantôt employé par les marchands, les missionnaires ou les agents, tantôt se mêlant avec les chasseurs osages.

Nous le prîmes à Saint-Louis, près duquel il possédait une petite ferme, une femme indienne et une couvée d'enfants métis; quoique, en outre de son aveu, il eût une femme dans chaque tribu, et si l'on croyait tout ce que ce petit vagabond dit de lui-même, il serait sans moralité, sans foi, sans loi, sans culte, sans patrie, et on peut ajouter sans langage, car il parle un jargon babylonique, mêlé de français, d'anglais et d'osage : avec tout cela, c'était un rodomont achevé et un menteur du premier ordre.

Il était fort drôle de l'entendre gasconner sur ses formidables exploits et sur les périls atroces auxquels il avait miraculeusement échappé.

Au milieu de sa volubilité, il éprouvait parfois un spasme

des mâchoires très-singulier; on eût dit qu'elles se démantibulaient, qu'elles se décrochaient de leurs gonds.

Quant à moi, je suis porté à croire que cet accident était causé par quelque mensonge qui avait peine à passer par son gosier, car je remarquais généralement qu'immédiatement après ce mouvement convulsif, il nous lâchait une exorbitante hâblerie.

Notre voyage avait été extrêmement agréable; nous avions pris occasionnellement nos quartiers dans les établissements des missionnaires placés à de grandes distances les uns des autres; mais en général nous passions la nuit sous des tentes, dans les bosquets qui bordent les ruisseaux.

A la fin de notre excursion nous pressâmes le pas dans l'espoir d'arriver à Fort-Gibson à temps pour nous joindre aux chasseurs osages, dans leur visite d'automne aux prairies des buffles. Déjà l'imagination du jeune comte s'était enflammée à ce sujet. Les vastes paysages, les habitudes sauvages des prairies lui tournaient la tête, et les histoires que le petit Tony lui contait des braves Indiens et des beautés indiennes, de la chasse au bison, de la manière de s'emparer des chevaux sauvages, l'avaient rendu avide de devenir lui-même sauvage.

Il était bon et hardi cavalier, et mourait d'envie d'explorer les territoires de chasse. Rien ne nous semblait plus amusant que ses espérances juvéniles sur tout ce qu'il devait voir et faire, sur tous les plaisirs qu'il goûterait en se mêlant parmi les Indiens et en partageant leurs rudes et dangereux exercices, mais il n'était pas moins curieux d'entendre les gasconnades de Tony, qui s'engageait à lui servir d'écuyer dans toutes ses entreprises, qui devait lui enseigner à jeter le lacet au cheval sauvage, à abattre le buffle, à obtenir les doux services des princesses indiennes.

« Si nous pouvions seulement voir une prairie en feu! » s'écriait le jeune comte.

« Pour vous plaire, j'en incendierai une moi-même, » répondait le petit Français.

II. — Espérances déçues. — Nouveaux plans. — Préparatifs pour nous joindre à une expédition d'exploration. — Départ de Fort-Gibson. — Passage à gué du Verdegris. — Un cavalier indien.

Les espérances d'un jeune homme sont souvent suivies du désappointement.

Malheureusement pour les plans de campagne sauvage du jeune comte, avant la fin de notre course les chasseurs osages étaient partis pour les territoires des buffalos.

Le jeune Suisse ne voulut pas en avoir le démenti; il prit la détermination de suivre leurs traces, afin de les rejoindre; et dans cette vue il s'arrêta un peu avant Fort-Gibson à l'agence des Osages. Son compagnon, M. L..., demeura avec lui, tandis que le commissaire et moi nous poursuivîmes notre route, suivis du fidèle et véridique Tony.

Je touchai quelques mots à ce dernier sur ses promesses d'accompagner le comte dans ses campagnes, mais je trouvai le petit homme parfaitement éclairé sur ses propres intérêts. Il comprenait fort bien que le commissaire resterait longtemps dans le pays pour y remplir les devoirs de sa charge, tandis que le séjour du comte y serait simplement passager.

Les gasconnades du petit bravache cessèrent donc subitement; il ne parla plus au jeune comte des Indiens, des buffles, des chevaux sauvages, mais se plaçant silencieusement au milieu des gens du commissaire, il marcha derrière nous sans desserrer les dents jusqu'à notre arrivée au fort.

Arrivés là, une autre chance de croisière dans les prairies

s'offrit à nous. On nous dit qu'une compagnie de cavaliers explorateurs, autrement dit de riflemen, était partie trois jours auparavant, pour faire une tournée de l'Arkansas à la Rivière-Rouge, en y comprenant une partie du territoire de chasse des Pawnies, où les blancs n'avaient pas encore pénétré.

C'était une heureuse occasion de parcourir des forêts intéressantes et périlleuses sous la sauvegarde d'une puissante escorte, et de plus, protégé par la présence du commissaire, qui pouvait, en vertu de son office, réclamer les services de ce nouveau corps de riflemen (cavaliers armés de carabines), la contrée qu'ils allaient reconnaître étant destinée à l'établissement de tribus émigrantes.

Bientôt notre plan fut arrêté et mis à exécution; on dépêcha de Fort-Gibson une couple d'Indiens criks, pour atteindre les explorateurs et leur dire de faire halte jusqu'à ce que le commissaire et sa troupe les eussent rejoints.

Comme nous avions trois ou quatre journées à faire dans un pays inhabité avant de regagner les cavaliers, on nous donna une escorte de quatorze hommes commandés par un lieutenant.

Nous envoyâmes un exprès à l'agence des Osages pour faire part au jeune comte et à son ami de notre nouveau projet, et les inviter à nous accompagner.

Le comte ne pouvait chasser de sa pensée les délices qu'il s'était promises en menant une vie absolument sauvage. Il répondit qu'il consentait à marcher avec nous jusqu'à ce que nous eussions trouvé les traces des chasseurs osages, et alors sa ferme résolution était de s'enfoncer à leur poursuite, dans les déserts, son fidèle Mentor, tout en grondant un petit, avait accédé à cette proposition extravagante. Un rendez-vous général fut indiqué pour le lendemain matin à l'agence, et chacun prit ses arrangements pour un prompt départ. Un petit wagon avait jusqu'alors porté nos bagages; mais nous allions être obligés de nous frayer notre route à travers un pays inhabité, coupé de rivières, de bois, de ravines, où cette sorte de voiture eût été impossible à traîner après nous.

Il nous fallait voyager à cheval, à la manière des chasseurs, avec le moins de charge possible; nous nous réduisîmes donc au plus strict nécessaire. Une paire de sacoches suspendue à nos selles conservait notre succincte garderobe, et le grand manteau était roulé derrière nous. Le reste du matériel fut chargé sur des chevaux de somme. Chacun de nous avait une peau d'ours et une couple de couvertures de laine pour servir de lit, et nous avions une tente pour nous abriter en cas de maladie ou de mauvais temps.

Nous eûmes soin de nous pourvoir d'une assez bonne provision de farine, de café et de sucre, avec un peu de porc salé pour les cas urgents, notre principale subsistance devant être tirée de la chasse.

Nous prîmes ceux de nos chevaux qui n'étaient pas trop fatigués de notre précédente course pour en faire des chevaux de bât ou de ressource; mais ayant à faire un long et pénible voyage, pendant lequel nous serions obligés de chasser et peut-être d'avoir des rencontres avec de sauvages ennemis, le choix de bons chevaux était essentiel à notre sûreté. Je m'en procurai un très-beau et très-fort, gris d'argent, un peu rétif, mais ardent et solide; et je me retins aussi un poney vigoureux que j'avais monté jusqu'alors, et qui demeura libre au milieu des bêtes de somme, pour se refaire et se trouver prêt en cas de besoin à en remplacer un autre.

Tous les arrangements faits, nous quittâmes le fort dans la matinée du 10 octobre, et traversant la rivière en face, nous prîmes le chemin de l'agence.

Une course de quelques milles nous conduisit au gué du Verdegris, site de rochers entremêlés d'arbres forestiers de l'aspect le plus agreste. Nous descendîmes sur le bord de la rivière et la traversâmes en formant une ligne prolongée et chancelante. Les chevaux allaient avec précaution d'un rocher à l'autre, et semblaient tâter le terrain avant de poser le pied dans ces ondes bouillonnantes.

Notre petit Français Tony, qui formait l'arrière-garde avec les chevaux de bât, avait la joie au cœur, ayant obtenu une sorte d'avancement. Dans la première partie de notre voyage il avait conduit le wagon, emploi qu'il semblait regarder comme très-inférieur; et maintenant il était à la tête de la cavalerie, grand connétable, si vous voulez. Notre homme, perché comme un singe derrière les paquets, sur l'un des chevaux, chantait, criait, aboyait à la façon des Indiens, et de temps à autre il blasphémait contre les bêtes paresseuses.

Tandis que nous passions le gué, nous vîmes sur la rive opposée un Indien crik à cheval, qui s'était arrêté pour nous reconnaître, sur le bord d'un rocher élevé; sa figure était un objet pittoresque, parfaitement d'accord avec le paysage qui l'entourait. Il portait une chemise de chasse d'un bleu clair, bordée de franges écarlates, un mouchoir de couleurs vives et tranchantes était tourné autour de sa tête, à peu près comme un turban, l'un des bouts retombant sur son oreille; et avec son long fusil il ressemblait à un Arabe en embuscade. Notre petit Français, loquace et toujours disposé à se mêler de tout, le héla dans son jargon babylonique; mais le sauvage ayant vu ce qu'il voulait voir, agita sa main en l'air, tourna bride, et galopant le long du rivage, disparut en un instant parmi les arbres.

III. — Une agence indienne. — Riflemen (corps de rôdeurs ou batteurs de pays). — Osages. — Cricks. — Chasseurs. — Chiens. — Chevaux. — Métis. — Beatte le chasseur.

Quand nous eûmes passé la rivière, nous atteignîmes bientôt l'agence où le colonel Choteau tient ses bureaux et ses magasins pour l'expédition des affaires avec les Indiens et la distribution des présents, des subsides et des provisions nécessaires à ceux qui visitent les prairies. L'établissement, composé d'un petit nombre de maisons de bois (log-houses) construites sur le bord de la rivière, présentait le bizarre mélange d'une scène de frontières; là nous attendaient les hommes de notre escorte, quelques-uns à cheval, d'autres se promenant ou s'amusant à tirer au blanc, d'autres encore assis sur des arbres tombés; c'était une troupe vraiment hétérogène. Plusieurs avaient des habits taillés dans des couvertures de laine verte, d'autres portaient des chemises de chasse en cuir, mais la plupart étaient couverts de vêtements merveilleusement usés et mal faits, évidemment endossés pour éviter à de meilleures hardes un rude service.

Près de ces hommes était un groupe d'Osages à la mine imposante, aux formes classiques, simples et graves dans leur costume et leur maintien. Ils ne portaient aucun ornement, et tout leur habillement consistait en blankets (couverture de laine) et en mocassins (brodequins).

Ils avaient la tête nue et les cheveux coupés très-court, à l'exception d'une raie sur le sommet du crâne, qui faisait l'effet du cimier d'un casque, et d'une longue mèche à scalper, qui tombait par derrière. La coupe de leurs traits était celle dite romaine, et comme leurs blankets étaient généralement tournés autour de leurs reins, de manière à laisser le buste et les bras nus, ils ressemblaient à de belles statues de bronze. Les Osages sont les Indiens les plus beaux et les mieux faits que j'aie jamais vus dans les régions de l'ouest. Ils n'ont pas encore cédé à l'influence de la civilisation au point de quitter leurs habitudes de chasseurs et de guerriers, et leur pauvreté les empêche de déployer aucune espèce de luxe.

En parfait contraste avec ceux-ci, paraissait à quelque distance un parti de Cricks, dans un brillant appareil. Au premier coup d'œil, les hommes de cette tribu ont un aspect tout-à-fait oriental.

Ils portent des chemises de chasse en calicot de couleurs vives et variées, ornées de franges et serrées autour du corps par de larges ceintures enrichies de verroteries, des guêtres de peau de daim préparée ou de drap écarlate ou vert, terminées par des jarretières brodées et des glands; enfin des brodequins très-curieusement travaillés, et ajustant avec assez de grâce autour de leur tête des mouchoirs de toutes sortes de nuances éclatantes.

Là se trouvait encore une foule bigarrée de chasseurs au piége et au tir, de métis, de nègres de tous les degrés, depuis l'octavon jusqu'au noir complet, enfin de toutes les autres espèces d'êtres sans nom qui fourmillent autour des frontières entre la vie civilisée et la vie sauvage, de même que les chauves-souris, ces oiseaux équivoques, planent sur les confins de la lumière et des ténèbres.

Tout le petit hameau de l'agence était en mouvement. Le hangar du forgeron, en particulier, offrait une scène d'une activité extraordinaire. Un nègre ferrait un cheval; deux métis fabriquaient des cuillers de fer dans lesquelles on devait fondre le plomb pour faire des balles. Un vieux chasseur en veste de cuir et en mocassins avait posé son fusil contre l'établi, et contait ses exploits tout en surveillant l'opération.

Plusieurs chiens énormes flânaient dans la forge et en-dehors, ou dormaient au soleil, et un petit roquet, la tête penchée de côté et une oreille dressée, examinait avec la curiosité ordinaire aux petits chiens les procédés du maréchal, comme s'il avait eu l'envie d'apprendre son métier ou qu'il eût attendu son tour pour être ferré.

Nous trouvâmes le comte et son compagnon le virtuose prêts à marcher; comme ils avaient l'intention de regagner les Osages et de passer quelque temps à chasser au buffle et au cheval sauvage, ils avaient ajouté à leurs montures de voyage des chevaux de la meilleure espèce qu'on devait mener en laisse et ne monter que pour la chasse.

Ils avaient de plus engagé à leur service un métis français-osage, sorte de maître Jacques propre à la chasse, à la cuisine, à prendre soin des chevaux; mais il joignait à ces talents variés une propension irrésistible à ne rien faire, commune à cette race mêlée, engendrée et nourrie autour des missions. Par-dessus tout cela, c'était un joli garçon, un Adonis de la frontière; il était fier de ses avantages personnels, et de plus, encore, d'être, à ce qu'il croyait, hautement allié, sa sœur étant la maîtresse d'un riche négociant blanc.

De notre côté, nous désirions aussi, le commissaire et moi, ajouter à notre suite un homme accoutumé aux courses dans les bois, et capable de nous servir comme chasseur; car notre petit créole, chargé de la cuisine pendant les haltes, et de la conduite des chevaux de bât pendant les marches, avait assez à faire. Un individu tel qu'il nous le fallait se présenta ou plutôt nous fut recommandé dans la personne d'un certain Pierre Beatte, de race croisée d'Osage et de Français. On nous assura qu'il connaissait parfaitement le pays, l'ayant traversé dans toutes les directions en participant à des expéditions de chasse ou de guerre. Il pouvait nous être également utile comme guide et comme interprète, et passait pour un chasseur habile et déterminé.

Cependant sa mine me déplut quand il me fut d'abord désigné. tandis qu'il rôdait dans le hameau, vêtu d'une vieille veste de chasse avec des guêtres ou métusses de peau de daim, crasseuses, tachées, presque vernissées par un frottement longtemps prolongé. Il n'annonçait pas plus de trente-six ans, et sa structure était carrée et forte; ses traits n'étaient point mal, puisqu'ils étaient à peu près dans la forme de ceux de Napoléon; seulement, les hautes pommettes indiennes donnaient à ceux-ci un caractère moins noble. Peut-être la teinte d'un jaune verdâtre de ce visage le faisait ressembler encore davantage à un buste en bronze de l'Empereur que j'avais vu autrefois; mais à tout prendre, sa physionomie était sombre et sournoise, et cette expression peu agréable était renforcée par un vieux chapeau de laine rabattu sur ses yeux et des mèches de cheveux enmêlées qui tombaient le long de ses oreilles.

Telle était l'apparence de l'homme, et ses manières n'avaient rien de plus engageant; il était froid, laconique, ne faisait aucune promesse et ne se vantait d'aucun talent. Il nous dit à quelles conditions il consentirait à nous engager ses services et ceux de son cheval, nous les trouvâmes dures, mais il ne parût nullement disposé à en rabattre, et nullement empressé de s'assurer l'emploi qui s'offrait à lui. Il tenait un peu plus de l'homme rouge que du blanc. et j'avais appris a me défier depuis longtemps des métis, race inconstante et sans foi. Je me serais donc volontiers dispensé de la coopération de Pierre Beatte; mais nous n'avions pas le temps de chercher une autre personne, et il fallut s'arranger avec lui sur-le-champ. Alors il nous dit qu'il allait faire ses préparatifs pour le voyage, et promit de nous rejoindre à notre campement du soir.

Une chose essentielle manquait à mon équipage pour les prairies : c'était un cheval sûr et docile. Je n'étais pas monté selon mon goût ; l'animal que j'avais acheté était fort, de bon service, mais sa bouche et son allure étaient dures. Au dernier moment, je réussis dans mes vues, et je me procurai une excellente bête, un bai brun vif, généreux, puissant et en très-bon état. Je le montai en triomphe et transférai le gris d'argent au petit Tony, qui fut dans une extase complète de se voir en parfait cavalier.

IV. — Le Départ.

Les notes prolongées d'un cor de chasse donnèrent le signal du départ. Les cavaliers défilaient un à un, formant une ligne serpentaire à travers les bois. Nous fûmes bientôt a cheval et les suivîmes, mais nous étions sans cesse arrêtés dans notre marche par l'irrégularité des mouvements de nos bêtes de somme... Elles n'étaient pas accoutumées à garder leur rang, et s'écartaient de côté et d'autre dans les bosquets, en dépit des jurements et des exécrations de Tony, qui, monté sur son gris d'argent avec un long fusil sur l'épaule, leur courait après en vomissant une surabondance d'injures auxquelles il joignait une surabondance de coups.

Nous perdîmes donc assez vite la vue de notre escorte ; mais nous tâchâmes de rester sur ses traces.

Nous traversâmes de majestueuses forêts, des taillis presque impénétrables, et nous vîmes çà et là des wigwams indiens et des huttes de nègres, jusque vers le soir, où nous arrivâmes à une ferme frontière, propriété d'un colon nommé Berryhill. Cette ferme était située sur une colline au pied de laquelle nos cavaliers étaient campés dans un bosquet circulaire près d'un ruisseau. Le maître de l'habitation nous reçut poliment, mais ne put nous offrir l'hospitalité, car la maladie régnait dans sa famille. Lui-même, en dépit de ses formes athlétiques, paraissait en fâcheux état; il avait le teint blême, fiévreux, et une double voix qui passait brusquement d'un fausset tremblotant à une basse sourde et rauque. Sa maison étant un véritable hôpital encombré de malades, nous fîmes dresser notre tente dans la cour de la ferme.

Nous étions à peine campés lorsque nous vîmes paraître notre demi-osage Beatte, monté sur un bon cheval, et en conduisant un autre en laisse, chargé de différentes provisions pour l'expédition. Beatte était évidemment un vieux soldat expérimenté, accoutumé, et s'entendant à merveille à prendre soin de lui-même. Il se regardait comme attaché au gouvernement, étant employé par le commissaire, et il avait requis des rations de farine et de lard, et les avait mises à l'abri des injures du temps. Outre son cheval de voyage, il en avait un autre pour la chasse; celui-ci était, comme son maître, de sang mêlé, de la race domestique et de la race sauvage des prairies, un noble coursier plein de feu, de courage, et d'une admirable sûreté. Beatte avait fait ferrer ses chevaux très-solidement à l'agence; bref, il était préparé de tous points et pour la guerre et pour la chasse; le fusil sur l'épaule, la poire à poudre et la giberne au côté, le couteau de chasse suspendu à sa ceinture, et des rouleaux de cordes accrochés à l'arçon de sa selle, que l'on nous dit être des lariats ou cordes à nœuds pour attraper des chevaux sauvages.

Ainsi équipé et muni, le chasseur des prairies, comme le croiseur sur l'Océan, est parfaitement indépendant du reste du monde, et capable de pourvoir seul à sa sûreté et à ses besoins. Il peut, s'il le juge à propos, se séparer de tous ses compagnons, et suivre sa propre fantaisie; il me sembla que Beatte sentait cette indépendance et se croyait en conséquence très-supérieur à nous tous, surtout lorsque nous fûmes lancés dans les déserts. Il avait un air moitié fier, moitié farouche, et une singulière taciturnité. Son premier soin était toujours de décharger et de débrider ses chevaux, puis de les mettre en sûreté pour la nuit. Toute sa conduite formait un contraste parfait avec le petit créole français, babillard, hâbleur, se mêlant de tout. Ce dernier paraissait jaloux du nouveau-venu, il nous disait à l'oreille que les métis étaient des gens capricieux, sur lesquels on ne pouvait pas compter; que Beatte était visiblement préparé à se passer de notre assistance, et nous abandonnerait au premier mécontentement, car il était comme chez lui dans les prairies.

V. — Scènes des frontières. — Le Lycurgue des confins. — Loi de Lynch. — Danger de trouver un cheval. — Le jeune Osage.

Le lendemain, 11 octobre, nous étions en marche à sept heures et demie du matin, et nous avançâmes à travers de riches terrains d'alluvion, couverts d'une abondante végétation et d'arbres énormes. Notre route était parallèle à la rive occidentale de l'Arkansas, sur les bords de laquelle, et près du confluent de la Rivière-Rouge, nous espérions rejoindre le corps principal des cavaliers rôdeurs (rangers). Pendant plusieurs milles, des villages et des fermes habités par des Cricks, se montraient encore de temps en temps. Ces Indiens paraissent avoir adopté les rudiments de la civilisation et prospéré en conséquence; leurs fermes étaient convenablement fournies, et leurs maisons annonçaient l'aisance.

Nous rencontrâmes une troupe nombreuse de ces habitants qui revenaient de l'une de ces grandes fêtes dansantes, pour lesquelles leur nation est célèbre. Les uns étaient à pied, les autres à cheval, et plusieurs de ces derniers portaient en croupe des femmes vêtues de couleurs gaies et brillamment parées à leur manière. C'est une belle race; leurs muscles sont riches, leurs membres bien attachés; ils ont surtout les jambes et les cuisses d'une proportion et d'une forme très-élégantes. Leur goût égyptien pour les teintes voyantes et les ornements éclatants est remarquable. A une certaine distance ils formaient un accident extrêmement pittoresque au milieu des prairies. L'un d'eux portait sur sa tête un mouchoir rouge surmonté d'une touffe de plumes noires, semblable à la queue d'un coq; un autre était coiffé d'un mouchoir blanc avec des plumes rouges; un troisième, faute de plumes, avait placé dans son turban un brillant bouquet de sumac.

Sur les confins du désert nous nous arrêtâmes pour demander notre chemin à la cabane d'un squatter (1) ou colon blanc des prairies. C'était un grand vieillard sec, à la peau tannée, aux cheveux rouges, au visage long et caverneux, ayant l'habitude invétérée de cligner de l'œil en parlant, comme s'il disait les choses les plus importantes ou les plus fines du monde. En ce moment il était furibond; un de ses chevaux lui manquait, et il jurait ses grands dieux que ledit cheval avait été volé la nuit par un parti d'Osages qui campait dans les terres basses voisines; mais il en aurait satisfaction, disait-il, et ferait un exemple des misérables! A cet effet, il avait décroché de la muraille son grand fusil, cet universel redresseur de torts sur les frontières, et il se disposait à monter à cheval pour faire une battue dans les marais avec un autre squatter.

Nous essayâmes de calmer le vieux colon en lui disant que son cheval pouvait s'être lui-même égaré dans les bois; mais

(1) La *Prairie*, de Cooper a fait connaître ces colons isolés qui vont s'établir au milieu des solitudes incultes, souvent très-loin des dernières agrégations de blancs. (*Note du Traducteur.*)

comme tous les planteurs des frontières, celui-ci accusait généralement les Indiens de tous les accidents fâcheux, et rien ne put le dissuader d'aller porter le fer et la flamme dans les marais.

Après avoir fait quelques milles, nous perdîmes les traces du corps principal des rôdeurs, et plusieurs sentiers pratiqués par les Indiens et les planteurs nous jetèrent dans la perplexité. Enfin, en arrivant à une maison de bois habitée par un blanc, le dernier de cette frontière, nous trouvâmes que nous nous étions éloignés de notre chemin, et retournâmes sur nos pas d'après les indications qui nous furent données par le squatter; il nous remit sur la voie de notre petite armée, et là nous prîmes définitivement congé des restes de la civilisation, et nous nous lançâmes dans les immenses déserts.

Les traces de nos cavaliers formaient une ligne irrégulière sur des collines et des vallées, à travers des fourrés épais, des bosquets et des prairies découvertes. En traversant ces déserts, il est d'usage de marcher à la file comme les Indiens, en sorte que les premiers fraient le chemin à ceux qui les suivent et diminuent ainsi leurs fatigues et leurs travaux. De cette manière, le nombre d'individus qui compose un parti est impossible à reconnaître, le tout ne laissant qu'une seule trace foulée et refoulée.

Nous venions de retrouver notre chemin, lorsqu'en sortant d'une forêt nous vîmes notre chevalier errant, clignotant, qui descendait une colline avec son frère d'armes. Son aspect me rappela les descriptions du héros de la Manche, et l'aventure après laquelle il courait était digne de son modèle, puisqu'il s'agissait de s'enfoncer dans un périlleux marécage, où l'ennemi se tenait caché au milieu des joncs et des buissons.

Tandis que nous parlions avec le squatter, sur la pente de la colline, nous vîmes un Osage à cheval sortir du bois à un demi-mille de distance, conduisant un autre cheval par le licou : ce dernier fut à l'instant reconnu par notre ami à l'œil perçant pour celui qu'il cherchait. A mesure que l'Osage approchait, sa figure me parut de plus en plus frappante ; il avait environ dix-neuf ans, et les beaux traits communs à sa tribu ; sa blanket, roulée autour de ses reins, laissait voir un buste qu'un statuaire eût été heureux de copier ; il montait un superbe cheval pie, mêlé de blanc et de brun, de l'espèce sauvage des prairies ; sur le devant du large collier de cet animal, était suspendue une touffe de crins teints en écarlate.

Ce jeune Indien s'avança lentement vers nous avec un air ouvert et bienveillant, et nous fit entendre, par le moyen de notre interprète Beatte, que le cheval qu'il menait s'était égaré dans leur camp, et qu'il allait le rendre à son maître. Je m'attendais à des expressions de reconnaissance de la part de notre cavalier à la mine hagarde ; mais, à ma grande surprise, le vieux planteur se mit en furie, soutint que les Indiens avaient dérobé son cheval, la nuit, afin de le ramener le matin et d'obtenir la récompense, pratique, à ce qu'il prétendait, très-ordinaire à ces gens-là. Il se disposait donc à lier le jeune sauvage à un arbre et à lui administrer des coups de fouet, et il fut surpris à l'excès de l'indignation générale que ce nouveau mode de récompenser un service excita en nous.

Telle est cependant trop souvent la justice des frontières, du code Lynch, comme on l'appelle techniquement, dans lequel le plaignant peut être en même temps témoin, juré, juge et exécuteur, et le défendeur convaincu et puni sur de simples présomptions. C'est à cette source, j'en suis bien convaincu, que l'on doit attribuer la plupart de ces haines invétérées nourries par les Indiens contre les blancs, de ces sentiments de vengeance qui conduisent à des représailles cruelles dans les guerres. Quand je comparais le noble visage et les manières franches du jeune Osage avec la figure sinistre et la conduite brutale de l'homme des frontières, je sentais qu'il était facile de décider auxquels, des deux les coups de fouet eussent été le plus justement appliqués.

Se voyant obligé de se contenter de recouvrer son cheval sans y ajouter le plaisir de fouetter un sauvage, le vieux Lycurgue, ou plutôt le Dracon de la frontière, s'éloigna en grommelant, suivi de son acolyte.

A l'égard du jeune Osage, nous étions tous prévenus en sa faveur; le comte surtout, avec la vive sensibilité de son âge et de son caractère, se prit d'une si grande amitié pour cet Indien, qu'il crut impossible de se passer de l'avoir pour compagnon, pour écuyer, dans son expédition. Le jeune homme se laissa facilement tenter, et avec la perspective d'une course sans dangers à travers les prairies des Buffles, et la promesse d'une blanket neuve, il tourna le dos au campement de ses amis, et consentit à suivre le comte dans sa recherche des chasseurs osages. Telle est la glorieuse indépendance de l'homme dans cet Etat. Ce jeune Indien, avec son fusil, sa blanket et son cheval, était prêt à courir le monde dans toutes les directions qu'il lui plairait de prendre.

Il portait avec lui tous ses biens, et le secret de sa liberté personnelle consistait dans l'absence de besoins artificiels. Nous autres, hommes civilisés, nous sommes bien moins esclaves des autres que de nous-mêmes; les superfluités auxquelles nous sommes accoutumés sont des chaînes qui s'opposent à tous les mouvements de notre corps et qui compriment toutes les impulsions de notre âme.

Telles étaient du moins mes réflexions en ce moment; mais je ne suis pas bien sûr qu'elles ne fussent pas un peu influencées par l'enthousiasme du jeune comte, qui toujours plus enchanté de la chevalerie des prairies, parlait de prendre le costume et les habitudes des Indiens pendant le temps qu'il espérait passer avec les Osages.

VI. — On trouve des traces des chasseurs Osages. — Départ du comte et de ses compagnons. — Camp de guerriers abandonné. — Chien errant. — Le campement.

Dans le cours de la matinée, nous vîmes la trace que nous suivions croisée par une autre qui allait de la forêt à l'ouest, dans la direction de la rivière Arkansas. Beatte, notre métis, après avoir considéré un moment ces marques, déclara qu'elles indiquaient la route suivie par les chasseurs, après le passage de la rivière, pour se rendre à leurs territoires de chasse.

Ici le jeune comte et ses compagnons firent halte et se préparèrent à nous quitter. Les hommes des frontières les plus expérimentés auraient reculé devant leur entreprise. Ils allaient se lancer dans les déserts sans autre guide, sans autre garde, sans autre suite qu'un jeune métis ignorant et un Indien plus jeune encore.

Ils étaient embarrassés d'un cheval de bât et de deux chevaux de rechange, et devaient avec tout cela se frayer un chemin dans les taillis les plus serrés et traverser des rivières et des marais. Les Osages et les Pawnies étaient en guerre, et ils pouvaient tomber dans quelque parti des derniers, qui traitaient leurs ennemis avec férocité; de plus, leurs beaux chevaux et leur petit nombre étaient de grands motifs de tentation, même pour les bandes errantes d'Osages qui maraudent aux environs des frontières, et qui pouvaient les laisser à pied et dévalisés au milieu des prairies.

Cependant rien ne pouvait calmer l'ardeur romanesque du comte pour une campagne de chasse aux buffles avec les

Osages; son instinct de chasseur était stimulé à l'idée seule du danger. Son compagnon de voyage, plus raisonnable par son âge et son caractère, était convaincu de la témérité de l'entreprise; mais ne pouvant modérer le zèle impétueux de son jeune ami, il était trop loyal pour le laisser poursuivre seul des plans si hasardeux. Ainsi donc nous les vîmes, à notre grand regret, abandonner la protection de notre escorte et commencer leur expédition chanceuse. Les vieux chasseurs de notre bande hochaient la tête, et notre métis leur prédisait toutes sortes d'événements fâcheux. Mon seul espoir était qu'ils trouveraient bientôt assez d'empêchements pour refroidir l'impétuosité du comte et l'induire à nous rejoindre; dans cette pensée, nous allâmes plus lentement et fîmes une longue halte à midi.

Peu après avoir repris notre marche, nous arrivâmes en vue de l'Arkansas, large et rapide courant bordé par une rive de sable fin couverte de saules et de cotonniers-arbres. Au-delà de la rivière l'œil se perdait sur une belle campagne de plaines fleuries et d'éminences doucement arrondies, diversifiée par des bosquets et des bouquets d'arbres, et terminée par un long rideau de côteaux boisés; le tout donnait l'idée de la culture complète, même ornée, et nullement celle d'un désert agreste.

Non loin de la rivière, sur une éminence découverte, nous passâmes à travers un camp d'Osages récemment abandonné par ses guerriers. Les cadres des tentes ou wigwams, formés de morceaux de bois couchés en arc, et fichés en terre à chaque extrémité, restaient encore; on remplit les interstices de ces bois avec des rameaux et des branches, et l'on recouvre le tout avec des écorces et des peaux.

Ceux qui connaissent les mœurs des Indiens peuvent déterminer à quelle tribu un camp appartient, et s'il a servi à des chasseurs ou à des guerriers, d'après la forme et la disposition des wigwams. Beatte nous montra, dans ce squelette de camp, le wigwam dans lequel les chefs conféraient, autour du feu du conseil, et une arène bien battue sur laquelle on avait exécuté la danse de guerre.

En traversant une forêt, nous rencontrâmes ensuite un chien égaré et à demi mort de faim, qui se traînait sur la trace que nous suivions nous-mêmes, avec des yeux enflammés et un air complètement effarouché; bien qu'il eût été presque écrasé par les premiers cavaliers, il ne prit garde à rien, et continua de courir au milieu des chevaux d'un pas incertain. Le cri de chien enragé s'éleva tout-à-coup et le fusil d'un rôdeur fut dirigé contre l'animal; mais l'humanité du commissaire, toujours prête à s'exercer, l'arrêta : Il est aveugle, dit-il; c'est le chien de quelque pauvre Indien qui suit son maître à la piste, ce serait une honte de tuer une créature fidèle. L'homme remit son fusil sur l'épaule, le chien se faufila étourdiment à travers la cavalcade sans recevoir le moindre mal, et continua sa course en flairant toujours le long des traces; rare exemple d'un chien survivant à un mauvais soupçon.

Vers trois heures, nous arrivâmes au campement récent d'une compagnie de rôdeurs; les tisons fumaient encore dans un de leurs feux, en sorte que, suivant l'opinion de Beatte, ils devaient avoir été là un seul jour avant nous. Comme un beau ruisseau coulait près de cet emplacement, et qu'il y croissait une grande abondance de pois-vigne pour les chevaux, nous y établîmes le camp de nuit. A peine avions-nous terminé nos arrangements, que nous entendîmes crier sur nous au loin, et nous vîmes bientôt après le jeune comte et sa compagnie s'avancer à travers la forêt. Nous leur souhaitâmes la bien-venue avec la joie la plus cordiale, car leur départ nous avait laissés dans une grande inquiétude. Une courte expérience les avait convaincus de la difficulté et des dangers auxquels les voyageurs inexpérimentés s'exposaient en s'aventurant dans ces solitudes avec tant de chevaux et si peu d'hommes. Heureusement ils avaient pris la résolution de revenir avant la fin du jour, car une nuit passée à l'air les eût peut-être privés de leurs chevaux.

Le jeune comte avait décidé son protégé et écuyer, le jeune Osage, à rester avec lui, et il espérait toujours, avec son assistance, se distinguer par de grands exploits sur les prairies des Buffles.

VII. — Nouvelles du corps d'armée. — Le comte et son écuyer sauvage. — Halte dans les bois. — Scènes de forêt. — Village osage. — Visite des Osages à notre camp.

Ce matin 12 octobre, de très-bonne heure, les deux Cricks dépêchés par le commandant de Fort-Gibson pour arrêter la marche de la compagnie des explorateurs arrivèrent, en retournant de leur mission, à notre campement. Ils avaient laissé la troupe campée à environ cinquante milles, dans un bel emplacement sur l'Arkansas, très-abondant en gibier, où elle se proposait de nous attendre. Cette nouvelle ranima notre courage, et nous commençâmes la journée au lever du soleil avec une joyeuse ardeur.

En montant à cheval, notre jeune Osage tenta de jeter une couverture sur son cheval; le bel animal, surpris, effrayé, se mit à ruer, à se cabrer. Les attitudes du cheval sauvage et de l'homme sauvage, presque nu, auraient offert des études délicieuses à un peintre ou à un sculpteur.

J'ai souvent pris plaisir, dans le cours de notre voyage, à regarder le jeune comte et son nouveau suivant tandis qu'ils marchaient devant moi. Jamais preux chevalier ne fut mieux assorti à son écuyer. Le comte était bien monté, et, comme je l'ai déjà dit, c'était un gracieux et hardi cavalier; il aimait à faire caracoler son cheval, et à le lancer avec toute la vitesse d'une jeunesse bouillante. Il portait une veste de chasse en peau de daim d'une coupe élégante et d'un beau violet, richement brodée en soie de diverses couleurs; on eût dit que ce travail avait été fait par une princesse sauvage pour parer un guerrier favori; il avait de plus des pantalons et des mocassins de peau, un bonnet de chasseur et un fusil à deux coups soutenu par une bandoulière en travers de son dos, et l'ensemble de sa personne était extrêmement pittoresque.

Le jeune Osage suivait ses traces le plus près possible, sur son beau cheval tacheté, orné de touffes de crins écarlarte. Il allait, avec sa tête et son beau buste entièrement nus, sa blanket étant roulée autour de sa ceinture; d'une main il tenait son fusil, de l'autre il menait son cheval, et semblait tout prêt à s'élancer, au moindre signe de son jeune chef, à la poursuite des aventures les plus désespérées. Le comte se flattait d'achever de nobles exploits, de concert avec ce jeune brave, aussitôt que nous serions arrivés parmi les buffles des territoires de chasse des Pawnies.

Après avoir chevauché quelque temps, nous traversâmes un ruisseau étroit et profond sur un pont solide, reste d'une digue de castors. L'industrieuse république qui l'avait bâtie avait été entièrement détruite. Au-dessus de nous une longue volée d'oies sauvages, très-élevée dans les airs, faisait entendre ces clameurs discordantes qui annoncent le déclin de l'année.

Vers dix heures et demie, nous fîmes halte dans une forêt où les pois-vigne croissaient en abondance; là nous laissâmes nos chevaux paître en liberté. On alluma du feu, on se procura de l'eau d'un ruisseau adjacent, et par les soins de notre petit Français Tony on nous servit bientôt le café. Tandis que nous déjeunions, nous reçûmes la visite d'un vieillard osage; il faisait partie d'une petite troupe de chasseurs qui avait récemment passé par ce chemin, et il cherchait son cheval égaré ou volé.

Notre métis Beatte fronça le sourcil en apprenant que les chasseurs osages étaient dans les environs. « Tant que nous serons à proximité de ces chasseurs, dit-il, nous ne verrons pas un buffle; tous les animaux fuient devant eux comme devant une prairie en feu. »

Le repas du matin fini, chacun s'amusa selon sa fantaisie: les uns tiraient sur une marque; d'autres se reposaient ou dormaient à moitié ensevelis dans des lits de feuillage, et la tête appuyée sur leur selle; d'autres babillaient autour du feu qui envoyait des guirlandes de fumée bleuâtre à travers les branches de l'arbre au pied duquel on l'avait allumé. Les chevaux trouvaient un régal magnifique dans les pois grimpants, et plusieurs s'étaient couchés et se roulaient au milieu de cette chevance.

De grands arbres, dont les tiges étaient droites et unies comme de belles colonnes, nous servaient d'abri, et les rayons du soleil, en pénétrant à travers leurs feuilles transparentes déjà peintes des couleurs variées de l'automne, me rappelaient l'effet de la lumière du jour sur les vitraux coloriés et les faisceaux de colonnes d'une cathédrale gothique. Quelques-unes de nos vastes forêts de l'ouest éveillent réellement des émotions de grandeur, de solennité, semblables à celles que j'ai éprouvées sous les voûtes de ces vénérables et spacieux édifices; et le bruit du vent remplace fréquemment, dans les premières, les sons majestueux de l'orgue, qui s'accordent si bien avec l'impression produite par les secondes.

A midi on sonna à cheval et nous nous mîmes en route dans l'espoir d'arriver avant la nuit au camp des rôdeurs.

le vieil Osage nous ayant assuré que nous en étions à dix ou douze milles au plus. En traversant une forêt, nous passâmes à côté d'un étang couvert de lis d'eau magnifiques, parmi lesquels nageaient des canards des bois, la plus belle espèce d'oiseaux aquatiques, remarquable surtout par son brillant et gracieux plumage. Un peu plus loin, nous descendîmes sur les bords de l'Arkansas, à une place où les traces d'un grand nombre de chevaux, tous entrant dans l'eau, montraient qu'un parti de chasseurs osages avait, depuis peu, traversé la rivière en cet endroit pour se rendre au territoire des Buffles.

Nous laissâmes boire nos chevaux dans le courant, et longeâmes la rive pendant quelque temps, puis nous coupâmes la prairie où nous apercevions au loin une fumée qui devait (nous l'espérions du moins) provenir du camp de nos gens. En suivant ce que nous prenions pour leurs traces, nous arrivâmes à un pré sur lequel paissaient une assez grande quantité de chevaux; mais ce n'était pas ceux de la troupe que nous cherchions; et nous vîmes à une petite distance un village osage construit sur les bords de l'Arkansas. Notre arrivée fit sensation. Une députation de vieillards vint au-devant de nous; ils nous prirent la main à tous, l'un après l'autre, et pendant ce temps-là les femmes et les enfants se rassemblaient en groupes serrés, nous regardaient fixement, et babillaient entre eux à qui mieux mieux, probablement sur nos figures, qu'ils paraissaient trouver risibles.

A cette occasion le commissaire trouva convenable de faire un discours sans descendre de cheval. Il fit part à ses auditeurs du but de sa mission, qui était de travailler à pacifier les tribus de l'ouest, et il exhorta, dans cette vue, à repousser toute pensée belliqueuse, sanguinaire, et à ne point commettre d'inutiles hostilités envers les Pawnies. Ce discours, interprété par Beatte, sembla produire quelque effet sur cette multitude; tous promirent solennellement de ne point troubler la paix, autant que cela pourrait dépendre d'eux; et leur âge et leur sexe donnaient assez de raison de compter sur cette promesse.

Toujours espérant gagner le camp avant la fin du jour, nous continuâmes notre marche jusqu'à la fin du crépuscule, et nous fûmes alors forcés de faire halte sur les bords d'un ravin. Les gens de l'escorte bivouaquèrent sous les arbres au fond du vallon, et nous plantâmes notre tente sur une éminence rocailleuse, à côté d'un petit torrent. La nuit vint, obscure et chargée de nuages flottants qui promettaient bientôt de la pluie; les feux de nos cavaliers éclairaient le ravin et jetaient de fortes masses de lumière sur des groupes dignes du pinceau de Salvator, et activement occupés à préparer leur souper, à manger et à boire. Pour ajouter à l'aspect sauvage de la scène, plusieurs Indiens du hameau près duquel nous venions de passer se mêlaient parmi nos hommes; et trois d'entre eux vinrent s'asseoir près de notre feu. Ils observaient en silence tout ce qui se faisait autour d'eux, et leur immobilité leur donnait l'apparence de figures sépulcrales en bronze. Nous leur donnâmes quelque chose à manger, et, ce qui leur fut encore plus agréable, du café; car les Indiens partagent le goût universel de ce breuvage si prédominant dans l'ouest. Quand ils eurent soupé, ils s'étendirent côte à côte devant le feu, et commencèrent un chant nasal, en tambourinant avec leurs doigts sur leur poitrine en manière d'accompagnement. Leur chant paraissait divisé en couplets réguliers qui se terminaient tous, non par une mélodieuse cadence, mais par la soudaine interjection *ah!* proférée presque en forme de hoquet. Beatte nous dit que leur chanson se rapportait à nous, à notre apparition, au bon traitement que nous leur avions fait, et à ce qu'ils savaient de nos projets. Dans une partie de la ballade, ils parlaient du jeune comte, qui avait complètement gagné leurs suffrages par son caractère déterminé et son amour pour les aventures indiennes; ils se permettaient même quelques plaisanteries prophétiques sur notre ami et leurs jeunes beautés, et ces plaisanteries excitèrent une grande hilarité parmi les métis.

Ce mode d'improvisation est commun à toutes les tribus sauvages. C'est ainsi qu'avec un petit nombre d'inflexions de la voix ils chantent leurs exploits à la chasse et à la guerre, et parfois se laissent entraîner à une verve comique ou satirique, moins rare chez ces peuples qu'on ne l'imagine généralement.

Il est de fait que les Indiens avec lesquels je me suis rencontré dans la vie réelle sont tout-à-fait différents des Indiens décrits par les poètes. Ce ne sont point les stoïques du désert..... taciturnes inflexibles..... sans sourire, sans larmes (1).

Ils sont réellement taciturnes avec les blancs, dont ils ignorent le langage, et les blancs sont également taciturnes avec eux, par la même raison. Les Indiens n'ont pas même entre eux beaucoup de causeries proprement dites; le temps qu'ils passent ensemble et en repos est employé, soit à concerter leurs expéditions, soit à conter d'étranges et merveilleuses histoires. Mais ils sont en général excellents mimes, et se divertissent fort souvent aux dépens des blancs avec lesquels ils ont frayé et qu'ils ont laissés persuadés de leur profond respect pour notre supériorité. Rien n'échappe à leur attention curieuse, ils observent tout silencieusement, échangent un regard ou un grognement significatif entre eux, lorsqu'ils sont particulièrement frappés de quelque chose, mais ils réservent leurs commentaires pour le moment où ils seront seuls : c'est alors qu'ils donnent carrière à leur

(1) Allusion au poëme célèbre de Thomas Compbell, *Gertrude de Wyoming.*

verve caustique, bouffonne, à leur talent pour contrefaire et à leur gaîté.

Dans le cours de mon voyage j'ai pu remarquer en plus d'une occasion à quel point ils sont susceptibles de s'animer, de s'égayer en communiquant ensemble. Souvent j'ai vu une petite troupe d'Osages rester assis autour d'un feu jusqu'à une heure très-avancée de la nuit, engagés dans une conversation vive et agréable, et faisant retentir les bois à chaque instant de leurs joyeux éclats de rire.

Quant aux larmes, elles ne leur manquent point, soit réelles, soit affectées. Aucun peuple ne pourrait lutter avec eux s'il s'agissait de pleurer abondamment et amèrement la perte d'un parent ou d'un ami; ils ont même des époques fixes auxquelles ils doivent aller hurler et se lamenter sur la tombe des défunts. J'ai entendu quelquefois des gémissements douloureux, au point du jour, dans le voisinage des villages indiens : on me dit que ces lamentables sons provenaient de quelques habitants du hameau qui sortaient à cette heure pour aller dans les champs pleurer leurs morts. En ce moment les larmes coulent par torrents sur leurs joues.

Autant que je puis en juger, l'Indien des poètes est comme le berger des églogues, un être de raison, une personnification d'attributs imaginaires.

Le chant nasal de nos hôtes se changea graduellement en murmures confus, et cessa enfin tout-à-fait. Ils se couvrirent la tête de leurs blankets, et s'endormirent profondément. Au bout de quelques minutes le silence fut complet autour de nous; et le bruit des gouttes de pluie tombant sur notre tente se faisait seul entendre au-dehors.

Le lendemain matin, nos trois visiteurs indiens déjeunèrent avec nous, mais on ne trouva point le jeune Osage qui devait servir d'écuyer au comte pendant sa campagne de chevalier errant, on ne trouva pas non plus le cheval pie : et après mille conjectures, on fut obligé de s'arrêter à l'idée que le jeune chasseur avait pris congé de nous à la sauvage, pendant la nuit. Nous sûmes par la suite qu'il avait été persuadé d'agir ainsi par les Osages avec lesquels nous nous étions rencontrés, lesquels lui avaient représenté le danger d'une expédition sur les territoires des Pawnies, où il pouvait tomber dans les mains de ces ennemis implacables de sa tribu ; ils n'insistèrent pas moins sur l'ennui d'être assujéti aux caprices et à l'insolence des blancs; et j'avais pu moi-même reconnaître combien leurs notions étaient justes à cet égard, et quelle tendance nous avions à traiter ces pauvres Indiens aussi durement que s'ils n'appartenaient pas à notre espèce. Celui-ci avait manqué de bien peu d'être un exemple de cette injustice attribuée aux blancs; car sans notre intervention, il aurait subi une flagellation cruelle, en vertu de la loi des frontières, pour le flagrant délit d'avoir trouvé un cheval.

La disparition de ce jeune homme fut généralement regrettée : nous aimions tous sa belle mine, franche et résolue, et la grâce naturelle de ses manières : on pouvait dire qu'il était né gentilhomme dans l'acception littérale du mot. Cependant personne ne s'affligeait de son départ autant que le comte, qui se voyait ainsi privé de son écuyer. Quant à moi, je fus fâché de la désertion de l'Osage, par rapport à lui-même; nous l'aurions très-certainement soigné et protégé pendant l'expédition, et la générosité du comte m'était assez connue pour être persuadé que le sauvage serait retourné à sa tribu chargé de toutes sortes de présents.

VIII. — Le camp des Rangers (Rôdeurs).

Le temps, qui avait été pluvieux pendant la nuit, s'éclaircit enfin, et nous nous mîmes en route à sept heures du matin, dans la ferme confiance d'arriver très-prochainement au camp des Rangers. A peine avions-nous fait trois ou quatre mille que nous vîmes sur notre chemin un grand arbre récemment tombé sous la hache, car le miel contenu dans les crevasses du tronc n'était pas encore complètement enlevé. Alors nous fûmes certains que nos gens n'étaient pas loin. En effet, à une distance d'un ou deux milles, quelques-uns de nos cavaliers jetèrent un cri de joie, et nous indiquèrent des chevaux qui paissaient sous des arbres. Quelques pas nous conduisirent sur les bords d'une chaîne de collines d'où nos regards plongèrent sur le campement. C'était une véritable scène de bandits ou de braconniers, à la Robin-Hood.

Dans une belle forêt ouverte, traversée par un ruisseau rapide, des cahutes d'écorces et de branches, et des tentes formées par des blankets, avaient offert des abris temporaires contre la pluie récente, les Rangers ayant coutume de bivouaquer quand il fait sec. On voyait là des groupes, vêtus de toutes sortes d'habits singuliers, et occupés de mille travaux divers.

Les uns faisaient la cuisine à de grands feux allumés au pied des arbres; d'autres étendaient et apprêtaient des peaux de daim; un grand nombre tirait au but, et quelques autres étaient couchés sur l'herbe. Ici des pièces de venaison étaient suspendues sur des broches au-dessus des tisons; là on voyait des bêtes mortes récemment apportées par les chasseurs. Des faisceaux de fusils étaient appuyés contre les arbres, et des selles, des brides, des poires à poudre pendaient au-dessus d'eux, tandis que les chevaux broutaient çà et là parmi les bosquets.

On nous salua par des acclamations à notre arrivée : les Rangers se pressèrent autour de leurs camarades pour demander des nouvelles du fort. Quant à nous, le capitaine Beau, qui commandait la compagnie, nous reçut avec la simple et franche cordialité des chasseurs.

C'était un homme d'environ quarante ans, vigoureux et agile. Il avait passé la plus grande partie de sa vie sur la frontière, servant occasionnellement dans les guerres des Indiens, et par conséquent grand chasseur, et parfaitement au fait de tout ce qui concerne la sauvage existence des bois et des prairies incultes. Son costume était caractéristique : c'était une chemise de chasse et des guêtres de cuir avec un bonnet de fourrageur.

Tandis que nous causions avec le capitaine, un chasseur vétéran s'approcha, et son extérieur attira mon attention. Il était d'une stature moyenne, mais fort et endurci par l'exercice; sa tête à demi chauve était parsemée de mèches flottantes de cheveux gris de fer, et ses beaux yeux noirs étincelaient encore du feu de la jeunesse; son costume, semblable à celui du capitaine, semblait avoir seulement plus de service; une poire à poudre était suspendue à son côté, un couteau de chasse passé dans sa ceinture, et il avait en main un ancien et bon fusil, probablement aussi cher à son cœur que le meilleur de ses amis. Il demanda la permission d'aller à la chasse, et son chef la lui accorda sans difficulté. « C'est le vieux Ryan, dit le capitaine, quand l'homme se fut éloigné, nous n'avons pas de meilleur chasseur dans la compagnie. Jamais il ne manque de rapporter de gibier. »

En un moment nos chevaux furent déchargés, débridés et laissés en liberté de se régaler au milieu des pois grimpants.

On dressa la tente, on nous fit du feu; le capitaine nous envoya la moitié d'un daim de sa cahute; Beatte apporta une couple de dindons sauvages; les broches furent chargées, le chaudron de campagne rempli de viande, et pour comble de luxe un des cavaliers nous gratifia d'un grand bassin plein de miel délicieux enlevé à un arbre d'abeilles. Tony était en extase, et retroussant ses manches au-dessus du coude, il se mit en devoir de déployer ses talents culinaires, dont il était presque aussi fier que de ses exploits à la chasse et à la guerre, et de son habileté comme écuyer.

IX. — Chasse aux abeilles.

La belle forêt dans laquelle nous étions campés abondait en arbres d'abeilles, c'est-à-dire en arbres dont le tronc, creusé par le temps, servait de ruche à ces insectes. Il est surprenant de voir quelle prodigieuse quantité d'essaims de ces mouches se sont répandus parmi les régions avancées de l'ouest, dans un petit nombre d'années. Les Indiens les regardent comme annonçant la présence des blancs, de même que les buffles annoncent la présence des hommes rouges; et ils disent qu'à mesure que les abeilles avancent, le buffle et l'Indien se retirent. En effet, nous associons toujours avec le bourdonnement des abeilles des idées de fermes ou de parterres, et ces petits animaux industrieux sont en effet liés aux habitations des hommes qui cultivent la terre. On m'a dit qu'il était rare de trouver l'abeille sauvage à une grande distance de la frontière; elles ont été les hérauts de la civilisation, en la précédant constamment dans sa marche depuis les bords de l'Atlantique. Quelques anciens planteurs de l'ouest prétendent avoir noté l'année où les mouches à miel traversèrent pour la première fois le Mississipi. Les Indiens virent alors avec surprise les arbres creux de leurs forêts subitement remplis d'une substance parfumée, et rien n'égala, à ce que j'ai ouï dire, le délice avec lequel ils goûtèrent cette friandise gratuite, ce luxe des déserts.

Maintenant les mouches à miel essaiment par myriades innombrables dans les nobles forêts et dans les bois qui bornent et coupent les prairies, et s'étendent le long des terrains d'alluvion des rivières de l'ouest. Il me semble que ces belles régions répondent exactement à la description de la terre promise, sur laquelle coulent des ruisseaux de lait et de miel; car les riches pâturages des prairies peuvent nourrir des troupeaux aussi nombreux que les sables de la mer, et les fleurs dont elles sont émaillées en font un vrai paradis où l'abeille recueille sans peine son nectar précieux.

Bientôt après notre arrivée au camp, un parti se détacha pour aller à la recherche d'un arbre d'abeilles, et comme j'étais fort curieux de cette chasse, j'acceptai avec joie l'invitation de m'y joindre. La troupe était commandée par un vieux chasseur d'abeilles, grand homme maigre, en habit de fabrique domestique, trop large pour ses membres desséchés, avec un vieux chapeau de paille qui ne ressemblait pas mal à une ruche; un camarade chargé d'un long fusil, à peu près aussi négligé dans sa toilette, marchait sur les pas du premier, et une douzaine d'autres les suivaient, portant des haches ou des fusils, car personne ne s'éloigne d'un camp sans armes à feu, afin d'être prêt en cas de rencontre, soit de gibier, soit d'ennemis.

Après avoir marché quelque temps, nous arrivâmes à une clairière sur la lisière de la forêt. Là notre chef nous fit faire halte, et s'avança doucement vers un buisson peu élevé, sur la cime duquel j'aperçus un fragment de rayon. C'était un appât pour les abeilles; et déjà un certain nombre de ces insectes l'explorait et pénétrait dans ses cellules. Quand elles se furent suffisamment chargées de miel, elles s'élevèrent très-haut et prirent leur vol en droite ligne avec une vélocité égale à celle d'une balle. Les chasseurs examinèrent attentivement la direction qu'elles prenaient, et la suivirent en se frayant le chemin à travers des racines entrelacées et des arbres tombés, les yeux toujours tournés vers le ciel. De cette manière, ils ne perdirent point la trace des abeilles chargées, et les virent arriver à leur ruche, pratiquée dans le creux d'un chêne mort; elles entrèrent après avoir bourdonné autour un moment, dans un trou situé à plus de soixante pieds au-dessus du sol.

Deux chasseurs usèrent alors vigoureusement de leur hache au pied de l'arbre; les simples spectateurs et amateurs se tenaient cependant à une distance respectueuse pour être à l'abri de la chute de l'arbre et de la vengeance de ses habitants. Cependant les coups de hache ne paraissaient nullement effrayer ni inquiéter l'industrieuse communauté. Elles continuaient de vaquer à leurs travaux accoutumés, les unes arrivant au port avec leurs cargaisons, les autres sortant pour de nouvelles expéditions, à peu près comme les navires marchands, dans le port d'une grande ville de commerce, entrent et sortent sans se douter des banqueroutes et des déconfitures qui les attendent; même un violent craquement qui annonçait la rupture du tronc ne les détourna point de leur intense poursuite du gain. Enfin l'arbre tomba avec un horrible fracas et s'ouvrit du haut en bas, laissant à découvert les trésors accumulés de la république.

Un des chasseurs accourut à l'instant avec un paquet de foin allumé pour se défendre des mouches. Cependant elles n'attaquèrent point, ne cherchèrent point à se venger; elles semblaient stupéfaites, et voletaient, couraient autour des ruines de leur empire en bourdonnant, sans songer à nous faire le moindre mal. Chacun se mit à l'œuvre, pour retirer du tronc, avec des cuillers et des couteaux de chasse, les rayons de miel qu'il contenait.

Plusieurs étaient d'un brun foncé et d'ancienne date; d'autres étaient d'un beau blanc, et le miel de leurs cellules était presque limpide. Les rayons entiers furent mis dans les bidons pour être transportés au camp, et ceux qui avaient été brisés dans leur chute furent dévorés sur place. On voyait tous ces rustiques chasseurs d'abeilles, tenant chacun un riche fragment qui dégouttait entre leurs doigts, et disparaissait aussi vite qu'une tarte à la crême disparaît devant l'appétit du dimanche d'un écolier.

Et le chasseur d'abeilles ne profitait pas seul de la ruine de cette industrieuse communauté. Pour compléter l'analogie de leurs habitudes à celles des hommes laborieux et avides de gain, ces mouches ne négligent rien pour s'enrichir par le malheur de leurs semblables; je vis arriver à tire d'ailes un grand nombre d'essaims des ruches voisines qui se plongèrent dans les cellules des rayons brisés avec la joyeuse avidité des riverains se jetant sur un bâtiment naufragé, puis s'envolèrent chargées de butin. A l'égard des propriétaires de la ruine, elles ne paraissaient avoir cœur à rien, pas même à goûter au nectar qui coulait autour d'elles; mais on les voyait se traîner tristement et nonchalamment comme j'ai vu parfois un pauvre malheureux regarder, les mains dans ses poches, en sifflant d'un air distrait et découragé, les décombres de sa maison incendiée.

Il est difficile de décrire l'ébahissement, la confusion des abeilles de la ruche en banqueroute qui se trouvaient absentes lors de la catastrophe, et arrivaient de temps en temps avec leur cargaison. D'abord elles décrivaient des cercles en l'air autour de l'ancienne place de l'arbre, étonnées de la trouver vide. Enfin, comme si elles comprenaient leur désastre, elles se rassemblaient en groupes sur une branche desséchée d'un arbre voisin, et semblaient de là contempler la ruine gisante et se lamenter sur la destruction de leur empire. C'était une scène sur laquelle le mélancolique Jacques aurait pu moraliser pendant des heures entières.

Alors nous quittâmes la place, laissant encore beaucoup de miel dans le creux de l'arbre.

— Il sera tout emporté par la vermine, dit l'un des chasseurs.

— Quelle vermine? dis-je.

— Oh! les ours, les racoons, les opossums! Les ours sont les vermines les plus habiles du monde pour découvrir un arbre d'abeilles et en tirer parti; ils vous le rongent pendant plusieurs jours, et finissent par y faire un trou assez large pour y passer leurs pattes, et alors ils emportent le miel, les mouches et tout!

X. — Amusements du camp. — Un conseil. — Pitance ordinaire et dessert de chasseur. — Scènes du soir. — Musique nocturne. — Sort funeste d'un hibou amateur de musique.

A notre retour au camp nous y vîmes régner une grande hilarité; c'était le moment de la récréation, et les cavaliers se livraient à divers amusements; ils tiraient au blanc, sautaient, luttaient, jouaient aux barres. La plupart étaient de très-jeunes gens, à leur première campagne, remplis d'espérance, de force, d'activité. Rien n'est plus propre à enflammer le cœur de la jeunesse que cette vie de forêts, à travers ces solitudes magnifiques, abondantes en gibier et non moins fertiles en aventures. Nous envoyons nos jeunes gens en Europe, où ils deviennent efféminés, où ils contractent des habitudes de luxe et de mollesse; il vaudrait mieux, ce me semble, les faire voyager dans les prairies; ils en rapporteraient des dispositions plus mâles, plus indépendantes, plus conformes aux mœurs exigées par nos institutions politiques.

Tandis que les jeunes soldats s'amusaient de ces jeux bruyants et guerriers, un groupe plus grave, composé du capitaine, du docteur et de quelques autres sages ou principaux officiers du camp, était assis sur l'herbe autour d'une carte de la frontière, tenant conseil sur notre position et sur la route que nous devions suivre.

Notre plan était de passer l'Arkansas au-dessus de la Rivière-Rouge, ensuite d'aller dans la direction de l'ouest, en traversant une grande forêt ouverte nommée Cross-Timber, ou Bois transversal, qui s'étend presque du nord au sud, depuis l'Arkansas jusqu'à la Rivière-Rouge, après quoi nous devions nous diriger au sud vers la dernière de ces rivières.

Notre métis Beatte, en sa qualité de chasseur osage expérimenté, fut appelé au conseil.

— « Avez-vous chassé quelquefois dans cette direction? lui dit le capitaine.

— Oui, répondit-il laconiquement.

— Peut-être pourrez-vous nous dire alors dans quelle direction se trouve le confluent de la Rivière-Rouge?

— Si vous suivez les bords de la prairie où nous sommes, vous arriverez à une colline dépouillée sur laquelle est un monceau de pierres.

— J'ai remarqué cette colline en chassant dans ces parages, dit le capitaine.

— Eh bien! ces pierres sont une marque faite par les Osages; de ce point vous verrez le confluent de la Rivière-Rouge.

— En ce cas, nous arriverons demain matin à ce confluent, s'écria le capitaine, et puis nous traverserons l'Arkansas un peu au-dessus; nous serons dans le pays des Pawnies, et dans deux jours nous ferons craquer les os des buffles.

L'idée d'arriver sur les terres aventureuses des Pawnies et d'être enfin sur les traces des buffles produisit l'effet d'une étincelle électrique. En ce moment notre conférence fut interrompue par le bruit d'un fusil tiré non loin du camp.

— C'est le fusil du vieux Ryan, s'écria le capitaine, il y a un daim ou un chevreuil par terre, j'en réponds. Il ne se trompaït pas; quelques moments après, le vétéran parut, appelant un des plus jeunes cavaliers à retourner avec lui pour l'aider à rapporter la bête.

Le pays environnant abondait en giber, et notre camp était amplement approvisionné; de plus, personne ne manquait de dessert, car on avait abattu au moins vingt arbres d'abeilles. C'était un festin continuel, et pas un ne songeait à garder quelque chose pour le lendemain. La cuisine était traitée en style de chasseur; les viandes, piquées sur des broches pointues en bois de chien, dont les extrémités étaient fichées en terre, étaient placées devant le feu, où elles rôtissaient ou grillaient, si l'on veut, en conservant si bien leur jus qu'elles auraient agréablement chatouillé le palais du plus fin gourmet. Je ne puis faire autant d'éloges du pain; c'était tout simplement de la farine délayée avec un peu d'eau et frite comme des beignets ou des crêpes, avec du lard. Quelques-uns cependant y faisaient encore moins de façon, ils prenaient de cette pâte au bout d'un bâton et la faisaient cuire en la tenant devant le feu. Tout ce que je puis dire, c'est que j'ai trouvé ces deux sortes de pain extrêmement agréables sur les prairies. On ne peut en effet juger de la bonté d'un mets si l'on n'en a pas mangé avec l'assaisonnement d'un appétit de chasseur.

Avant le coucher du soleil, nous fûmes appelés par le petit Tony à nous asseoir autour d'un somptueux repas. Des couvertures étendues à terre près du feu nous servaient de siéges. Une immense sébile taillée dans une racine d'érable, qu'on avait achetée au village indien, fut placée devant nous, et l'on y versa le contenu des marmites ; c'était un dindon sauvage découpé, des tranches de lard et des morceaux de pâte; un autre plat de même espèce était rempli d'une abondance de ces beignets dont j'ai parlé. Après que nous eûmes fait raison de la galimafrée, un quartier de chevreuil bien gras, enfilé sur deux broches de bois, et qui pendant le premier service grillait à côté de nous, fut planté d'un air de triomphe au milieu de notre cercle par le petit Tony. Comme nous n'avions ni assiettes ni fourchettes, nous nous servions à la façon des chasseurs, en coupant avec nos couteaux de chasse des tranches de rôti que nous trempions dans le sel et le poivre. Pour rendre justice au cuisinier et à la sauce appétissante de l'air des prairies, je déclare que jamais venaison ne me parut aussi délicieuse ; avec tout cela, notre seul breuvage était du café, fait à l'ébullition, dans un chaudron de campagne, sucré avec du sucre brun et versé dans des tasses d'étain. Tel fut notre ordinaire tout le temps de l'expédition, au moins tant que les provisions furent abondantes et que nous conservâmes de la farine, du café et du sucre.

Sitôt que la nuit eut remplacé le crépuscule, on plaça les sentinelles, précaution indispensable dans un pays infesté de sauvages. Le camp présentait alors un aspect tout-à-fait pittoresque. Des feux épars brillaient ou se mouraient parmi les arbres, et des groupes de Rangers les entouraient, les uns assis, les autres couchés sur l'herbe, d'autres debout, recevant les rouges reflets des flammes, ou leur profil se dessinant sur un fond noir.

Autour de quelques-uns de ces foyers retentissaient les éclats d'une gaîté bruyante, les rires prolongés, les rudes exclamations, car cette troupe ne se distinguait point par une discipline sévère, étant composée de jeunes gens de la frontière, qui ne s'enrôlaient que pour changer de place et courir les aventures; quelques-uns aussi dans le but de connaître le pays. Plusieurs étaient les voisins de leurs officiers, et leur parlaient avec la familiarité de camarades, non avec la subordination du soldat envers son chef. Pas un d'eux ne se faisait la moindre idée de l'étiquette, de la contrainte d'un camp régulier, et pas un d'eux n'aurait eu l'ambition d'acquérir une bonne renommée par son exactitude à suivre les lois d'une profession qu'il n'avait pas l'intention de continuer.

Tandis que cette folle gaîté régnait auprès de l'un des feux, une sorte de mélodie nasale partit d'un autre, et un chœur de voix se réunit bientôt à cette très-lugubre psalmodie. Le coryphée était un des lieutenants, grand homme efflanqué, qui avait été maître d'école, professeur de chant, et par occasion prédicateur méthodiste dans un des villages de la frontière. Ce chant s'élevait avec une tristesse solennelle dans l'air de la nuit, et me rappelait la description de semblables cantiques chantés dans les camps des Puritains. En effet, ce bizarre mélange de figures et de costumes offert par nos gens aurait fait honneur au drapeau de Praise-God-Barebones. Dans un intervalle de la psalmodie nasale, un hibou amateur, probablement désireux d'entrer en concurrence, commença ses houhou sinistres. A l'instant ce fut un cri général : Le hibou de Charley! le hibou de Charley!... Il paraît que cet oiseau des ténèbres avait visité le camp toutes les nuits précédentes, et qu'une des sentinelles, garçon peu malin, avait tiré sur lui et s'était excusé ensuite d'avoir tiré étant en faction, en disant que les hiboux faisaient d'excellente soupe. Un des jeunes cavaliers imita le cri de l'oiseau de Minerve, lequel, avec une simplicité peu d'accord avec sa réputation de prud'homie, sortit de l'obscurité et vola sur la branche dépouillée d'un arbre éclairé par un des feux.

Aussitôt le jeune comte saisit son fusil, visa, et dans un

clin d'œil le pauvre oiseau de mauvais augure tomba sans vie. Charley fut appelé et sommé d'apprêter et de manger sa prétendue excellente soupe; mais il refusa, sous prétexte qu'il n'avait pas lui-même tué la bête.

Dans le courant de la soirée, je fis visite au feu du capitaine, qui se composait d'énormes troncs d'arbres, capables de rôtir un buffle tout entier. Là se trouvaient les principaux chasseurs et officiers, debout, assis ou couchés sur des peaux ou des couvertures, contant leurs histoires de chasse et de guerre avec les sauvages.

A mesure que la nuit approchait, une lumière rougeâtre se montrait à l'ouest au-dessus des arbres.

— C'est probablement une prairie incendiée par les Osages, dit le capitaine.

— Ce doit être vers l'embouchure de la Rivière-Rouge, dit Beatte en regardant le ciel; on dirait que c'est à trois ou quatre milles d'ici, et peut-être c'est à plus de vingt milles.

Entre huit et neuf heures, une douce lumière argentée s'élevant par degrés à l'orient annonça le lever de la lune. Alors je sortis de la cabane du capitaine pour me préparer au repos de la nuit. J'étais décidé à quitter l'abri de la tente et à bivouaquer avec les cavaliers. Une peau d'ours me servit de lit, un bissac était mon oreiller. Enveloppé dans des couvertures, je m'étendis sur la couche du chasseur, où je m'endormis d'un sommeil doux et profond, et ne m'éveillai qu'au bruit du cor sonnant le départ au point du jour.

XI. — Nous plions bagage. — Marche pittoresque. — Chasse. — Scènes du camp. — Triomphe d'un jeune chasseur. — Mauvais succès du vétéran. — Vil assassinat d'un chafouin.

Le 14 octobre, au signal donné par le cor, les patrouilles et les sentinelles relevées de leur faction rentrèrent au camp. Tous les cavaliers quittèrent leur couche rustique et vaquèrent gaîment aux préparatifs du départ. C'était un mouvement général; ceux-ci coupaient du bois, allumaient des feux et apprêtaient le déjeuner; ceux-là pliaient les couvertures qui servaient de tentes pendant les mauvais temps; d'autres couraient après les chevaux dispersés dans les taillis. La forêt retentissait de cris joyeux, d'exclamations, d'éclats de rire. Quand tout le monde eut déjeuné, les effets empaquetés et chargés, on sonna le boute-selle et à cheval. A huit heures la troupe marchait en ligne prolongée et tortueuse, et les hourras des chasseurs se mêlaient aux jurons adressés aux bêtes de somme. Un moment après, la forêt, qui depuis quelques jours avait offert une scène si animée, si tumultueuse, rentra dans sa solitude et son silence primitifs.

C'était une belle et claire matinée; une atmosphère transparente et pure semblait baigner le cœur dans la joie. Nous suivions une direction parallèle à l'Arkansas, à travers un pays riche et varié. Quelquefois nous étions obligés de nous frayer un chemin sur des terrains d'alluvion encombrés d'une végétation exubérante, où des arbres gigantesques étaient entrelacés de vignes qui tombaient de leurs branches comme les cordages d'un navire. D'autres fois nous longions de petites rivières stagnantes, dont le faible courant servait à lier ensemble une suite d'étangs unis et brillants, encadrés comme des miroirs dans le sol de la forêt et réfléchissant son feuillage d'automne, et en quelques places, le ciel bleu. Plus loin nous gravissions des collines de rochers du sommet desquelles la vue s'étendait au loin, d'un côté sur les immenses prairies, diversifiées par des bosquets et des forêts, de l'autre sur une chaîne de montagnes bleuâtres, au-delà des eaux de l'Arkansas.

L'apparence de notre troupe était en harmonie avec le paysage. Nous formions une ligne d'un demi-mille de longueur, tournant parmi des fourrés et des clairières, montant et descendant les défilés des collines. Nos hommes portaient toutes sortes de costumes bizarres et montaient des chevaux de toutes les couleurs. Les chevaux de bât s'écartaient sans cesse pour aller brouter dans les herbages, et Tony et ses confrères les métis les ramenaient à force de coups et de jurements. De temps en temps les notes du cor, à la tête de la colonne, réveillaient les échos des bois et des vallées profondes, en rappelant les traîneurs et en annonçant la direction de la marche. L'ensemble de la scène me rappelait les bandes de boucaniers traversant les solitudes de l'Amérique méridionale dans leurs expéditions contre les établissements espagnols.

Une fois, en traversant un pré entouré de bosquets, nous vîmes les longues herbes couchées en plusieurs places : c'étaient les lits des daims qui avaient dormi la nuit précédente sur ce pré. Quelques chênes portaient aussi la marque des griffes des ours qui avaient grimpé le long de leur tronc pour chercher du gland. En approchant d'une clairière donnant sur ce pâturage, nous aperçûmes une troupe de daims bondissant et fuyant tout épouvantés ; mais ils n'étaient pas plutôt à une certaine distance qu'ils s'arrêtaient et regardaient, avec la curiosité commune à ces animaux, les étrangers qui venaient ainsi troubler leur solitude. A l'instant des coups de fusil furent tirés dans toutes les directions par les jeunes chasseurs. Cependant leur empressement les empêcha de viser juste, et les daims s'enfoncèrent sains et saufs dans la profondeur des forêts.

Dans notre marche, nous atteignîmes l'Arkansas; mais nous nous trouvions encore au-dessous de la Fourche-Rouge; et comme la première décrit de profondes courbures, nous quittâmes ses bords, et continuâmes notre route dans les bois jusqu'à près de trois heures.

Alors nous campâmes dans un beau bassin, borné par un ruisseau limpide, et ombragé par des bouquets de chênes majestueux. Les chevaux furent lâchés pour se repaître en liberté, avec la précaution d'attacher leurs jambes de devant l'une à l'autre avec des cordes ou des courroies, afin de les empêcher de s'éloigner. Un certain nombre de cavaliers, chasseurs déterminés, se dispersa de différents côtés à la recherche du gibier. On n'entendait plus les joyeuses exclamations, les grandes risées du matin; tout le monde était occupé, soit à faire du feu, soit à préparer le repas; et les plus fatigués se reposaient dans l'herbe. Bientôt le bruit des armes à feu retentit de toutes parts, et quelque temps après un chasseur revint au camp avec un beau chevreuil placé en travers sur son cheval. Ce cavalier fut suivi d'une couple de chasseurs imberbes à pied, l'un desquels portait un faon sur ses épaules. Il était évidemment fier de sa proie. C'était peut-être son premier exploit. Cela ne les empêcha point, ses compagnons et lui, d'être impitoyablement raillés par leurs camarades. On les traitait de novices, qui s'étaient associés pour aller à la chasse, et rapportaient une pièce entre eux tous.

Un peu avant la nuit, de grandes acclamations s'élevèrent à l'une des extrémités du camp, et nous vîmes une troupe de jeunes chasseurs marcher en parade autour des feux, portant sur leurs épaules un de leurs camarades. Il avait tué un élan pour la première fois de sa vie, et c'était le premier animal de cette espèce abattu dans cette expédition. Ce jeune chasseur, nommé Mac Lellan, fut le héros de la soirée, et, de plus, l'Amphytrion du souper ; car des morceaux de son élan rôtissaient devant chaque foyer.

Les autres chasseurs revinrent les mains vides. Le capitaine avait remarqué les traces d'un buffle qui devait avoir passé peu de jours avant ; il avait suivi assez loin la voie d'un ours ; mais ses empreintes avaient enfin disparu. Il avait vu encore un élan qui s'avançait sur un banc de sable de l'Arkansàs ; par malheur, tandis qu'il se glissait parmi les buissons pour trouver une place d'où il pût le tirer, l'élan était rentré dans le bois.

Notre chasseur Beatte revint à son tour, silencieux et morne, d'une chasse infructueuse. Jusqu'alors il ne nous avait rien rapporté, et nous avions tiré nos provisions de venaison de la loge du capitaine. Beatte semblait véritablement humilié, et devait l'être en effet, d'autant plus qu'il regardait les cavaliers du haut de sa grandeur, comme gens nouveaux sur les prairies, et peu versés dans les secrets de la chasse. De leur côté, ceux-ci ne le voyaient pas d'un œil favorable, à cause de son mauvais sang, et ils le nommaient toujours l'Indien.

D'autre part, notre petit Tony, à force de babil et de gasconnades, joints à son dialecte bigarré, avait ameuté contre lui tous les plaisants de la troupe, qui s'amusaient à ses dépens d'une façon assez incivile ; mais la vanité du petit varlet était inébranlable, et tous les quolibets du monde ne l'auraient pas fait baisser d'une ligne. Quant à moi, je l'avoue, je me sentais un peu honteux de la pauvre figure que faisaient nos suivants parmi ces déterminés de la frontière, et notre équipement était aussi pour eux un sujet de moqueries ; ils en voulaient surtout aux fusils de chasse à deux coups que nous avions pris pour le petit gibier. Or, les garçons de l'ouest ont un souverain mépris pour les petits coups (c'est ainsi qu'ils appelent les perdrix, les corneilles et même les dindons sauvages), et la longue carabine est à leurs yeux la seule arme digne d'un chasseur.

Je fus éveillé le lendemain, avant le jour, par le hurlement lamentable d'un loup qui rôdait autour du camp, attiré par l'odeur de la venaison. A peine la première ligne grisâtre de l'aurore se montra qu'un jeune gaillard sortit d'une des cahutes, se mit à contrefaire le coq en perçant les airs de cadences claires et prolongées qui auraient fait envie à un sultan de basse-cour. On lui répondit sur le même ton, comme si c'eût été d'un perchoir voisin ; le chant fut répété d'une cahute à l'autre, et bientôt il fut accompagné par le caquet des poules, les cancans des canards, les glouglous des dindons et les grognements des truies. Enfin on eût dit que nous étions transportés au milieu de la cour d'une ferme, dont la population se trouvait en plein concert.

Après une marche assez courte, nous arrivâmes, dans cette matinée, à un sentier des Indiens extrêmement battu, et en le suivant, nous atteignîmes le sommet d'une colline d'où l'on apercevait une vaste étendue de pays, mêlée de chaînes de rochers et de lignes onduleuses de beaux plateaux enrichis de bosquets et de bouquets d'arbres variés par leurs teintes et leur feuillage. Dans le lointain, à l'ouest, nous découvrîmes à notre grande satisfaction la Rivière-Rouge, qui roulait ses eaux troubles vers l'Arkansas, et nous trouvâmes que nous étions au-dessus de la jonction de ces deux courants. En cet endroit, les arbres étaient couverts de vignes énormes, qui formaient une sorte de cordage et liaient les troncs et les branches les uns aux autres. Il y avait en outre une sous-végétation de buissons et de ronces, et une telle abondance de houblons prêts à couper, que nos chevaux avaient beaucoup de peine à se frayer un chemin. En plusieurs places, le sol était empreint de traces de daims, et les griffes des ours avaient laissé des marques sur l'écorce de quelques arbres. Chacun avait l'œil et l'oreille au guet, dans l'espoir de voir lever du gibier. Tout-à-coup un mouvement, des clameurs, attirèrent notre attention sur une partie reculée de la ligne.

— Un ours! un ours! était le cri. Nous courûmes tous afin d'être présents à l'intéressante chasse; mais, à mon inexprimable et très-ridicule chagrin, je trouvai nos deux personnages, Tony et Beatte, commettant un meurtre inutile et honteux sur un misérable chafouin ou putois. L'animal s'était caché sous le tronc d'un arbre tombé, et de là il faisait une vigoureuse défense à sa manière, si bien que les bois d'alentour étaient parfumés de sa subtile odeur.

Les moqueries, les compliments goguenards, pleuvaient sur le chasseur indien. On lui conseillait de scalper la fouine et de porter son scalp comme un glorieux trophée. Cependant, quand on vit Tony et le métis déterminés à emporter cette bête, en soutenant que c'était un régal dont ils étaient extrêmement friands, une expression universelle de dégoût s'éleva contre eux, et on les regarda presque comme des cannibales.

Mortifié de cet ignoble début de nos chasseurs, j'insistai pour leur faire abandonner leur proie et reprendre leur marche. Beatte céda de mauvaise grâce, et demeura en arrière en grondant entre ses dents. Cependant Tony, avec sa légèreté ordinaire, se consola en vantant de toute la force de ses poumons la richesse, la délicatesse d'une fouine rôtie. Il jurait sa foi que c'était le mets favori des gourmands indiens les plus expérimentés. Ce fut à grand'peine que j'imposai silence à sa loquacité; mais si la vivacité d'un Français est réprimée d'un côté, elle sait se faire jour d'un autre, et Tony passa son humeur en administrant des volées de coups accompagnées de jurements à nos malheureux chevaux de bât. J'étais cependant menacé de voir à la fin mon opposition à la fantaisie de ces varlets devenir inutile; car au bout d'un certain temps, Beatte ayant repris son poste de guide, j'aperçus, à ma grande vexation, la carcasse de la belle prise écorchée et ressemblant à un cochon de lait engraissé, qui pendait à l'arçon de sa selle; mais je fis aussitôt en moi-même le vœu d'empêcher notre foyer d'être déshonoré par la cuisson d'un vil putois.

XII. — La traversée de l'Arkansas.

Maintenant nous avions atteint la rivière à un quart de mille environ de sa jonction avec la Fourche-Rouge; mais les bords étaient escarpés et croulants, et le courant profond et rapide. Il était donc impossible de passer en cet endroit, et nous reprîmes notre pénible course dans les bois après avoir envoyé Beatte à la découverte d'un gué. A peine avions-nous fait un mille de plus, que notre guide revint nous donner la bonne nouvelle qu'il y avait non loin de nous une place où la plus grande partie de la rivière était guéable sur des bancs de sable, et le reste pouvait aisément être passé à la nage par les chevaux.

Là nous fîmes halte; quelques-uns de nos hommes coupèrent des arbres avec leurs haches près des bords de l'eau, pour faire des radeaux sur lesquels on devait mettre les bagages; d'autres essayèrent de trouver un meilleur passage en remontant la rivière et en pataugeant parmi les buissons et les joncs entrelacés.

Ce fut alors que Tony et Beatte eurent l'occasion de déployer leurs ressources et leur adresse indiennes. Ils s'étaient procurés au village osage que nous avions traversé un ou deux jours auparavant, une peau de buffle sèche; elle fut produite en ce moment opportun : on passa des cordes dans les œillets dont cette peau était bordée, et on la tira de manière à former une sorte d'auge; des bâtons posés en travers dans l'intérieur la tenaient en forme; notre équipage de camp et une partie de nos bagages y furent placés, et cette singulière barque fut portée sur la grève et mise à flot. Beatle tenait entre ses dents une corde attachée à la proue, et se jetant à l'eau, il avança en remorquant la machine après lui, tandis que Tony allait derrière pour la maintenir droite et la pousser. Ils avaient pied pendant une partie du chemin; mais au milieu du courant ils furent obligés de nager, et ils ne cessèrent de pousser les cris des Indiens qu'en prenant terre sur la rive opposée.

Nous fûmes si charmés, le commissaire et moi, de ce mode de navigation, que nous résolûmes de nous embarquer nous-mêmes dans la peau de buffle. Nos deux compagnons, le comte et M. L..., avaient continué de marcher le long du rivage, avec les chevaux, pour trouver un gué que les cavaliers avaient découvert à un ou deux milles plus haut. Tandis que nous attendions les conducteurs de notre bac, mes yeux se portèrent par hasard sur un monceau de différents effets posé sur un buisson, et je reconnus parmi d'autres objets la carcasse de la fouine toute préparée à rôtir devant le feu du soir; je ne pus résister à la tentation de lancer le malencontreux gibier à la rivière, au fond de laquelle il tomba comme un morceau de plomb; et notre cahute fut ainsi préservée de l'infection que cette viande savoureuse menaçait d'y apporter avec elle.

Nos hommes ayant retraversé le courant avec leur nacelle, elle fut tirée sur la rive et remplie à moitié de selles, de bissacs et d'autres bagages pesant au moins cent livres, et lorsqu'elle fut à l'eau on m'invita à m'y placer. Cela me parut ressembler infiniment à l'embarcation des sages de Gotham, qui voguaient sur la mer dans un bol. Cependant je descendis sans balancer, mais avec toutes les précautions possibles, et je m'assis sur le sommet des bagages, les bords de la peau s'élevant de la largeur de la main au-dessus de l'eau. Alors on me passa les carabines, les fusils de chasse et autres objets de petit volume, mais en telle quantité qu'il me fallut protester que je ne recevrais pas plus de frêt. Nous entrâmes ainsi dans la rivière, la barque touée et poussée comme la première fois.

Ce fut avec une sensation demi-sérieuse, demi-comique, que je me trouvai flottant sur la peau d'un buffle au milieu d'une rivière du désert, entouré d'une campagne inculte et solitaire, et remorqué par un quasi-sauvage hurlant et aboyant comme un diable incarné. Pour flatter la vanité du petit Tony, je déchargeai mon fusil de chasse à droite et à gauche quand nous fûmes au centre du courant. Le bruit fut répété par les échos le long des rives boisées, et les acclamations des cavaliers y répondirent, au grand triomphe du petit Français, qui s'attribuait toute la gloire de ce mode indien de navigation.

Notre voyage heureusement accompli, le commissaire et le reste de nos bagages furent transportés avec le même succès.

Qu'on se figure, si l'on peut, l'exaltation vaniteuse de Tony, se pavanant sur le rivage au milieu des cavaliers, et ne tarissant point en déclamations emphatiques sur son adresse, son habileté supérieures. Beatte conserva cependant sa fière taciturnité, et l'on ne vit pas un seul sourire dérider son visage saturnin. Il avait un mépris indicible pour l'ignorance des Rangers, et ne leur pardonnait par de l'avoir mal jugé. Il dit seulement : Eux voient bien maintenant l'Indien être bon à quelque chose.

La rive large et sablonneuse sur laquelle nous descendîmes était sillonnée par d'innombrables traces d'élans, de daims, de racoons, d'ours, de dindons et d'oiseaux aquatiques. De ce côté, les abords de la rivière étaient agréablement variés : ici de longues et brillantes lagunes bordées de saules et de cotonniers; là de riches plaines de forêts ouvertes où dominaient des platanes gigantesques; et dans le lointain de hauts promontoires boisés. Le feuillage avait déjà une teinte dorée qui donnait au paysage le ton harmonieux et riche des tableaux du Lorrain; et la scène était animée par le radeau sur lequel le capitaine et son fidèle confident le docteur passaient la rivière avec leurs effets, et par la longue file des cavaliers qui traversaient le courant en ligne oblique en allant d'un banc de sable à un autre, pendant l'espace d'environ un mille.

XIII. — Le camp du vallon. — Les Pawnies. — Leurs mœurs et leur manière de combattre. — Aventures d'un chasseur. — Chevaux retrouvés et hommes perdus.

Aussitôt que le capitaine, son état-major et un certain nombre de ses hommes eurent passé, nous nous enfonçâmes dans les bois, et après avoir fait environ un demi-mille, nous entrâmes dans un vallon formé par deux collines de rochers calcaires qui se rapprochaient l'une de l'autre à mesure que nous avancions, et s'unissaient enfin en formant presqu'un angle. Là, une belle source coulait et alimentait un ruisselet argenté qui baignait le vallon dans toute sa longueur, et rafraîchissait l'herbe touffue dont il était tapissé.

Dans cet enfoncement de rochers, nous campâmes sous de grands arbres. Les cavaliers nous rejoignirent par groupes détachés ou isolément, quelques-uns à cheval, les autres à pied, chassant devant eux leur monture chargée de bagages : plusieurs étaient mouillés jusqu'aux os, parce qu'ils étaient tombés dans la rivière pendant leur passage, qui avait été fatigant et dangereux : ils ressemblaient assez à des bandits revenant d'une expédition, et ce vallon sauvage était une retraite digne de pareils hôtes. L'effet pittoresque de la scène augmenta le soir, quand la lueur des feux éclaira les groupes d'hommes et de chevaux, les monceaux de bagages, les fusils empilés contre les arbres, et les selles, les brides, les poires à poudre suspendues aux branches.

Le comte et son mentor, le jeune métis Antoine, nous rejoignirent au camp; tous avaient passé heureusement le gué; mais à mon grand déplaisir ils ne ramenaient point mes deux chevaux. Ils les avaient laissés sous la garde d'Antoine; Antoine, avec son insouciance ordinaire, ne s'était nullement embarrassé d'eux, et probablement ils s'étaient écartés de la ligne, de l'autre côté de la rivière. Il fut donc arrêté que Beatte et Antoine repasseraient le lendemain de bonne heure, et les chercheraient sur l'autre rive.

Un daim et quelques dindons ayant été apportés au camp, nous parvînmes, avec l'addition d'un bol de café, à faire un souper confortable, après lequel je passai dans la cahute ou loge du capitaine, sorte de feu de conseil, et rendez-vous des commérages pour les vétérans.

Tout en causant nous observâmes, comme nous l'avions observé les précédentes nuits, une clarté d'un rouge pâle à l'occident, au-dessus des sommets des rochers; cette clarté fut encore attribuée à des prairies brûlées par des Indiens, et l'on supposa qu'elle venait de l'ouest de l'Arkansas. S'il en était ainsi, le feu avait été allumé par quelque parti de Pawnies, car les Osages se risquent rarement dans ces cantons. Cependant Beatte, notre métis, affirmait que c'étaient les feux des Osages, et que ces feux étaient sur l'autre rive de l'Arkansas.

Alors la conversation tourna sur les Pawnies, sur les territoires desquels nous allions entrer. Il a toujours existé, pour les habitants de nos frontières, une tribu indigène guerrière et non apprivoisée, qui pendant un certain temps est la terreur des colons et le sujet de toutes sortes d'histoires effrayantes. Telle est actuellement la tribu des Pawnies qui hante les régions situées entre l'Arkansas, la Rivière-Rouge et les prairies du Texas. On les dit excellents écuyers, et presque toujours à cheval sur des coursiers véloces et pleins de courage, de la race sauvage des prairies. Ils parcourent ainsi ces vastes plaines, soit en chassant les daims et les buffles, soit en suivant des expéditions de guerre et de rapine ; car de même que les enfants d'Ismaël, auxquels ils ressemblent sous plus d'un rapport, ils font la guerre à tous les peuples, et tous les peuples leur font la guerre : quelques-uns n'ont point de demeures fixes et vivent sous des tentes de peau faciles à transporter, en sorte qu'ils sont ici aujourd'hui, et ne savent où ils seront demain. Un vieux chasseur nous conta diverses particularités de leur manière de combattre. « Malheur, disait-il, à la bande de chasseurs ou de marchands qui serait aperçue dans les prairies, après une marche fatigante, par ces sauvages. Souvent ils emploient la ruse dans leurs attaques : ils se tiennent par une seule jambe sur leur selle, et cachent le reste de leur corps le long des flancs du cheval, et, de loin, ils ont l'apparence d'une troupe de chevaux sauvages sans cavaliers ; quand ils se sont ainsi suffisamment approchés de l'ennemi, ils se remettent soudain en selle, et plus rapides qu'un tourbillon de vent, avec leurs plumes flottantes, agitant leurs manteaux et brandissant leurs armes, ils se précipitent en poussant de hideux hurlements. Ils produisent ainsi une terreur panique parmi les chevaux, les mettent en désordre, les poursuivent et les emmènent en triomphe. »

Le meilleur moyen de défense, suivant ce vétéran des bois, est de gagner quelque bosquet ou taillis; et s'il n'en est aucun à portée, il faut descendre de cheval, attacher tous les chevaux assez ferme tête contre tête, pour qu'il leur soit impossible de se détacher ou de s'écarter, et gagner un ravin, ou bien suivre un creux dans le sable où l'on soit à l'abri des flèches des Pawnies, leurs armes favorites. Ils sont excellents archers, tournent plusieurs fois autour de leur ennemi, et lancent leurs flèches en galopant. C'est sur la prairie qu'ils sont par conséquent le plus redoutables, parce qu'ils peuvent courir sans obstacle, et qu'il n'y a point d'arbres pour détourner leurs traits. Il est rare qu'ils suivent leur ennemi dans les forêts.

Il nous conta ensuite quelques anecdotes sur la prudence et le secret avec lequel ils rôdent autour d'un camp ennemi, en guettant le moment favorable pour l'attaquer.

— Il faut commencer à être sur ses gardes, dit le capitaine. Je vais faire distribuer des ordres écrits pour défendre de chasser sans permission, et de faire feu, sous peine de monter le cheval de bois. J'ai à conduire un équipage indocile. Tous ces jeunes gaillards sont peu accoutumés au service des frontières; il sera difficile de les rendre circonspects. Nous sommes maintenant sur les terres d'un peuple silencieux, vigilant et rusé, qui, à l'instant où vous y pensez le moins, épie tous vos mouvements, et se tient prêt à fondre sur les traîneurs et les vagabonds.

— Comment pourrez-vous empêcher vos hommes de tirer, s'ils voient du gibier dans les alentours du camp? demanda l'un des cavaliers.

— Ils ne doivent pas porter leur fusil avec eux, à moins

qu'ils ne soient de faction, ou qu'ils n'en aient obtenu la permission.

— Ah! capitaine, s'écria le cavalier, je n'en suis plus! jamais je ne me soumettrai à cela. Où je vais, mon fusil va: c'est une partie de moi-même. Personne ne me remplacerait auprès de lui, et personne ne le remplacerait auprès de moi. Je le soigne, et il me soigne.

— Il y a du vrai dans ce que vous dites, répondit le capitaine, touché d'une sympathie de vrai chasseur. Mon fusil est avec moi depuis aussi longtemps que ma femme, et j'ai toujours trouvé en lui un ami fidèle.

Ici le docteur, aussi déterminé chasseur que le capitaine, se joignit à la conversation.

— Un de mes voisins, fit-il, avait coutume de dire : Si je vous prêtais mon fusil, pourquoi ne vous prêterais-je pas ma femme?

— Peu de gens, reprit sérieusement le capitaine, ont pour leur fusil la considération, les soins qu'ils devraient avoir.

— Et de même pour leurs femmes, ajouta le docteur d'un air malin.

— C'est un fait, dit le capitaine.

On vint avertir le capitaine qu'un parti de quatre cavaliers, conduit par le vieux Ryan, ne s'était pas retrouvé. Ils avaient été séparés du corps principal de l'autre côté de la rivière, tandis qu'on cherchait le gué, et s'étaient égarés; personne ne savait dans quelle direction. On fit différentes suppositions sur eux, et l'on exprima quelques appréhensions pour leur sûreté.

— J'enverrais bien à leur recherche, dit le capitaine; mais le vieux Ryan est avec eux; il saura se tirer d'affaire, lui et ses compagnons. Je ne compterais pas beaucoup sur la tête des autres, mais il est sur les prairies comme dans sa ferme;

d'ailleurs ils sont en nombre suffisant, quatre pour veiller, et le cinquième pour soigner le feu.

— C'est une triste chose de s'égarer la nuit dans un pays inconnu et sauvage, dit un des plus jeunes cavaliers.

— Non, si vous êtes deux ou trois ensemble, dit un ancien. Quant à moi, je serais aussi tranquille, aussi content dans ce vallon que dans ma propre maison, si j'avais seulement avec moi un camarade pour faire sentinelle tour à tour, et entretenir le feu. Je resterais là couché pendant des heures, à contempler cette étoile brillante qui a l'air de regarder le camp, comme si elle était chargée de veiller à sa sûreté.

— Oui, les étoiles sont une sorte de compagnie quand on se trouve seul, et obligé de veiller. Celle-là est vraiment une étoile gaillarde, l'étoile du soir, ou la planète Vénus, à ce que disent les savants.

— Si c'est Vénus, dit un membre du conseil (c'était, je crois, le maître d'école aux cantiques), cela ne présage rien de bon; car j'ai lu dans un livre que les Pawnies adorent cette étoile, et lui sacrifient leurs prisonniers. Ainsi, j'aimerais autant ne pas la voir regarder cette partie du pays.

— Bien! dit le sergent, vétéran des bois de la bonne roche; avec ou sans étoile, j'ai passé plus d'une nuit, tout seul, en des lieux plus sauvages que celui-ci, et j'y ai solidement dormi, je vous le garantis. Je m'attardai une fois, en passant un bois près de la rivière Tombighe, et me trouvant séparé de mes compagnons, j'allumai du feu, je mis mon cheval en liberté, et je m'étendis sur la terre. De temps en temps, j'entendais hurler les loups. Mon cheval vint se serrer contre moi, terriblement effrayé. Je le repoussai; mais il revint, et se rapprochant toujours de plus en plus, il resta les yeux fixés sur le feu et sur moi, balançant la tête et pliant les jambes de devant, car il était harassé.

Au bout d'un instant, j'entendis un cri étrange et lugubre.

D'abord je pensai que c'était un hibou, mais il recommença, et je reconnus alors que ce n'était pas un hibou, mais une panthère.

Je me sentis un peu embarrassé; car je n'avais pour toutes armes qu'un couteau à deux lames. Cependant je me préparai à me défendre de mon mieux, et j'empilai de petits brandons de mon foyer pour les lui jeter à la face si elle approchait. Maintenant la compagnie de mon cheval me rassurait. Le pauvre animal se coucha à mes côtés, et s'endormit d'extrême lassitude. Je tâchai de me tenir éveillé; mais mes yeux se fermaient involontairement. Souvent j'étais un moment assoupi, et me réveillais en sursaut, regardant autour du foyer et m'attendant à voir les yeux étincelants de la panthère fixés sur moi. Enfin le sommeil et la fatigue furent les plus forts, et je m'endormis profondément. Le matin, je vis les traces d'une panthère à soixante pas de mon bivouac. Ces traces étaient larges comme mes deux poings, et elle avait évidemment avancé et reculé pour tâcher de se décider à m'attaquer. Heureusement elle n'en eut pas le courage.

Le lendemain, 16 octobre, je m'éveillai avant le jour. La lune éclairait faiblement le ravin, à travers de légers nuages; les feux de camp étaient presque éteints, et les hommes étaient couchés auprès, enveloppés dans leurs couvertures. Au point du jour Beatte, notre chasseur, et le jeune métis Antoine, partirent pour aller à la recherche de nos chevaux, de l'autre côté de la rivière, accompagnés de quelques cavaliers qui avaient laissé leurs fusils et leurs bagages sur cette rive. Comme le gué était profond, et qu'ils étaient forcés de le passer en ligne diagonale contre un courant rapide, ils montèrent les plus grands et les meilleurs chevaux.

A huit heures, Beatte revint. Il avait retrouvé les deux chevaux; mais il avait perdu Antoine. Ce dernier était, à ce qu'il disait, un étourdi, un blanc-bec ne connaissant rien aux bois et aux prairies. Bientôt il l'avait perdu de vue, et il s'était égaré. Cependant il avait la chance de trouver des compagnons; car plusieurs cavaliers s'étaient perdus, et le vieux Ryan et sa troupe n'étaient pas encore revenus.

Nous attendîmes assez longtemps dans l'espoir de voir arriver nos gens égarés, mais pas un ne parut. Le capitaine observa que les Indiens de la rive opposée étaient tous bien disposés pour les blancs, et qu'on ne devait pas être sérieusement inquiet pour les absents; le plus grand danger était d'avoir leurs chevaux volés la nuit par les Osages. Notre commandant se détermina donc à marcher, en laissant une arrière-garde au camp pour attendre le retour de leurs camarades.

Assis sur un rocher au-dessus de la source, je m'amusais des changements de scène qui se faisaient sous mes yeux. D'abord les préparatifs du départ; les chevaux ramenés des environs du camp; les cavaliers courant à travers les rochers et les buissons à la quête de ceux qui s'étaient écartés; les clameurs après les chaudrons et les poêles à frire, empruntés d'une table à l'autre; et les jurements, les exclamations colériques proférées contre les chevaux rétifs ou ceux qui s'éloignaient pour aller paître, même après avoir été chargés; tout cela produisait un bruit confus dans lequel on distinguait particulièrement la voix perçante de Tony.

Le signal donné, la troupe défila en ligne irrégulière à travers le vallon et une forêt couverte, tournant et disparaissant graduellement parmi les arbres, bien que le son des voix et du cor se fît entendre quelque temps après la disparition des derniers de la colonne. L'arrière-garde resta sous le bosquet au fond du vallon, les uns à cheval, le fusil sur l'épaule, d'autres assis ou couchés près des feux, causant ensemble à demi-voix et nonchalamment, tandis que les chevaux à demi assoupis se tenaient immobiles autour de leurs maîtres, comme eux à demi assoupis. Cependant un des cavaliers profitait de cet instant de loisir pour se faire la barbe devant un petit miroir accroché au tronc d'un arbre.

Enfin le bruit des voix et du cor se perdit entièrement, et le vallon retomba dans un silence paisible interrompu en certains moments par le murmure indistinct du groupe rassemblé autour du foyer, le sifflotement pensif de quelques promeneurs sous les arbres, et le frottement des feuilles sèches que la brise la plus légère emportait en pluies abondantes, signes de la fin des beaux jours.

XIV. — Chasse aux daims. — Vie des prairies. — Beau campement. — Bonne fortune du chasseur. — Anecdotes des Delawares. — Leurs superstitions.

Quand nous eûmes dépassé la ceinture de bois qui borde la rivière, nous montâmes les collines en nous dirigeant à l'ouest à travers un pays onduleux, couvert de chênes nains et d'un arbre nommé jack noir. L'œil s'étendait quelquefois au loin sur des sites de coteaux et de vallées entremêlés de forêts, de bosquets et de bouquets d'arbres. Nous marchions lentement, et ceux qui se trouvaient en tête de la colonne découvrirent quatre daims paissant sur une pente verte, à environ un mille de distance. Sans doute ils ne s'étaient pas aperçus de notre approche, car ils continuaient leur repas dans une parfaite tranquillité. Un de nos jeunes hommes obtint du capitaine la permission de les poursuivre, et la troupe s'arrêta et regarda silencieusement la chasse. Le cavalier fit un long circuit et s'avança lentement et à petit bruit jusqu'à un bouquet de bois qui le séparait des daims; alors il descendit de cheval, et se glissant autour d'un monticule, disparut à nos yeux. Tous les regards se fixèrent alors sur les daims, qui ne cessaient de brouter sans le moindre soupçon de danger. Soudain un coup de feu part, et un daim superbe fit un bond et retomba sur la terre; ses compagnons défilèrent en un clin d'œil; à l'instant notre ligne se brisa en plusieurs places, et les plus jeunes de la bande s'élancèrent après les fugitifs. Notre petit Français Tony se distinguait parmi les principaux personnages de la scène, sur son gris d'argent, ne s'étant fait aucun scrupule de laisser les chevaux de bois sur leur bonne foi. Il fallut un certain temps pour rassembler au son du cor nos forces dispersées et reprendre notre marche.

Deux ou trois fois, dans le courant de la journée, nous fûmes interrompus par des scènes tumultueuses de ce genre. Les jeunes gens étaient tous fous en se voyant dans une contrée non explorée et si abondante en gibier; et ils étaient trop peu accoutumés à la discipline pour se restreindre à garder les rangs; mais le plus indocile était notre Tony; la haute idée qu'il nourrissait de ses talents supérieurs à la chasse, et le désir de les faire briller, l'entraînaient continuellement à s'éloigner ainsi qu'un levrier mal dressé, aussitôt qu'il voyait lever quelque gibier, et il fallait le ramener à peu près de force.

Enfin sa vanité eut un salutaire échec. Un faon bondit en vue de toute la ligne; Tony mit pied à terre et ajusta la bête, qui lui donnait beau jeu; il tira, le faon resta en place; le créole sauta sur son cheval, se mit en attitude, et les yeux fixés sur l'animal, semblait s'attendre à le voir tomber. Cependant ce dernier continua gaîment sa route, et un rire inextinguible s'éleva du haut en bas de la colonne. Le petit bonhomme glissa tranquillement de sa selle, et tomba sur les bêtes de somme à bras raccourci, en les accablant d'injures et d'imprécations furieuses, comme si elles étaient cause de sa mésaventure; toutefois, nous fûmes délivrés pour quelque temps de sa jactance babillarde.

Nous rencontrâmes pendant notre marche les restes d'un ancien campement indien près d'un ruisseau, sur les bords duquel étaient épars les crânes couverts de mousse des daims et des élans apportés par les chasseurs. Comme nous étions dans le pays des Pawnies, nous supposâmes que dans cet emplacement un camp de ces formidables nomades avait existé. Cependant le docteur, après avoir examiné la forme et la disposition des loges, décida que c'était un camp de hardis Delawares, qui avaient fait une rapide excursion sur ces dangereux territoires de chasse.

Après avoir marché quelque temps, nous découvrîmes deux figures à cheval qui marchaient lentement en ligne parallèle avec nous, en suivant les bords d'une colline nue, à environ deux milles de distance, et qui semblaient nous observer. On fit halte, on examina ces hommes attentivement, et l'on fit sur eux mille conjectures. Etaient-ce des Indiens? et s'ils étaient Indiens, étaient-ils Pawnies? Un cavalier se dessinant au loin sur l'horizon excite l'imagination et fait battre le cœur des voyageurs sur ces terres hostiles, de même qu'une voile aperçue en mer, dans un temps de guerre, devient l'objet des inquiétudes et des alarmes d'un équipage. Cependant nos conjectures ne se prolongèrent pas longtemps, une lunette nous ayant fait reconnaître dans ces cavaliers deux des hommes de notre arrière-garde qui s'étaient mis en route pour nous joindre et avaient perdu nos traces.

Ce jour-là, notre marche fut animée et délicieuse.

Nous étions dans une contrée d'aventures qui n'avait jamais été foulée par les blancs, à l'exception de quelques trappeurs solitaires. Le temps était à souhait, tempéré, doux, vivifiant, le ciel d'un beau bleu foncé, avec de légers nuages cotonneux, l'air transparent; mais cette campagne était silencieuse, sans vie, sans habitation humaine, et en apparence sans un seul habitant humain. Il semble que cette belle région soit condamnée à la solitude; les Indiens eux-mêmes n'osent s'y arrêter, et en font seulement un but d'excursions rapides et téméraires.

Après une marche d'environ quinze milles, nous campâmes dans une belle péninsule formée par une boucle d'une petite rivière, profonde, claire, presque immobile, et couverte par un bosquet d'arbres magnifiques; quelques chasseurs allèrent en quête du gibier avant que le bruit du campement l'eût effarouché; notre chasseur Beatte prit aussi son fusil et partit seul, en prenant une direction différente de celle des autres.

Quant à moi, je m'étendis sur l'herbe à l'ombre des arbres, je bâtis des châteaux en Espagne, et goûtai les charmes, si réels, si puissants, du repos champêtre. Je ne conçois pas, en effet, un genre de vie plus propre à maintenir le corps et l'esprit en santé, que celui auquel nous étions soumis depuis quelque temps. Une course à cheval de plusieurs heures le matin, variée par des incidents de chasse, un campement l'après-midi, sous un bosquet délicieux, au bord d'un courant limpide; le soir, un banquet de venaison fraîchement tuée, et de dindons sauvages rôtis ou grillés sur les charbons; pour dessert le miel des arbres environnants, le tout assaisonné avec un appétit inconnu aux gourmands des villes. Et la nuit, quel doux sommeil en plein air! quelles agréables veilles dans la contemplation de la lune et des étoiles que l'on voit briller à travers les branches!

Toutefois, en cette occasion, nous eûmes peu de raison de vanter notre garde-manger; on n'avait tué qu'un seul daim pendant la journée, et pas un de ses morceaux n'avait pris le chemin de notre loge.

Nous nous trouvâmes heureux de pouvoir passer notre

vigoureux appétit sur des restes de dindons apportés du dernier campement, et renforcés d'une ou deux tranches de porc salé. Cependant cette disette ne dura pas longtemps. Avant la nuit, un jeune chasseur revint chargé de nobles dépouilles. Il avait tué un daim, l'avait découpé de main de maître, et mettant la chair dans une espèce de sac fait avec la peau de la tête, il avait chargé le tout sur ses épaules et l'avait rapporté au camp.

Peu d'instants après, Beatte parut à son tour avec un faon bien gras sur le cou de son cheval. C'était le premier gibier qu'il nous apportait, et je me réjouis de le voir effacer par un trophée semblable le souvenir de la fouine. Il jeta sa proie devant notre feu sans dire mot, se mit sur-le-champ à débrider son cheval, et toutes nos questions sur sa chasse ne purent obtenir de lui que des réponses laconiques.

Cependant si Beatte gardait un silence indien sur ce qu'il avait fait, Tony, en récompense, n'était pas avare de jactance sur ce qu'il comptait faire. Maintenant que nous étions dans un bon pays de chasse, il allait, disait-il, se mettre en campagne, et notre loge serait comblée de gibier. Heureusement son babil ne l'empêchait point d'agir; il dépeça le faon très-adroitement, il en fit rôtir un quartier, le chaudron de café se remplit, et en un moment nous fûmes en mesure de nous dédommager avec luxe de notre maigre dîner.

Le capitaine revint assez tard et les mains vides. Il avait d'abord poursuivi son gibier ordinaire, les daims; mais il était arrivé sur les traces d'une troupe de plus de soixante élans. N'ayant jamais tué d'animal de cette espèce, et l'élan se trouvant à la mode en ce moment, et l'objet de l'ambition des vétérans du camp, il abandonna la poursuite des daims et suivit la nouvelle piste. Quelque temps après, il vit les élans, et il eut plusieurs chances pour en abattre, mais il désirait rapporter le plus beau, un mâle qui marchait en-avant des autres. Enfin, s'apercevant que la bande toute entière était sur le point de lui échapper, il fit feu sur un jeune. Le coup porta, mais l'animal conserva des forces suffisantes pour continuer de marcher avec ses compagnons. D'après les traces de sang, notre chasseur était sûr de l'avoir mortellement atteint; cependant la nuit approchait, il ne put suivre la trace, et fut obligé de remettre au lendemain la recherche de la bête morte.

Le vieux Ryan et sa petite troupe ne nous avaient pas encore rejoints, non plus que notre jeune métis Antoine. On se décida, en conséquence, à rester le jour suivant dans notre campement, afin de donner à tous les traîneurs le temps d'arriver.

La conversation du soir, parmi les vieux chasseurs, roula sur les Delawares, cette tribu à laquelle on supposait que le campement vu pendant la matinée avait appartenu. Plusieurs anecdotes furent contées sur leur bravoure à la guerre et leur adresse à la chasse. Ils sont ennemis mortels des Osages, qui redoutent leur valeur désespérée, bien qu'ils l'attribuent à une singulière cause. « Regardez ces Delawares, disent-ils, leurs jambes sont courtes, ils ne peuvent pas courir, il faut donc qu'ils tiennent ferme et combattent jusqu'à ce qu'ils aient tué tous leurs ennemis ou que leurs ennemis les aient tous tués. » En effet, les Delawarres ont les jambes un peu courtes, et les Osages sont remarquables par le défaut contraire.

Les expéditions des Delawares, soit de guerre, soit de chasse, sont vastes et hardies. Une petite bande de ces Indiens ose parfois pénétrer assez loin dans ces déserts périlleux, et poussent leurs campements jusqu'auprès des montagnes de rochers. Ce caractère aventureux est soutenu par une de leurs superstitions. Ils croient qu'un esprit gardien, sous la forme d'un grand aigle, veille sur eux du haut du ciel, bien au-delà de la portée des yeux. Quelquefois, s'il est content d'eux, il descend dans les basses régions, et on peut le voir décrivant des cercles sur les nuages blancs avec ses grandes ailes déployées. Quand ces signes favorables apparaissent, on a des saisons propices; le blé vient bien et la chasse est heureuse. Cependant il est quelquefois en colère, et alors il exhale sa fureur par le tonnerre, qui est sa voix, et les éclairs, qui sont le feu de ses yeux, et il frappe de mort les objets de son courroux.

Les Delawares font des sacrifices à cet esprit, qui daigne parfois laisser tomber une plume de son aile, comme gage de sa satisfaction. Ces plumes rendent celui qui les porte invulnérable. En effet, les Indiens en général croient les plumes d'aigles pourvues de vertus souveraines et occultes. Une fois, un parti de Delawares, dans le cours d'une expédition hardie sur les terres des Pawnies, se trouva entouré au milieu de grandes plaines, et fut presque entièrement détruit. Le reste se réfugia sur le sommet d'une de ces collines isolées et coniques que l'on voit s'élever parmi les prairies, et qui ont l'apparence d'éminences artificielles. Là, le principal guerrier, presque au désespoir, sacrifia son cheval à l'esprit tutélaire. Aussitôt un aigle énorme descendit du ciel, emporta la victime dans ses serres, et, s'élevant dans les airs, laissa tomber une plume de son aile. Le chef s'en saisit plein de joie, l'attacha sur son front, et, conduisant ses guerriers dans la plaine, se fit jour à travers les ennemis, avec un grand massacre de ceux-ci et sans perdre un seul des siens.

XV. — Le camp des élans. — Recherche de l'élan blessé. — Histoire des Pawnies.

Au point du jour, nos principaux chasseurs étaient debout

et partaient en différentes directions pour battre le pays. Le frère du capitaine, le sergent Bean, était des premiers en campagne, et rentra avant le déjeuner après une chasse heureuse; il avait tué un jeune daim dans les environs du camp.

Après le déjeuner, le capitaine monta à cheval pour aller chercher l'élan qu'il avait blessé le soir précédent, et qui, d'après ses observations sur les traces de sang, devait être mort de sa blessure. Je me décidai à me joindre à sa recherche, et nous sortîmes ensemble, accompagnés de son frère le sergent et d'un lieutenant. Deux hommes suivaient à pied, pour emporter le faon que le sergent avait tué. Nous eûmes peu de chemin à faire avant d'arriver à la place où il gisait, sur le penchant d'une colline, au milieu d'un beau site de bois. Les deux hommes se mirent sur-le-champ à l'ouvrage, et avec la dextérité des chasseurs, ils dépouillèrent et dépecèrent l'animal, tandis que nous poursuivions notre course. Nous longeâmes les flancs des collines d'une pente douce, parmi des lignes de taillis et des arbres de forêts épars, et nous parvînmes à une place où les longues herbes pressées indiquaient les lits de nombreux élans. C'était là que le capitaine avait vu la troupe qu'il avait poursuivie; et après avoir examiné le lieu très-soigneusement, il nous montra la trace, où l'empreinte des pieds était aussi large que celle des bœufs. Il suivit cette voie, et allait en avant d'un pas tranquille, le reste de la compagnie le suivant à la file, à la façon des Indiens. Enfin il fit halte à l'endroit où l'élan avait été tiré; des taches de sang sur les herbes montraient que le coup avait porté. L'animal blessé s'était évidemment traîné à une certaine distance avec le reste du troupeau; des traces de sang sur les buissons et les plantes qui bordaient la piste le prouvaient; mais elles disparurent soudain.

— Il doit s'être séparé de la troupe non loin d'ici, dit le capitaine; quand ces animaux se sentent mortellement blessés ils s'éloignent des autres et cherchent une place écartée pour y mourir seuls.

Cette peinture des derniers moments d'un daim toucha mon cœur, non endurci par le noble exercice de la chasse. Cependant ces mouvements de pitié sont passagers. L'homme est un animal de proie, et quel que soit le changement produit en lui par la civilisation, il est toujours prêt à retomber dans son instinct destructeur. Je sentais mes penchants sanguinaires et rapaces prendre tous les jours plus de force depuis ma résidence sur les prairies.

Après une recherche minutieuse, le capitaine parvint à trouver la trace séparée de l'élan blessé, qui tournait presque à angle droit de celle du troupeau, et entrait sous une forêt ouverte. Les traces de sang devenaient de plus en plus faibles et rares, et se montraient à de plus grandes distances; enfin elles cessèrent tout-à-fait, et le terrain était si dur, les herbes si sèches, qu'il n'était plus possible d'apercevoir l'empreinte des pieds de l'animal.

— Il n'est pas loin, dit le capitaine, ces dindons-buses qui volent en cercles nous l'assurent; ils planent toujours ainsi au-dessus d'une bête morte. Mais comme l'élan mort ne s'en ira point, suivons les traces des vivants; ils peuvent avoir fait halte à une distance peu considérable, et nous pourrions les surprendre pendant leur repas et leur envoyer quelques balles.

Nous revînmes donc sur nos pas, et suivîmes de nouveau les traces des élans, qui nous conduisirent à une assez grande distance, on peut dire par monts et par vaux. De loin à loin, nous apercevions un daim bondissant sur une clairière; mais le capitaine n'était pas disposé à se laisser distraire de sa chasse aux élans par un gibier si inférieur.

Une bande de dindons fut aussi effarouchée par les pieds

de nos chevaux; quelques-uns s'enfuirent aussi vite que leurs longues jambes pouvaient les emporter; d'autres volèrent sur les arbres, d'où ils nous regardaient fixement, le cou tendu. Le capitaine ne voulut pas souffrir qu'un seul fusil fût déchargé sur eux, de peur d'alarmer les élans qu'il espérait trouver dans le voisinage. Enfin nous arrivâmes où la forêt se termine par une côte escarpée, et nous vîmes la Fourche-Rouge décrire au-dessous de nous ses profondes sinuosités entre deux larges rives de sable. La trace descendait la côte, et nous pouvions la distinguer sur le sable jusqu'à la rivière, que la troupe avait sans doute passée le soir précédent.

— Il est inutile d'aller plus loin, dit le capitaine. Les élans étaient effrayés, et ils ont peut-être fait vingt milles sans s'arrêter après avoir passé la rivière.

Alors notre petite compagnie se divisa; le lieutenant et le sergent firent un circuit à la quête du gibier, et le capitaine reprit avec moi le chemin du camp. Sur notre route nous vîmes des traces de buffles (empreintes depuis un an au moins), de la largeur d'un sentier frayé par des hommes, et profondément enfoncées dans le sol, car ces animaux se suivent ordinairement à la file. Bientôt après nous rencontrâmes deux de nos cavaliers qui chassaient à pied; ils avaient blessé un élan : en le poursuivant ils avaient trouvé celui que le capitaine avait touché la veille, et ils nous conduisirent à la place où il gisait. C'était un noble animal, de la grandeur d'une génisse d'un an, et il s'était couché dans une partie découverte de la forêt, à un mille et demi de l'endroit où il avait reçu la balle. Les dindons-buses que nous avions vus volaient en cercles au-dessus de lui, et la vérité de la remarque du capitaine fut ainsi prouvée. Il paraît que le pauvre animal, sentant la vie l'abandonner, s'était détourné pour aller mourir seul loin de ses compagnons.

Le capitaine et les deux cavaliers se mirent à l'œuvre avec leurs couteaux de chasse; la bête était déjà teintée dans l'intérieur, mais on tira des côtes et des cuisses de grands morceaux de chair qui furent mis en tas sur la peau étendue. On fit des trous le long des bords de cette peau, on y passa de grossières cordes, et l'on forma ainsi un sac que l'on attacha derrière la selle du capitaine. Pendant tout le temps de l'opération, les dindons-buses planèrent sur nos têtes, attendant notre départ pour fondre sur la carcasse et la dévorer.

Les restes du pauvre élan étant ainsi dépecés, le capitaine et moi nous remontâmes à cheval et retournâmes du côté du camp, et les deux chasseurs continuèrent à battre la campagne. En arrivant au camp, j'y trouvai notre métis Antoine; après qu'il se fut séparé de Beatte pendant leur recherche des chevaux égarés, il était tombé sur une fausse voie, l'avait suivie plusieurs milles, et avait enfin rencontré le vieux Ryan et ses compagnons, sur les traces desquelles il avait marché. Tous ensemble repassèrent l'Arkansas à sept ou huit milles de la place où nous l'avions passé, et retrouvèrent notre camp du vallon, où l'arrière-garde les attendait. Mais Antoine, impatient de nous rejoindre et bien monté, avait suivi nos traces jusqu'au camp actuel, portant avec lui un jeune ours qu'il avait tué.

Pendant le reste de la journée le camp présenta un tableau mêlé de repos et d'activité. Quelques hommes s'occupaient à préparer et à faire rôtir la venaison et la chair de l'ours, afin de l'emballer comme provisions; d'autres étendaient et apprêtaient les peaux des bêtes qu'ils avaient tuées; d'autres encore lavaient leur linge dans le ruisseau et l'étalaient sur les buissons pour le faire sécher; et un grand nombre étaient couchés dans l'herbe, s'amusant à babiller à l'ombre. De temps en temps un chasseur arrivait à cheval ou à pied, chargé ou les mains vides. Ceux qui rapportaient quelque butin le déposaient devant le feu du capitaine, et filaient ensuite à leurs feux respectifs, pour conter leurs exploits à leurs camarades. Le gibier apporté au camp consistait en six daims ou élans, deux ours et sept ou huit dindons.

Depuis leurs prouesses indiennes au passage de la rivière, nos suivants avaient joui d'un accroissement de considération parmi les cavaliers, et Tony était venu à bout de se faire regarder presque comme un oracle par les plus jeunes cavaliers qui n'avaient pas encore vu les déserts. Il avait continuellement un cercle autour de lui, écoutant ses contes extravagants sur les Pawnies, avec lesquels il prétendait avoir eu de furieuses rencontres. Dans le fait, ces récits étaient de nature à donner les idées les plus terribles de l'ennemi sur les terres duquel nous nous étions introduits. A l'entendre, le fusil du blanc ne pouvait lutter avec l'arc et les flèches du Pawnie. Quand le premier était déchargé, il fallait du temps, de l'adresse pour le recharger, tandis que l'ennemi pouvait lancer ses flèches aussi vite qu'il les tirait de son carquois. De plus, les Pawnies, au dire de Tony, visaient à coup sûr à trois cents toises, et à cette distance leurs flèches perçaient quelquefois un buffle de part en part et en blessaient un autre; et puis ils savaient si bien se garantir des coups, ils se suspendaient par une jambe sur leur cheval, collaient leur corps le long de ses flancs, et tiraient par-dessus le cou de l'animal tout en galopant.

Si l'on devait en croire Tony, chaque pas offrait un danger sur ces territoires contestés des tribus indiennes. Les Pawnies se tenaient en embuscade parmi les rochers et les ravins; ils avaient sur les éminences qui dominent les prairies des sentinelles cachées dans les herbes et relevant la tête par moment, afin de surveiller les mouvements des partis de guerriers ou de chasseurs passant au-dessous d'eux en longues files.

— Dans la nuit, disait-il encore, ils rôdent autour des camps en se traînant parmi les herbes et en imitant les mouvements des loups, afin de tromper les sentinelles avancées, et lorsqu'ils sont à portée, ils leur décochent une flèche dans le cœur, puis se retirent inaperçus. En contant ces histoires, Tony recourait au témoignage de Beatte, pour confirmer ce qu'il disait, et la seule réplique de ce dernier était un balancement de tête ou bien un haussement d'épaules; car son esprit était partagé entre le dégoût pour les gasconnades de son camarade et un souverain mépris pour l'inexpérience des jeunes auditeurs, à l'égard de choses qu'il considérait comme les plus essentielles du monde.

XVI. — Maladie au camp. — Marche. — Le cheval hors de service. — Le vieux Ryan et les traîneurs. — Symptômes de changement de temps et changement d'humeur.

Le 15 octobre, nous nous préparions à marcher à l'heure accoutumée, quand le capitaine fut informé que trois de ses hommes étaient attaqués de la rougeole et ne pouvaient se mettre en route, et qu'un autre manquait. Le dernier était un vieil habitant des frontières, nommé Jawyen, que les années n'avaient pas rendu plus sage, et probablement il s'était égaré la veille en chassant dans les prairies. On laissa une garde de dix hommes pour soigner les blessés et attendre le chasseur égaré la veille. Si les premiers se trouvaient suffisamment rétablis au bout de deux ou trois jours, ils devaient nous rejoindre, sinon être reconduits à la garnison.

Prenant congé du camp malade, nous nous dirigeâmes à l'ouest, le long des sources de petits ruisseaux qui coulaient tous vers la Fourche-Rouge après avoir serpenté dans de profonds ravins. Le terrain élevé, onduleux ou roulant, en termes de l'ouest, était pauvre et sec, mêlé d'un sable-cailloux, universel dans cette partie du pays, et couvert de forêts de chênes. Pendant la matinée je reçus une bonne leçon sur l'importance de conserver son cheval sain et frais sur les prairies. J'avais la faiblesse d'être fier de celui que je montais; il surpassait en vigueur, en activité, tous les chevaux de la troupe, et il était en même temps docile et courageux. En traversant les profonds ravins il gravissait les côtes escarpées comme un chat, et franchissait les petits ruisseaux. J'appris bientôt à mes dépens combien il était imprudent de le laisser se livrer à de tels exercices. En sautant par-dessus un ruisseau, je le sentis fléchir sous moi; il se soutint encore quelque temps; mais enfin il tomba, et je vis qu'il avait une épaule démise. Que faire? il ne pouvait suivre la troupe, et il était trop précieux pour être abandonné sur place; la seule alternative était de le renvoyer au camp des malades partager leur fortune. Mais une nouvelle difficulté se présenta. Personne ne parut disposé à reconduire le cheval, malgré les récompenses libérales que j'offrais. Soit frayeur inspirée par les histoires de Tony sur les Pawnies, soit crainte de manquer la trace et de s'égarer en revenant, chacun refusait la mission proposée.

A la fin deux jeunes gens s'avancèrent et consentirent à partir ensemble, afin de pouvoir, s'ils se trouvaient obligés de passer la nuit dans les prairies, veiller et dormir tour à tour.

Le cheval fut confié à leurs soins, et je le regardais d'un œil triste s'éloigner en boitant; il semblait que toute ma force, toute mon ardeur m'abandonnait avec lui.

Je songeai à le remplacer le mieux possible, et je fixai mon choix sur le beau gris d'argent que j'avais passé à Tony. Mais je n'eus pas plus tôt marqué mon intention de reprendre ce cheval et de donner au créole le poulain surnuméraire, que le petit varlet éclata en remontrances et en lamentations étourdissantes, la respiration lui manquant à tout moment dans son impatience de les émettre. Je vis qu'en le démontant je lui ferais perdre tout son courage et blesserais au vif sa vanité. Je n'eus pas le cœur d'affliger à ce point ce pauvre diable, en le dépossédant de ses gloires passagères; je le laissai donc en possession du noble gris d'argent, et je consentis à faire mettre une selle sur le cheval usé.

Maintenant je comprenais les revers de fortune auxquels un cavalier est exposé sur les prairies; je sentais à quel point le courage, la confiance de l'homme dépendent de son cheval. Jusqu'alors j'avais pu faire des excursions à volonté en-dehors de la ligne, pour aller voir des objets intéressants ou curieux. Maintenant j'étais réduit à prendre l'allure de la rosse que je montais, et condamné à suivre patiemment et lentement celui qui me précédait; surtout je compris combien il est peu sage, dans des expéditions semblables, où la vie d'un homme dépend si souvent de la force, de la vitesse, de la fraîcheur de sa monture, d'imposer à ce généreux animal des excices inutiles et capables de l'épuiser.

J'ai remarqué que les chasseurs et les voyageurs des prairies les plus expérimentés épargnent toujours leurs chevaux pendant les routes, et ne les mettent jamais au galop, sauf les cas d'urgence. Rarement les hommes des frontières ou les Indiens font plus de quinze milles par jour, et souvent ils se bornent à dix ou douze; de plus, ils ne s'amusent pas à courir ou à caracoler. Parmi nous, cependant, il se trouvait bon nombre de jeunes gens sans expérience, et qui ne pouvaient modérer leur ardeur en se voyant au milieu d'une contrée si abondante en gibier. Il était impossible de les empêcher de quitter leur rang; et lorsque, dans les ravins et les clairières, les daims partaient à droite et à gauche, les balles sifflaient après eux, et ces jeunes Nemrod s'élançaient à leur poursuite. Une fois ils firent un grand mouvement à l'occasion de ce qu'ils prenaient pour une bande d'ours; mais ils revinrent bien vite, ayant reconnu que c'étaient des loups noirs qui chassaient de compagnie.

Après une marche de douze milles, nous campâmes, un peu après midi, au bord d'une petite rivière qui coulait à travers un profond ravin. Dans le cours de l'après-midi, le vieux Ryan, le Nestor du camp, reparut avec sa bande. On l'accueillit par de joyeuses acclamations qui prouvaient l'estime que ses confrères les hommes des prairies avaient pour lui. Cette petite troupe revenait chargée de venaison, et le vétéran fit hommage au capitaine d'un beau quartier de la meilleure bête.

Nos hommes, Beatte et Tony, sortirent de bonne heure pour aller chasser, et vers le soir le premier rapporta un daim mâle superbe. Il le jeta à terre en silence, suivant sa coutume, et s'occupa de mettre son cheval en liberté. Tony rentra sans butin, mais tout glorieux des coups extraordinaires qu'il avait faits, bien que les daims blessés lui eussent malheureusement échappé.

L'abondance régnait au camp. Outre le gibier de moindre importance, on avait tué trois élans. Les vétérans prévoyants arrangeaient les viandes superflues de manière à les conserver pour les cas de disette; les jeunes gens, moins expérimentés, jouissaient du présent et laissaient à l'avenir le soin de se pourvoir lui-même.

Le lendemain matin (19 octobre) je réussis à échanger mon poulain et une somme d'argent raisonnable, contre un cheval vigoureux et agile. Ce fut pour moi une grande satisfaction de me retrouver passablement monté. Cependant je m'aperçus qu'il n'était pas difficile de faire un choix parmi les coursiers de la troupe, car nos cavaliers avaient tous le penchant au trafic par échange, ou, comme ils l'appellent, au commerce, si général dans l'ouest. Pendant l'expédition, il n'y eut peut-être pas un cheval, un fusil, une poire à poudre, une selle ou une couverture, qui n'eût changé de maître plusieurs fois; et un fin trafiquant se vantait d'avoir, au moyen de marchés réitérés, changé un mauvais cheval contre un bon et mis cent dollars dans sa poche.

Le temps était couvert et étouffant; un bruit de tonnerre éloigné se faisait entendre. Ce changement de l'atmosphère eut son effet sur l'esprit de la troupe. Le camp était d'un calme, d'un silence extraordinaires. Point de ces mélodies de basses-cours, de ces chants de coq, de ces caquets de poules, point de ces farces bruyantes qui se mêlaient communément aux mouvements de départ. De temps en temps, un court fragment de chanson, un rire bas, un sifflet solitaire, étaient entendus; mais en général chacun vaquait à ses devoirs silencieusement et tristement.

Au moment de monter, on vint dire au capitaine qu'il manquait cinq chevaux, que l'on avait en vain cherchés à une assez grande distance dans les environs du camp. Plusieurs hommes furent dépêchés à leur recherche; et cependant le tonnerre continuait de gronder, et nous eûmes une petite averse. Les chevaux, de même que les cavaliers, étaient affectés par le changement de temps. Ils se tenaient çà et là, les uns scellés et bridés, les autres libres, mais tous découragés, abattus, la tête basse, une des jambes de derrière en partie repliée, afin de se reposer sur l'extrémité de la corne, et leur peau se ridant à tous moments sous les gouttes de pluie, et renvoyant des nuages de vapeur. Les hommes attendaient aussi en groupes, insouciants et mornes, le retour de leurs camarades, tournant fréquemment un œil inquiet sur les nuages qui s'avançaient avec rapidité. Un temps sombre éveille de sombres pensées. Ils exprimaient la crainte que nous fussions épiés par quelque parti indien, qui avait peut-être volé les chevaux pendant la nuit. Toutefois les conjectures les plus générales étaient qu'ils étaient retournés sur leurs pas à notre dernier campement, ou bien qu'ils s'étaient dirigés en droite ligne sur le Fort-Gibson. A cet égard, l'instinct des chevaux est, dit-on, semblable à celui des pigeons. Ils retrouvent leur logis en prenant la route la plus directe, et en passant par des solitudes qu'ils n'ont jamais traversées.

Après avoir attendu jusqu'à une heure assez avancée de la matinée, on laissa une garde pour attendre les cavaliers traîneurs, et nous nous mîmes en marche, considérablement diminués en nombre. Cela paraissait déplaire fortement à Tony, dont la prudence égalait la valeur, et il donnait à entendre que nous serions beaucoup trop faibles en cas de rencontre avec les Pawnies.

XVII. — Orages sur les prairies. — Campement d'orage. — Scène de nuit. — Histoire de sauvage. — Cheval effrayé.

Pendant une partie de la journée, nous nous dirigeâmes un peu vers le sud, à travers des forêts irrégulières d'yeuses, arbres chétifs connus dans le pays sous le nom de post-chênes et de jacks noirs. Le sol sur lequel croissent ces chênes est très-peu sûr. Souvent c'est un sol mouvant où les pieds des chevaux glissent d'un côté à l'autre en temps de pluie; en quelques endroits, ils enfoncent tout-à-coup dans des terrains de tourbe spongieux. Tel était notre cas en ce moment, grâce à une suite de pluies d'orage, et nous avancions péniblement, plongés dans un morne silence. Plusieurs daims partirent à notre approche, mais pas un de nos gens ne quitta son rang pour les suivre. Une fois, nous passâmes devant les os et les cornes d'un buffle; une autre fois, nous vîmes les traces du même animal, qui n'avaient pas plus de trois jours de date. Ces signes du voisinage de la grande chasse des prairies ranimèrent un peu nos chasseurs; mais cet effet ne fut pas de longue durée.

En traversant une prairie d'une médiocre étendue que les pluies récentes avaient changée en marais glissant, nous fûmes surpris par des violents coups de tonnerre. La pluie tombait par torrent et coulait avec bruit sur la terre. Toute la campagne fut soudain enveloppée d'une obscurité qui augmentait l'effet éblouissant de larges éclairs semblables à des nappes de feu. On eût dit que le tonnerre grondait précisément au-dessus de nos têtes, et les bois, les forêts autour de la prairie, répétaient en échos prolongés ce roulement majestueux. Hommes et bêtes, mouillés, effarés, harassés, rompaient les rangs et couraient à l'aventure. La frayeur avait rendu plusieurs chevaux impossibles à conduire, et notre colonne en désordre ressemblait à une flotte dispersée par la tempête, et poussée d'ici et de là, au gré des vents et des flots.

Enfin, à deux heures et demie, nous arrivâmes à un lieu propre à faire halte, et rassemblant nos forces, nous campâmes dans un bosquet élevé et découvert. A l'instant, la forêt retentit du bruit des haches et du craquement des arbres tombants. De grands feux brillèrent, on étendit des couvertures devant eux pour servir de tentes, et on forma des logettes en écorces et en peaux, et chaque foyer eut un groupe qui se serrait autour de lui, occupé à se sécher, à se réchauffer ou à préparer un repas réconfortant. Quelques cavaliers déchargeaient ou nettoyaient leurs armes, et les chevaux, débarrassés de leurs harnais et de leurs charges, se roulaient dans les herbes mouillées.

Les averses se succédèrent à de courts intervalles jusque

bien avant dans la soirée. On rassembla les chevaux à l'approche de la nuit, et on les mit au vert autour du camp, mais en-deçà des avant-postes. La crainte des Indiens, qui profitent ordinairement des nuits orageuses pour leurs attaques, obligeait à prendre cette précaution. A mesure que les ténèbres devenaient plus noires, nos feux émettaient une clarté plus intense, éclairant fortement des masses de feuillage, tandis que d'autres parties des bosquets restaient dans une profonde obscurité. Près de chaque foyer, on voyait un cercle d'un aspect tout-à-fait surnaturel, et les chevaux paraissaient aussi, à travers les branches, comme des ombres parmi lesquelles un coursier gris se détachait çà et là en brillant relief.

Le bois, ainsi éclairé par la lueur rouge et intermittente des feux, ressemblait à un vaste dôme de feuillage cerné par des ténèbres opaques. Cependant, par intervalles, une suite d'éclairs révélait un paysage étendu, où des champs, des forêts, des ruisseaux paraissaient prendre vie pour quelques secondes; mais avant que l'œil eût le temps de les saisir, ils se perdaient de nouveau dans l'obscurité.

Un orage de tonnerre, sur les prairies comme sur l'Océan, emprunte une grandeur, une sublimité additionnelle de l'espace immense et sauvage sur lequel il exerce ses fureurs. Il n'est pas surprenant que ces phénomènes imposants de la nature soient l'objet de la vénération superstitieuse des pauvres Indiens, et qu'ils considèrent la foudre comme la voix du Grand-Esprit en colère. Tandis que nos métis babillaient auprès du feu, je tirai d'eux quelques-unes des idées adoptées par les sauvages à ce sujet. Ces derniers prétendent que les tonnerres éteints sont quelquefois trouvés sur les prairies par les chasseurs, lesquels s'en servent pour faire des pointes de lances ou de flèches. Ils assurent qu'un guerrier ainsi armé est invincible; mais cet avantage est accompagné d'un certain péril. Si par hasard un orage éclate pendant une bataille, le guerrier possesseur de l'arme céleste est sujet à être emporté, et l'on n'entend jamais parler de lui.

Un guerrier de la tribu des Konsas fut surpris par un orage en chassant sur les prairies, et frappé de la foudre, il tomba privé de sentiment. Lorsqu'il revint à lui, il aperçut le trait du tonnerre gisant sur le sol, et à côté de ce trait un beau cheval. Il saisit la bride, sauta sur le coursier, mais il reconnut trop tard qu'il avait enfourché l'éclair. En un moment il fut enlevé au-dessus des prairies, des forêts, des rivières, et enfin jeté sans connaissance au pied des montagnes de rochers. Quand il reprit ses sens, il se mit en marche pour retourner à sa tribu, mais il voyagea plusieurs mois avant de la retrouver. Cette histoire me rappela une tradition indienne du même genre qui m'avait été contée par un voyageur. Un guerrier avait vu le tonnerre éteint reposant sur la terre, avec une belle paire de mocassins brodés placés à ses deux côtés; le guerrier croyant avoir fait une riche trouvaille, se hâta d'enfiler les mocassins, mais ils l'emportèrent dans le pays des esprits, et il n'en revint jamais.

Ce sont là des contes simples et sans art, mais ils ne manquent pas d'un certain intérêt romantique, lorsqu'on les entend de la bouche de narrateurs demi-sauvages, autour d'un feu de chasseurs, pendant une nuit orageuse, ayant une forêt d'un côté, de l'autre le désert où le silence n'est interrompu que par des hurlements, où peut-être des ennemis se glissent pour vous surprendre dans les ténèbres extérieures.

Notre conversation fut interrompue par un violent coup de tonnerre, immédiatement suivi du bruit d'un cheval courant au grand galop dans la campagne. Les pas de l'animal résonnèrent d'abord fortement, ensuite ils devinrent moins distincts, et ils se perdirent bientôt dans l'éloignement.

Quand le son eut cessé de se faire entendre, les auditeurs commencèrent à former des conjectures sur sa cause. Les uns pensaient que le tonnerre avait effrayé ce cheval; d'autres, qu'un voleur indien l'avait monté et l'emmenait. A cette dernière supposition, l'on objectait que le mode habituel des Indiens est de se glisser près d'un cheval, de le détacher sans bruit, de le monter tout doucement, et de se retirer ensuite le plus silencieusement possible, en tâchant d'emmener d'autres chevaux avec lui sans donner l'alarme au camp. D'autre part, on disait qu'une pratique également commune aux Indiens était d'arriver en tapinois au milieu d'une troupe de chevaux, pendant qu'ils paissaient la nuit, d'en monter un, en prenant soin de ne faire aucun bruit, et de partir ensuite au grand galop. Rien n'est plus contagieux que la terreur parmi les chevaux; cette fuite soudaine de l'un d'eux épouvante les autres, et tous se mettent à courir pêle-mêle après le fuyard.

Tous ceux dont les chevaux paissaient sur les lisières du camp étaient remplis d'inquiétudes, mais on ne put savoir avant le jour sur qui le malheur était tombé. Ceux qui avaient lié leurs chevaux étaient plus tranquilles; cependant cette précaution a son désavantage: les chevaux attachés ne peuvent s'éloigner beaucoup pour chercher pâture, et leurs forces s'en ressentent dans le cours d'un long voyage; plusieurs des nôtres donnaient déjà en effet des signes d'épuisement.

Après une nuit sombre et tourmentée, l'aurore parut claire et brillante, et un glorieux lever de soleil transforma le paysage comme par enchantement. Cette horrible solitude des heures précédentes se changea en une belle campagne découverte, variée par des bosquets et des massifs de chênes gigantesques, dont quelques-uns s'élevaient isolément et semblaient plantés exprès pour l'ornement du site, ou pour arrêter les yeux au milieu des vastes prairies. Nos chevaux épars et paissant à travers les bois, donnaient à l'ensemble l'apparence d'un parc immense. On avait peine à se persuader que l'on fût aussi éloigné de toute habitation humaine; notre campement, seul, avait un aspect sauvage avec ses tentes grossières, formées de blankets et de peaux, et ses colonnes de fumées bleues s'élevant au-dessus des arbres.

Dès que le jour parut, on s'occupa de la recherche des chevaux. Plusieurs s'étaient égarés assez loin, mais ils furent tous ramenés, même celui dont la course désespérée nous avait causé tant de soucis. Il était allé jusqu'à une de nos haltes, à environ un mille du camp, et on le retrouva paissant tranquillement.

Le cor sonna le départ à plus de huit heures. Nous risquions maintenant, plus que jamais, d'être attaqués par les Indiens; aussi la ligne fut formée avec plus d'exactitude qu'on ne l'avait fait jusqu'alors. Chacun avait sa place marquée, et il était défendu de la quitter pour suivre du gibier, sans une permission spéciale. On mit les chevaux de somme au centre de la colonne, et une forte garde la terminait.

XVIII. — Une grande prairie. — Château de rochers. — Traces de buffles. — Daim chassé par les loups. — Les forêts transversales.

Après une marche assez longue et très-fatigante à travers un pays coupé de ravins et de petites rivières, et encombré de taillis épais, nous débusquâmes sur une grande prairie. Ici l'un des traits caractéristiques des régions les plus éloignées de l'ouest s'offrit à nos yeux; une immense étendue de pays vert, onduleux, ou comme on l'appelle sur la frontière, roulant, et çà et là des groupes d'arbres à peine distincts dans le lointain, qui produisaient l'effet de vaisseaux en pleine mer. La simplicité, la grandeur de ce paysage lui donnaient une expression imposante, sublime, dont il était impossible de n'être pas vivement frappé. Au sud-ouest, sur le sommet d'une colline, on voyait une crête de rochers d'une apparence singulière; ils ressemblaient à une forteresse démantelée, et me rappelaient les ruines d'un château des Maures couronnant une éminence au milieu d'une solitaire campagne espagnole. Nous donnâmes à cette colline le nom de Château-des-Rochers.

Dans ces vastes régions de chasse, les prairies diffèrent, par la nature de leur végétation, de toutes celles que j'avais vues jusqu'alors; au lieu d'une profusion de hautes plantes fleuries et de longues herbes flottantes, celles-ci étaient couvertes d'un herbage plus court, nommé gazon de buffles, dont les tiges, quoique assez dures, fournissent un abondant pâturage dans leur saison. Maintenant elles étaient presque desséchées, et, en plusieurs places, ne pouvaient plus être broutées.

Nous approchions de cette saison agréable et sereine, mais un peu aride, nommée l'été indien. Une teinte vaporeuse tempérait l'ardeur du soleil et adoucissait les lignes du paysage en jetant sur les objets éloignés un vague mystérieux. Ce voile de vapeurs dorées s'étendait tous les jours de plus en plus, et on l'attribuait à des prairies incendiées au loin par des chasseurs indiens.

A peine avions-nous fait quelques pas sur la prairie, que nous vîmes des empreintes profondes de pieds d'animaux qui la traversaient en tous sens; quelquefois deux ou trois allaient en parallèle et à une petite distance l'une de l'autre; celles-ci furent reconnues pour des traces de buffles, sur lesquelles de nombreuses bandes avaient passé. On voyait aussi des traces de chevaux qui furent examinées avec attention par nos chasseurs expérimentés. Ce ne pouvaient être des traces de chevaux sauvages, puisqu'on ne voyait aucune empreinte des poulains. Il était évident que les chevaux n'étaient pas ferrés, ils devaient donc appartenir à des chasseurs pawnies. Dans le cours de la matinée, les traces d'un seul cheval ferré furent aperçues; peut-être le cheval d'un chasseur cherokis les avait laissées, ou bien c'était un cheval de la frontière volé par les sauvages. Ainsi, en voyageant dans ces solitudes périlleuses, la marque d'un fer de cheval devient un sujet d'observations, de soupçons, de précautions. La question est toujours de savoir si ce vestige vient d'un ami ou d'un ennemi; s'il est récent ou d'ancienne date; si l'être qui l'a laissé est à portée ou non d'être rencontré.

Nous avancions toujours de plus en plus sur les terres de chasse, et nous voyions à tous moments bondir, à droite et à gauche, des daims qui s'enfonçaient dans les taillis; mais ces apparitions n'excitaient plus la même ardeur de poursuite.

En descendant d'une pente de la prairie, entre deux plis de terrain, nous eûmes le spectacle d'une association de chasse naturelle; sept loups noirs et un loup blanc chassaient de compagnie un daim qu'ils avaient presque réduit aux abois. Ils traversèrent notre ligne sans paraître nous apercevoir; nous les vîmes courir leur gibier pendant un mille en gagnant toujours du terrain, et ils sautèrent enfin sur sa croupe au moment où il plongeait dans un ravin. Plusieurs de nos gens poussèrent leurs chevaux sur une hauteur d'où l'on découvrait le ravin. Le pauvre daim était complètement cerné; les uns le tenaient aux flancs, d'autres à la gorge; il fit deux ou trois efforts, deux ou trois bonds désespérés; mais il fut entraîné, terrassé, mis en pièces. Les loups noirs, dans leur rage famélique, ne faisaient nulle attention au groupe de cavaliers; mais le loup blanc, probablement moins déterminé chasseur, les vit, lâcha sa proie, et se mit à fuir à travers la campagne, en faisant lever sur son passage quantité de daims qu'il troublait dans leur repos au fond des ravins, et qui prenaient leur course en différentes directions. C'était une scène complètement sauvage et tout-à-fait digne des territoires de chasse.

Nous avions alors une vue plus étendue de la Rivière-Rouge, qui roulait ses eaux troublées entre des collines richement boisées, et animait un vaste et magnifique paysage. Dans ce canton, les prairies voisines des rivières sont toujours variées par des bois placés d'une manière si heureuse, qu'on les dirait plantés par la main de l'art. Il manque seulement un clocher de village ou les tours d'un château s'élevant çà et là au-dessus des arbres, pour donner à ces sites agrestes l'apparence des scènes naturelles ornées les plus célèbres de l'Europe.

Vers midi, nous atteignîmes la lisière du bois transversal, cette ceinture de forêts qui s'étend sur quarante milles de largeur à travers le pays, du nord au sud, de l'Arkansas à la Rivière-Rouge. Sur les confins de ces forêts, à l'entrée d'une prairie, nous vîmes les traces d'un campement de Pawnies de cent à deux cents loges; le crâne d'un buffle gisait près du camp, et la mousse qui le couvrait montrait qu'un an au moins s'était écoulé depuis le séjour des Indiens en cet endroit. A environ un mille plus loin, nous campâmes sous un bosquet superbe, arrosé par une fontaine qui formait un beau ruisseau. Notre journée avait été de quatorze milles.

Pendant l'après-midi, deux hommes de la troupe du lieutenant King, que nous avions laissés en arrière quelques jours avant pour chercher les chevaux égarés, nous rejoignirent; tous les chevaux avaient été retrouvés, mais plusieurs à de très-grandes distances. Le lieutenant et dix-sept cavaliers étaient restés à notre dernier campement pour chasser un buffle dont ils avaient aperçu les traces récentes; de plus, ils avaient vu un beau cheval sauvage, mais il s'était enfui avec une vitesse qui défiait leurs poursuites.

On se flattait maintenant de rencontrer le lendemain, non-seulement des buffles, mais des chevaux sauvages, et la joie ranima tous les cœurs. Nous avions besoin d'un stimulant de cette sorte, car nos jeunes gens commençaient à se lasser de marcher et de camper en ordre, et les provisions du jour étaient bornées. Le capitaine et quelques hommes allèrent à la chasse et ne rapportèrent qu'un daim fort petit et quelques dindons. Nos deux chasseurs, Beatte et Tony, se mirent en campagne. Le premier revint avec un daim couché en travers de son cheval, et le déposa, selon sa coutume, près de notre loge, sans rien dire. Tony revint sans gibier, mais avec sa charge habituelle de contes merveilleux; lui et les daims qu'il poursuivait avaient fait tous les miracles. Pas un de ces derniers n'était venu à la portée de son fusil sans être touché dans une partie mortelle; cependant, chose étrange à dire, tous avaient continué leur chemin comme si de rien n'était. Nous décidâmes que Tony, vu la justesse de ses coups, avait probablement tiré avec des balles enchantées; mais que les daims eux-mêmes étaient probablement enchantés. Cependant, il nous rapporta une nouvelle plus importante : il avait vu les traces de plusieurs chevaux sauvages, et maintenant il se voyait sur le point de se signaler par de grands exploits; car un des talents dont il se glorifiait le plus, était son adresse à prendre les chevaux des prairies.

XIX. — Espérances des chasseurs. — Le gué dangereux. — Cheval sauvage.

Ce matin, 21 octobre, le camp fut mis en mouvement de

très-bonne heure; chacun était animé de l'espérance de voir des buffles dans le courant de la journée. De toutes parts on entendait le cliquetis des fusils, d'où l'on retirait le petit plomb pour y substituer les balles; cependant Tony se préparait principalement pour une campagne contre les chevaux sauvages.

Il sortit avec un rouleau de cordes suspendues à l'arçon de sa selle et une paire de baguettes blanches, assez semblables à des bâtons de lignes, et longues de dix-huit pieds avec l'extrémité fourchue. Le lariat, ou cordeau roulé, employé à la chasse du cheval sauvage, répond au lazo de l'Amérique du Sud; toutefois il n'est pas lancé par nos chasseurs avec la grâce, la dextérité des Espagnols. Ici, quand le chasseur, après une longue et vive poursuite, se trouve presque tête à tête avec le cheval sauvage, il jette le nœud coulant du lariat sur le cou de l'animal par le moyen de la fourche, puis le laissant courir de toute la longueur de la corde, il en joue comme le pêcheur joue avec le poisson pris à l'hameçon, et le soumet par la crainte de l'étranglement.

Tony promettait d'exécuter tout cela à notre complète satisfaction. Nous n'avions pas grande confiance dans ses succès, et nous craignions plutôt qu'il ne nous gâtât un de nos bons chevaux en courant après un mauvais; car de même que tous les créoles français, il était rude et impitoyable cavalier. Je me déterminai donc à le surveiller attentivement et à retenir son ardeur chasseresse.

Un ruisseau profond arrêta bientôt notre marche; il coulait au fond d'un ravin couvert d'un bois épais. Après avoir côtoyé ce courant pendant une couple de milles, nous trouvâmes un gué; mais il était difficile de descendre au rivage, les bords étant rapides, d'un terrain mobile, et encombrés d'arbres forestiers, mêlés de ronces, de buissons et de vignes. Enfin, le cavalier en tête de la file s'ouvrit un chemin à travers les broussailles, et son cheval, posant les deux pieds à la fois, glissa le long de la côte jusqu'à l'étroite rive du ruisseau; il traversa, ayant de l'eau et de la bourbe aussi haut que les sangles, gravit la pente de l'autre côté, et arriva sain et sauf sur le terrain uni.

Toute la ligne suivit le chef de file, et se poussant l'un l'autre, les cavaliers descendirent la côte et entrèrent dans le ruisseau. Quelques-uns manquèrent le gué, et eurent de l'eau par-dessus la tête; l'un d'eux tomba de cheval dans le milieu du courant. Pour ma part, tandis que j'étais pressé par ceux qui venaient derrière moi, à la descente de la côte je fus arrêté par une vigne aussi grosse qu'un câble, qui tombait en festons à la hauteur de mes arçons, et qui me les fit vider et me jeta sous les pieds des chevaux; heureusement je m'en tirai sans blessures, je rattrapai mon cheval, je passai le ruisseau sans autre encombre, et je pus me joindre à la gaîté excitée par les comiques désastres du gué.

C'est en de tels pas que les plus dangereuses embûches, les surprises les plus sanguinaires ont lieu dans les guerres des Indiens. En effet, un parti de sauvages embusqué dans les bosquets aurait pu faire un terrible ravage parmi nos hommes, tandis qu'ils étaient engagés au fond du ravin.

Nous débouchâmes alors sur une vaste et magnifique prairie, dorée par les rayons d'un soleil d'automne. Les fréquentes et profondes traces des buffles montraient que nous étions dans un de leurs pâturages favoris; cependant aucun ne se fit voir. Dans le cours de la matinée, le lieutenant et sa compagnie nous rejoignirent, chargés des dépouilles des buffles qu'ils avaient tués le jour précédent.

Un des chasseurs avait été malheureux; son cheval ayant pris peur à la vue des buffles, avait jeté à terre son cavalier, et s'était sauvé dans les bois.

A ces récits, l'excitation de nos chasseurs, jeunes et vieux, monta presque au degré de fièvre, car il en était peu qui eussent jamais rencontré ce célèbre gibier des prairies. En conséquence, lorsque dans le courant de la journée le cri de : Buffle! buffle! partit d'un point de la colonne, toute la troupe fut saisie de vertige. Nous traversions alors une belle partie de la prairie, agréablement variée par des collines, des plis de terrain, des vallons boisés. Ceux qui avaient donné l'alarme désignèrent un grand animal noir qui descendait lentement une pente douce, à environ deux milles de nous.

L'empressé Tony sauta sur sa selle et s'y tint debout, ses bâtons fourchus à la main, en posture de danseur ou d'écuyer de cirque se préparant à un exercice. Après avoir considéré un instant l'animal, qu'il aurait pu voir aussi bien sans quitter les étriers, il déclara que c'était un cheval sauvage; et se remettant en selle, il allait s'élancer à sa poursuite, mais je le rappelai, à son très-grand chagrin, et lui ordonnai de rester à son poste.

Le capitaine et deux de ses officiers allèrent reconnaître l'animal. Le capitaine, excellent tireur, avait l'intention de loger une balle dans le côté du cou du cheval; une blessure semblable leur fait perdre leurs forces pour un moment; ils tombent et l'on a le temps de les prendre avant qu'ils aient repris le mouvement. Toutefois, c'est un moyen cruel et hasardé, car un coup mal dirigé peut tuer ou mutiler ce noble animal.

Tandis que le capitaine et ses acolytes cheminaient au pas, et latéralement dans la direction du cheval sauvage, nous avancions toujours, en suivant néanmoins des yeux les mouvements de l'animal. On le vit d'abord marcher tranquillement sur le profil d'un renflement de terrain derrière lequel il disparut, et bientôt les chasseurs furent également cachés par une colline intermédiaire.

Quelques moments après, le cheval reparut à notre droite, justement en face de la colonne, et sortant d'une petite vallée à un trot assez vif; il était évident qu'il avait pris l'alarme. Il s'arrêta tout court, à notre vue, nous regarda un instant d'un air étonné, puis balançant sa belle tête, il prit sa course majestueuse, en se retournant de temps en temps pour nous regarder d'abord par-dessus une épaule, ensuite par-dessus l'autre, sa crinière flottant au gré du vent. Il traversa une bande de taillis, qui ressemblait de loin à une grande haie, s'arrêta sur un champ découvert au-delà, nous regarda encore une fois avec un beau mouvement de cou, souffla, et balançant de nouveau sa tête, se mit en plein galop et se réfugia dans les bois.

C'était la première fois que je voyais un cheval parcourant ses solitudes natales, dans toute la liberté, tout l'orgueil de sa nature. Combien il me sembla différent de la pauvre victime du luxe, de l'avarice, des caprices de l'homme, harnachée, bridée, subjuguée, mutilée, dégradée dans son caractère comme dans ses habitudes et ses formes.

Après une marche de quinze milles, nous fîmes halte vers une heure, afin de donner aux chasseurs le temps de nous procurer un supplément de provisions. Notre campement était un bosquet spacieux de noyers et de chênes élevés, dégagé de petits bois et bordé par un beau ruisseau. Tout en déchargeant les paquets, notre petit Français se plaignait hautement d'avoir été empêché de poursuivre le cheval sauvage, qu'il aurait très-certainement pris. En même temps, notre métis sellait son meilleur cheval, puissant animal de race demi-sauvage, accrochait un lariat à l'arçon, prenait d'une main son fusil et un bâton fourchu, et sautant sur la selle il partit sans dire un seul mot. Il était évident qu'il allait en quête du cheval sauvage, mais qu'il n'était pas disposé à chasser de compagnie.

XX. — Le camp du cheval sauvage. — Conte de chasseurs. — Chevaux sauvages. — Le métis et sa prise. — Chasse au cheval. — Animal sauvage dompté.

Les coups de feu que nous entendions de toutes parts montraient que nous étions en un lieu fertile en gibier; un de nos chasseurs revint en effet bientôt, portant sur ses épaules la chair d'un faon liée dans sa peau; un second apporta un daim mâle sur son cheval; deux autres daims nous arrivèrent ensuite avec un certain nombre de dindons. Tout le gibier était déposé devant la logette du capitaine, pour être distribué par égales portions aux différents feux. En un moment les broches, les chaudrons furent en plein exercice, et la soirée entière offrit une scène de bombance et de profusion de chasseurs. Nous avions, il est vrai, été trompés dans l'espérance de rencontrer des buffles; mais la vue d'un cheval sauvage était une grande nouveauté, et fournit ample matière aux conversations du soir. On conta plusieurs anecdotes sur un fameux cheval gris qui avait rôdé parmi les prairies de ce canton pendant six ou sept ans, déjouant toutes les tentatives des chasseurs pour s'emparer de lui. On disait qu'il pouvait dépasser au pas ou à l'amble le galop des chevaux les plus vites. Des récits également merveilleux étaient faits sur un cheval noir du Brasis, qui paissait sur les prairies voisines de la rivière de ce nom, dans le Texas; plusieurs années de suite il avait échappé aux poursuites. Sa renommée s'étendait au loin; on offrait pour l'avoir mille dollars; les plus vigoureux, les plus hardis chasseurs essayaient sans cesse de le prendre; enfin il tomba victime de sa galanterie, ayant été attiré sous un arbre par une jument privée, et un nœud coulant jeté sur sa tête par un jeune garçon qui s'était perché parmi les branches.

La capture d'un cheval sauvage est un des exploits les plus enviés parmi les tribus des prairies; c'est, en effet, de cette source que les chasseurs indiens tirent leur principale subsistance. Les chevaux qui vivent sur ces vastes plaines vertes, situées entre l'Arkansas et les établissements espagnols, sont de différentes formes et de différentes couleurs, auxquelles on reconnaît leur origine diverse. Quelques-uns ressemblent au cheval anglais, et descendent probablement des chevaux échappés de nos colonies frontières. D'autres, d'une espèce plus petite, mais vigoureuse, viennent sans doute de la race andalouse amenée par les premiers colons espagnols.

Certains spéculateurs fantasques veulent même voir en eux les descendants des coursiers arabes transplantés d'Afrique en Espagne, et de là en ce pays. Ils se complaisent dans la pensée que les ancêtres de ces chevaux sauvages ont appartenu au pur sang des nobles destriers du désert qui portèrent Mahomet et ses vaillants disciples sur les plaines sablonneuses de l'Arabie.

Les mœurs des Arabes semblent en effet avoir été apportées avec ces animaux. L'introduction des chevaux sur les plaines sans bornes de l'ouest changea la façon de vivre de leurs habitants, en leur donnant la facilité, si chère à l'homme, de changer rapidement de place. Au lieu de guetter les animaux dans les forêts, et de suivre péniblement les labyrinthes des déserts de broussailles comme leurs frères du nord, les Indiens de l'ouest sont les corsaires des plaines; ils vivent au soleil, en plein air, presque toujours à cheval, sur des prairies tapissées de fleurs et sous un ciel sans nuages.

Je restai assez tard, couché auprès du feu du capitaine,

BIBLIOTHÈQUE NATIONALE R.F.

écoutant les histoires sur ces pirates des prairies, et me livrant à quelques réflexions de mon cru. Soudain de grandes clameurs et des cris de triomphe s'élevèrent à l'autre extrémité du camp, et l'on vint nous apprendre que Beatte le métis avait amené un cheval sauvage.

En ce moment, tous les feux sont abandonnés et l'on se presse pour voir l'Indien et sa prise. C'était un poulain d'environ deux ans, de belle venue, parfaitement bien fait, avec des yeux saillants, et annonçant par ses mouvements et l'expression de sa tête une grande vivacité, mais en même temps une grande douceur. Il regardait autour de lui, d'un air de profonde surprise, les hommes, les chevaux, les feux; tandis que l'Indien, debout devant lui, les bras croisés, tenait le bout de la corde qu'il avait passée au cou de son captif, en fixant sur lui des regards d'une fermeté imperturbable. Beatte, comme je l'ai déjà dit, avait le teint olivâtre et des traits marqués, assez semblables au bronze de Napoléon. Ainsi posé en face de sa capture, dans une complète immobilité, il avait plutôt l'air d'une statue que d'un homme.

Cependant si le cheval manifestait la moindre vélléité de résistance, Beatte lui faisait sentir à l'instant son pouvoir en le tiraillant d'abord d'un côté, puis de l'autre, par le lariat, comme s'il eût voulu le jeter à terre. Quand il l'avait ainsi dominé quelques instants, il reprenait son attitude de statue, et le regardait en silence.

L'ensemble de la scène était singulièrement frappant. Les grands arbres illuminés partiellement par les feux de camp, les chevaux paissant çà et là, dans le bosquet, les pièces de gibier suspendues aux branches, et au milieu de ces objets agrestes, le chasseur sauvage et sa prise sauvage entourés d'une foule d'admirateurs non moins sauvages, les acteurs, le théâtre, les accessoires, tout était dans une parfaite harmonie.

Plusieurs jeunes cavaliers, dans la première ferveur de leur enthousiasme, cherchèrent à obtenir le cheval par échange ou autrement; ils en offraient même des prix extravagants. Mais Beatte repoussa toutes leurs propositions.

— Vous offrez de grands prix maintenant, disait-il, et demain vous serez fâchés de votre marché, et vous direz : Damné Indien.

Les jeunes gens le pressaient de questions sur sa manière de prendre les chevaux; mais ses réponses étaient sèches et laconiques; il conservait évidemment quelque ressentiment d'avoir été mal jugé, d'ailleurs il regardait avec dédain ces novices si peu usés dans les nobles sciences des bois.

Cependant, lorsqu'il fut assis près de notre foyer, je tirai de lui facilement les détails de son exploit; car bien qu'il fût généralement taciturne avec les étrangers, et peu enclin à se vanter de ses actions, sa réserve, comme celle de tous les Indiens, se relâchait en certains moments.

Il me dit qu'en sortant du camp, il était retourné à la place où l'on avait perdu de vue le cheval sauvage. Il retrouva bientôt ses traces, et les suivit jusqu'aux bords de la rivière. Là, comme il pouvait distinguer mieux les empreintes des pieds sur le sable, il s'aperçut qu'un des sabots de l'animal était défectueux, etabandonna sa poursuite.

En revenant au camp, il rencontra une troupe de six chevaux qui se dirigèrent immédiatement vers la rivière. Il les suivit sur l'autre rive, y laissa son fusil, et mettant son cheval au galop, regagna bientôt les fugitifs. Il essaya d'en prendre un, mais le lariat tomba sur une oreille et l'animal put s'en débarrasser sans peine. Les chevaux montèrent d'un trait une colline; il la monta sur leurs talons et tout-à-coup il vit leurs queues relevées en l'air, ce qui montre qu'ils sont prêts à se plonger dans un précipice. Il n'était plus temps de reculer; l'élan était donné : vaincre ou mourir! Il ferma les yeux, retint son haleine, et se lança à leur suite. La descente était de vingt à trente pieds ; mais tous arrivèrent sains et saufs sur un fond de sable.

Alors il réussit à jeter le lariat au cou d'un beau jeune cheval. Tandis qu'il galopait en ligne parallèle avec lui, les deux chevaux passèrent des deux côtés d'un jeune sapin, et le lariat fut arraché de sa main. Il le reprit ; mais un moment après, un accident semblable l'obligea encore de le lâcher. Enfin il arriva dans un lieu plus découvert, et put jouer avec le poulain en le laissant aller et en le retenant tour à tour, jusqu'à ce qu'il l'eut assez complètement subjugué pour le conduire à l'endroit où il avait laissé son fusil.

Ici une autre difficulté formidable se présentait : le passage de la rivière. Les deux chevaux restèrent un instant embourbés, et Beatte fut presque désarçonné par la force du courant et les efforts de son captif. Cependant, après beaucoup de peines et d'inquiétudes, il parvint à l'autre bord, et ramena sa prise au port.

Pendant le reste de la soirée, tout le camp fut dans un état d'excitation prodigieuse. On ne parlait que de captures de chevaux sauvages. Les plus jeunes de la troupe voulaient se dévouer à cette chasse aventureuse, et chacun se promettait *in petto* de ramener en triomphe un des sauvages coursiers des prairies. Beatte avait pris en un moment un haut degré d'importance, il était le chasseur par excellence, le héros du jour. Les cavaliers les mieux montés lui offraient de se servir de leurs chevaux pour ses chasses, à condition qu'il leur donnerait une part dans les prises. Beatte recevait ces honneurs en silence, et n'acceptait aucune des offres ; mais notre petit Français babillard compensait la taciturnité de son compagnon, en se vantant, à propos de cette capture, comme s'il l'eût effectuée lui-même. Il discuta sur le sujet si savamment et parla d'un si grand nombre de chevaux qu'il avait pris, que l'on ne pouvait s'empêcher de l'écouter comme un oracle, et quelques-uns de ses plus jeunes auditeurs penchaient à croire le loquace Tony supérieur même au silencieux Beatte.

La fermentation excitée par cet événement tint le camp éveillé bien au-delà de l'heure ordinaire. Il s'élevait, des groupes rassemblés autour des feux épars, un bourdonnement de voix interrompu de temps en temps par de longs éclats de rire; et la nuit était à moitié passée avant que tout le monde fût endormi.

Avant le jour, l'excitation se renouvela. Beatte et son cheval sauvage étaient encore le point de mire, l'objet principal des regards et des conversations du camp. Le captif avait passé la nuit attaché parmi les autres chevaux. Beatte le fit marcher encore en le tenant par un lariat, et sitôt qu'il montrait la moindre envie de se révolter, il le secouait et le tourmentait comme il avait fait la veille, jusqu'à ce qu'il l'eût réduit à une soumission passive. Il paraissait d'un caractère doux et docile, et son œil avait une expression touchante. Dans cette situation étrange et abandonnée, le pauvre animal semblait chercher protection, sympathie auprès de ce même cheval qui avait aidé à le prendre.

Encouragé par sa docilité, Beatte essaya, un peu avant de nous mettre en marche, d'attacher un léger paquet sur son dos, et de lui donner ainsi la première leçon de servitude. Mais l'orgueilleuse indépendance native de l'animal se réveillant à cette indignité, il rua, se cabra, employa tous les moyens possibles pour se délivrer de la charge dégradante. Cependant l'Indien était trop puissant pour lui; à chaque paroxysme, il renouvelait la discipline du licou; enfin la malheureuse bête, sentant l'inutilité de lutter, se jeta à terre et resta aplatie, sans mouvement, comme si elle s'avouait vaincue. Certes, un héros de théâtre représentant le désespoir d'un prince captif, n'aurait pu jouer son rôle d'une manière plus dramatique; il y avait une véritable grandeur morale dans cette action.

L'imperturbable Indien se croisa les bras, et resta un peu de temps à considérer en silence son captif; et quand il le vit bien complètement subjugué, il hocha la tête lentement, sa bouche se contracta en un sourire de triomphe sardonique, et par une secousse donnée au licou, il ordonna au cheval de se lever. Il obéit, et de ce moment ne fit plus aucune tentative de résistance. Pendant cette première journée, on le conduisit en lesse, avec le paquet sur le dos, et il le porta patiemment; deux jours après, on le laissa marcher en liberté parmi les chevaux surnuméraires.

Je ne pouvais m'empêcher de regarder d'un œil de pitié ce bel animal, dont l'existence avait été si soudainement changée. Au lieu de parcourir, au gré de ses caprices, ces vastes pâturages, allant de plaine en plaine, de prairies en prairies, broutant toutes les herbes, toutes les fleurs, buvant les eaux de tous les ruisseaux, il se voyait condamné à une servitude perpétuelle et pénible, à passer sa vie sous le harnais, peut-être au milieu du bruit, de la poussière, de la confusion des villes. Cette brusque transition dans sa destinée pouvait se comparer à celles qui ont souvent lieu dans les affaires humaines, surtout dans le sort des individus les plus élevés. Aujourd'hui prince des prairies, le jour suivant cheval de bât.

XXI. — Le gué de la Fourche-Rouge. — Arides et tristes forêts. — Buffles.

Nous levâmes le camp du cheval sauvage à huit heures moins un quart, et après avoir fait environ quatre milles, en nous dirigeant presque au sud, nous arrivâmes sur les bords de la Fourche-Rouge, et suivant nos calculs, à soixante-quinze milles au-dessus de son embouchure. Cette rivière avait à cette place trois cents toises de largeur, et coulait entre des bancs de sable et des bas-fonds; ses rives, et les longues bandes de sable qui avançaient dans son lit, étaient empreintes des traces de différents animaux qui étaient venus la traverser ou boire ses eaux.

L'on fit halte, et l'on tint conseil sur le passage de la rivière, qui pouvait être dangereux à cause des sables mouvants. Beatte, qui avait marché un peu en arrière, survint pendant le débat; il était monté sur son cheval demi-sauvage, et menait son captif par la bride. Sans articuler un seul mot, il remit le dernier à Tony, poussa son cheval dans le courant, et le traversa heureusement.

Cet homme agissait ainsi en toutes choses, avec résolution, promptitude, silence, ne promettait rien d'avance, ne se vantant de rien après.

La troupe suivit l'exemple de Beatte, et atteignit la rive opposée sans aucun accident, bien que l'un des chevaux de bât, en s'éloignant un peu de la ligne, eût failli enfoncer dans un sable mouvant, et en fut retiré avec beaucoup de peine.

Après avoir passé la rivière, nous devions nous frayer un chemin, pendant près d'un mille, à travers un marais de cannes qui, au premier coup d'œil, semblait une masse impénétrable de roseaux et de ronces. C'était un rude travail. Les chevaux s'enfonçaient souvent jusqu'aux sangles dans la bourbe, et hommes et bêtes étaient déchirés, arrêtés sans cesse par les épines et les buissons. Cependant, une trace de buffle se trouvant sous nos pas, elle nous conduisit hors de ce marécage, et nous montâmes une côte et vîmes une belle contrée découverte s'étendre devant nous, et à notre droite la ceinture de forets allant aussi loin que la vue pouvait s'étendre vers le sud. Bientôt nous quittâmes la plaine pour entrer dans les bois, l'intention du capitaine étant de porter au sud-ouest, et de traverser cette ligne de forêts obliquement pour arriver aux confins de la grande prairie occidentale; il pensait, en se dirigeant ainsi, se rapprocher de la Rivière-Rouge, tout en traversant la ceinture de forêts.

Ce plan était judicieux; mais il se trouva erroné faute de connaissances exactes sur la nature du pays. Si nous eussions marché directement à l'ouest, deux journées nous auraient conduits hors des forêts, et nous aurions eu un chemin facile le long des lisières des prairies supérieures jusqu'à la rivière. En allant diagonalement, au contraire, nous eûmes plusieurs journées pénibles à travers des bois, sur un sol raboteux et rude.

Ces forêts transversales forment une bande de quarante milles de largeur, sur un pays inégal, coupé de petites collines et de bouquets d'yeuses épars; quelques vallées offrent de bons pâturages dans la saison; mais on trouve plus souvent de profonds ravins, qui deviennent, dans le temps des pluies, les lits de torrents tributaires des rivières, et nommés branches. Au printemps, cette contrée peut avoir un aspect agréable quand la terre est tapissée d'herbes vertes, le feuillage frais, les clairières animées par des ruisseaux. Malheureusement nous arrivions trop tard, l'herbe était desséchée, les feuillages jaunissaient, une teinte brune et triste dominait sur le paysage; le feu des prairies incendiées par les chasseurs indiens avait, en plusieurs endroits, pénétré dans les forêts, et les flammes légères avaient couru le long des herbes, et grillé les bourgeons et les branches les plus basses des arbres, en les laissant tout noirs et assez durs pour entamer la chair des hommes et des animaux obligés de s'ouvrir un chemin au milieu d'eux. Je n'oublierai de longtemps la mortelle fatigue, les tourments de corps et d'esprit auxquels nous fûmes exposés en traversant ce qu'on pouvait appeler une forêt de fer.

Une rude marche de plusieurs milles nous conduisit à une suite de collines et de vallées découvertes, entremêlées de bois. Là, nous fûmes tirés de notre accablement par le cri de : Buffle! buffle! On éprouve un effet semblable lorsqu'on entend crier en mer : Voile! voile! Ce n'était pas une fausse alarme; trois ou quatre de ces énormes animaux étaient visibles à notre droite, paissant sur le penchant d'une colline éloignée.

Il se fit un mouvement général, et ce fut avec beaucoup de difficulté que l'on vint à bout de réprimer l'ardeur des plus jeunes de la troupe. Le capitaine et deux de ses officiers, après avoir donné l'ordre de continuer de marcher dans la même direction, allèrent au pas du côté des buffles, accompagnés de Beatte et de Tony, qu'il fut impossible de retenir; il extravaguait de joie en se voyant prêt à montrer ses prouesses à la chasse des buffles.

Bientôt les collines intermédiaires nous dérobèrent la vue du gibier et des chasseurs. Nous continuâmes notre course en cherchant un lieu convenable pour le campement; ce qui n'était point facile à trouver, presque tous les ruisseaux étant à sec, et le pays dépourvu de sources.

Quand nous fûmes à quelque distance, on cria encore : Au buffle! et deux de ces animaux furent montrés sur une colline à gauche. Le capitaine étant absent, on ne put retenir les jeunes chasseurs dans les rangs : plusieurs s'élancèrent, et en un moment disparurent dans les ravins; les autres continuèrent leur marche, désireux de trouver un bon campement.

Nous commencions, en effet, à sentir les désavantages de la saison; le pâturage des prairies était rare et desséché, les pois-vignes des fonds boisés étaient fanés, et la plupart des branches ou ruisseaux étaient à sec. Tandis que nous errions dans cette perplexité, le capitaine nous rejoignit avec toute sa troupe, à l'exception de Tony. Ils avaient poursuivi un buffle assez loin, sans arriver à portée de le tuer, et ils avaient renoncé à la chasse, de crainte de fatiguer les chevaux ou d'être menés trop loin du camp. Cependant le petit Français avait galopé après les buffles comme un fou; et quand ses compagnons l'avaient perdu de vue, il était engagé pour ainsi dire vergues contre vergues avec un grand buffle mâle, et tirait presque à bout portant sur ses flancs. « Je pense ce petit homme être un peu fou, » observa Beatte froidement.

XXII. — Le camp de l'alarme. — Feu. — Indiens sauvages.

Nous trouvâmes enfin une halte dont il fallut nous contenter. C'était un bosquet de chênes nains, sur les bords d'un ravin profond, au sein duquel restaient encore quelques petites flaques d'eau. Nous étions au pied d'une colline doucement inclinée, couverte d'herbes à moitié desséchées, qui fournissaient un maigre pâturage. A la place occupée par le camp, l'herbe était longue et flétrie; la vue était bornée tout autour par de gracieuses ondulations de terrain.

On vaquait à l'établissement du camp, lorsque Tony arriva tout glorieux de sa victoire. Autour de son cheval blanc étaient suspendus des quartiers de chair de buffle. Suivant son rapport, il avait abattu deux puissants taureaux. Nous rabattîmes, comme de coutume, la moitié de ce qu'il déclarait; maintenant qu'il pouvait se vanter de quelque chose de réel, personne au monde n'aurait pu mettre un frein à sa langue.

Après avoir satisfait en partie à sa vanité, en racontant ses exploits, il nous dit qu'il avait observé de nouvelles traces de chevaux et que plusieurs circonstances lui faisaient supposer qu'elles venaient d'une bande de Pawnies. Cette nouvelle excita un peu d'inquiétude. Les jeunes gens qui avaient quitté la ligne pour chasser les deux buffles n'étaient pas revenus. On exprima la crainte qu'ils n'eussent été attaqués. Notre chasseur vétéran, le vieux Ryan, s'était aussi éloigné du camp, à pied, dès qu'on avait fait halte, avec un jeune disciple. « Ce vieil homme aura sa tête cassée par les Pawnies, disait Beatte; il pense, lui, connaître toutes choses, mais il ne connaît pas du tout les Pawnies. »

Le capitaine prit son fusil, et alla à pied reconnaître le pays, du sommet découvert d'une colline voisine. En même temps on déharnacha les chevaux pour les laisser paître en liberté dans les champs adjacents; on coupa le bois, on alluma les feux, on prépara le repas du soir.

Soudain on entendit crier : Le feu dans le camp! La flamme de l'un des foyers avait pris aux grandes herbes sèches; une brise forte soufflait, en peu d'instants le camp risquait d'être embrasé. « Prenez soin des chevaux! » criait l'un. « Retirez le bagage! » criait un autre. C'était un bruit, une confusion effroyables. Les chevaux fuyaient de tous côtés; les hommes saisissaient leurs armes, leurs munitions; d'autres emportaient les selles et les paquets, mais pas un ne pensait à éteindre le feu, et probablement pas un ne savait comment on pouvait l'éteindre. Cependant Beatte et ses compagnons l'attaquèrent à la façon des Indiens, en amortissant les bords de l'incendie avec des couvertures et des housses, et en tâchant d'empêcher la conflagration de s'étendre dans l'herbe. Les cavaliers suivirent leur exemple, et les flammes cessèrent très-promptement.

Alors on ralluma les feux sur des places où l'herbe sèche avait été arrachée. Les chevaux, dispersés dans une petite vallée, broutaient l'herbe rare qu'elle conservait. Tony préparait un souper splendide, avec sa viande de buffle, et nous promettait une soupe succulente et un admirable rôti; mais nous étions condamnés à éprouver une alarme bien plus sérieuse.

On entendit les cris éloignés de quelques cavaliers, sur la colline, dans lesquels nous distinguions seulement ces mots : « Les chevaux! les chevaux! faites rentrer les chevaux! »

Soudain une clameur de voix s'élève : les exclamations, les demandes, les répliques se croisent, se mêlent, il est impossible de rien comprendre à ce qu'on dit; chacun expose à la hâte ses propres conjectures.

L'un dit : « Le capitaine a fait lever les buffles et a besoin de chevaux pour les chasser. » Aussitôt un grand nombre de cavaliers s'élancent vers le sommet de la colline. « La prairie est en feu au-delà de la colline! criait un autre, je vois la fumée. Le capitaine pense qu'il faut chasser la fumée de l'autre côté du ruisseau. »

Cependant un cavalier descendait la colline du sommet de l'éminence, et atteignit bientôt les limites du camp. Il était hors d'haleine, et put seulement articuler avec difficulté que le capitaine avait vu des Indiens à quelque distance.

— Pawnies! Pawnies! fut le cri un moment répété par tous nos jeunes étourdis.

« Faites rentrer les chevaux! » disait l'un; « Sellez les chevaux! » s'écriait un autre; « En ligne! » criait un troisième. Le bruit, la confusion, étaient au-delà de toute description. Les cavaliers couraient, à travers les champs voisins, à la poursuite de leurs chevaux. Celui-ci traînait le sien par un licou; celui-là, tête nue, montait le sien à poil; un autre poussait devant lui un cheval attaché, qui allait en faisant des sauts maladroits comme un kangurou.

L'alarme croissait. On vint dire qu'on avait vu, de l'extrémité inférieure du camp, une bande de Pawnies dans une vallée voisine. « Ils avaient atteint le vieux Ryan à la tête et poursuivaient ses compagnons. — Non, ce n'était pas le vieux Ryan qu'ils avaient tué, c'était un des chasseurs qui avaient poursuivi les deux buffles. — Il y a trois cents Pawnies derrière la colline! cria une voix. — Beaucoup plus, beaucoup plus, s'écriait une autre. »

Notre position entre ces collines nous empêchait de voir à une certaine distance, et nous laissait en proie à toutes ces rumeurs. On se croyait sur le point d'être attaqué par des ennemis nombreux et redoutables. En ce moment les chevaux, rassemblés dans l'intérieur du camp, erraient parmi les feux et marchaient sur le bagage. Chacun se préparait à l'action, mais on se trouvait dans un grand embarras. Pendant la dernière alarme de feu, les harnais, les armes et autres objets d'équipement avaient été déplacés et jetés pêle-mêle sous les arbres.

« Où est ma selle? disait l'un. — Quelqu'un a-t-il vu mon fusil? criait l'autre. — Qui veut me prêter une balle? j'ai perdu mon sac, disait un troisième. Pour l'amour du ciel, aidez-moi à sangler ce cheval; il est si rétif que je ne puis en venir à bout. » Dans son trouble, celui-ci avait posé la selle le devant derrière.

Quelques-uns affectaient de plaisanter et de parler hardiment; d'autres ne disaient rien, mais se hâtaient de préparer leurs chevaux et leurs armes; et je comptais beaucoup plus sur le courage de ceux-ci. Plusieurs semblaient réellement exaltés à l'idée d'une rencontre avec les Indiens; mais pas un ne l'était au degré de mon compagnon de voyage, Suisse qui avait une passion décidée pour les aventures sauvages. Notre métis Beatte conduisit ses chevaux sur les derrières du camp, posa son fusil contre un arbre, puis s'assit près du feu, dans un silence complet. D'autre part, le petit Tony, qui s'occupait du souper avec une grande activité, suspendait à chaque instant ses travaux pour fanfaronner, chanter, jurer, déployer une gaieté extraordinaire, qui me fit soupçonner qu'un peu de frayeur s'était glissée au fond de son cœur et causait toute cette effervescence.

Une douzaine de cavaliers, aussitôt qu'ils eurent sellé leurs chevaux, partirent dans la direction où l'on avait dit que les Pawnies avaient attaqué nos chasseurs. Il fut décidé que dans le cas où le camp serait assailli, les chevaux seraient mis dans le ravin derrière le campement, à l'abri des balles et des flèches, tandis que nous prendrions position le long des bords de ce même ravin, les arbres et les buissons qui l'entouraient étant propres à détourner les flèches de l'ennemi et à nous servir de retranchements. On savait d'ailleurs que les Pawnies évitent en général d'attaquer en des lieux couverts, leur manière de combattre étant avantageuse seulement sur les plaines découvertes, où la vitesse de leurs chevaux leur permet de fondre comme des vautours sur leur ennemi, de tourner autour de lui et de décocher leurs flèches avec certitude. Toutefois, je ne pouvais me dissimuler que si nous étions attaqués par ces sauvages belliqueux et bien montés, en nombre aussi considérable qu'on nous l'avait fait craindre, nous serions exposés à de grands dangers par l'inexpérience, le défaut de discipline des nouvelles recrues, et même par le courage de la plupart de ces jeunes soldats qui brûlaient de se signaler.

En ce moment, le capitaine rentra et chacun l'entoura pour apprendre des nouvelles. Il nous dit qu'après avoir poussé à quelque distance sa reconnaissance, il revenait lentement au camp, le long de la crête d'une colline découverte, lorsqu'il avait vu, sur le bord d'une colline parallèle, un objet qui ressemblait à un homme. Il s'arrêta et observa cet objet, mais il resta parfaitement immobile, et il supposa que c'était un buisson ou la cime d'un arbre au-delà du coteau. Il se remit en marche, et l'objet commença à se mouvoir dans la même direction. Une autre forme se leva près de la première, comme quelqu'un qui aurait été précédemment couché à terre ou qui arriverait de l'autre côté de la colline. Le capitaine s'arrêta, et les regarda; ils s'arrêtèrent aussi. Alors il s'assit à terre, et ils recommencèrent à marcher. Il se releva et ils s'arrêtèrent comme pour observer ses mouvements. Il savait que les Indiens étaient dans l'usage de placer des sentinelles ou espions sur les hauteurs, et la conduite de ces deux hommes accroissait ses soupçons à leur égard. Il mit son bonnet au bout de son fusil, et l'agita en l'air; ils ne répondirent point à ce signal. Alors il continua de marcher vers la lisière d'un bois, sous lequel il se mit hors de leur vue pendant quelques moments. Il en sortit ensuite, et regarda ce qu'ils devenaient; ils couraient très-vite en avant, et la colline sur laquelle ils étaient décrivant une courbe vers celle qu'il descendait lui-même, ils avaient sans doute l'intention de lui couper le chemin du camp. Il pensa que ces gens pouvaient appartenir à un parti nombreux se tenant en embuscade ou marchant dans la vallée au-delà de la colline. Il se hâta donc de gagner le campement, et, découvrant sur une éminence intermédiaire quelques-uns de ses hommes, il leur cria de passer l'ordre de mettre les chevaux en sûreté, parce qu'ils sont en général le premier objet des déprédations indiennes.

Telle fut l'origine de l'alarme qui avait ému tout le camp. Plusieurs de ceux qui entendirent la narration du capitaine ne doutèrent point que les hommes de la colline ne fussent des espions des Pawnies, appartenant à un parti dans les mains duquel nos chasseurs étaient probablement tombés. Des coups de feu éloignés se faisaient entendre par intervalles, et l'on supposait qu'ils étaient tirés par ceux qui avaient été au secours de leurs camarades. Quelques cavaliers ayant complété leur équipement, galopèrent dans la direction du feu, d'autres restaient visiblement agités et inquiets.

— S'ils sont aussi nombreux qu'on le dit, et aussi bien montés qu'ils ont coutume de l'être, nous sommes mal en point pour les recevoir avec nos chevaux épuisés, dit un de nos hommes.

— Eh bien! répondit le capitaine, nous avons un fort campement; nous pouvons soutenir un siége.

— Oui, mais s'ils mettent le feu à la prairie, la nuit, nous serons grillés dans nos retranchements.

— Nous ferons un contre-feu.

On vint annoncer alors qu'un homme à cheval s'approchait du camp. « C'est un de nos chasseurs! — C'est Clément! — Il porte de la chair de buffle! » s'écrièrent plusieurs voix à mesure que le cavalier avançait.

C'était en effet un des cavaliers qui avaient été le matin à la poursuite des deux buffles. Il entra au camp, chargé des dépouilles de sa chasse et suivi de ses compagnons, tous également sains, et leurs montures également entourées de sanglants trophées. Ils racontèrent quelle course furieuse ils avaient faite en suivant les buffles, et combien de coups ils avaient tirés avant d'abattre un de ces animaux.

— Bon, bon; mais les Pawnies!... les Pawnies! Où sont les Pawnies?

— Quels Pawnies?

— Les Pawnies qui vous ont attaqués?

— Personne ne nous a attaqués.

— Mais vous n'avez pas vu des Indiens sur votre chemin?

— Ah! oui; deux de nous étant montés sur le sommet d'une colline pour reconnaître le chemin du camp, ils virent sur une éminence opposée, une singulière figure d'homme qui, à ses gestes bizarres, leur sembla un Indien.

— Bah! c'était moi, s'écria le capitaine. Ici toutes les langues s'exercèrent à la fois. L'alarme était venue de la méprise mutuelle du capitaine et des deux chasseurs. A l'égard de l'histoire des trois cents Pawnies et de leur attaque, il se trouva que c'était une mauvaise plaisanterie, de laquelle on cessa de s'occuper, bien qu'à mon avis son auteur eût mérité d'être cherché et sérieusement puni.

Les probabilités de combat étant éloignées, chacun songeait maintenant à manger, et sur ce point tous les estomacs étaient à l'unisson dans le camp. Tony nous servit le régal promis, de soupe et de rôti de buffle. La soupe était horriblement poivrée, et le rôti avait sans doute fait partie d'un taureau patriarche des prairies. Jamais je ne broyai sous mes dents une viande plus coriace; mais c'était la première fois que nous tâtions de cette chair renommée; la foi suppléait au goût, et notre petit cuisinier ne nous laissa point de repos qu'il ne nous eût fait avouer l'excellence de son apprêt, en dépit du démenti que le poivre donnait dans notre gorge à cet aveu complaisant.

La nuit était close, et le vieux Ryan et ses compagnons n'étaient pas encore revenus; mais on était accoutumé aux aberrations de ce coq des bois, et l'on ne montra aucune inquiétude sur son compte. Après les fatigues et les agitations de la journée, le camp fut bientôt plongé dans un profond sommeil, excepté les sentinelles, qui se tinrent sur leurs gardes avec plus de vigilance que de coutume, en raison des traces de Pawnies récemment vues, et de la certitude que nous étions au milieu de leur territoire de chasse. Vers dix heures et demie, une nouvelle alarme nous réveilla tous. Une sentinelle fit feu, et accourut dans le camp en criant que les Indiens étaient proches.

Chacun fut sur pied en un moment. L'un prenait son fusil, l'autre sellait son cheval; plusieurs coururent à la loge du capitaine, mais il leur commanda de retourner à leurs feux respectifs. La sentinelle fut interrogée, elle déclara qu'elle avait vu un Indien qui rampait contre terre; qu'elle avait tiré sur lui, puis était rentrée au camp. Le capitaine fut d'avis que l'Indien prétendu était un loup; il réprimanda la sentinelle pour avoir quitté son poste, et l'obligea d'y retourner. Plusieurs inclinaient à croire le rapport de la sentinelle; car les événements du jour avaient disposé les esprits à craindre des embûches, des surprises, pendant l'obscurité de la nuit. Longtemps on se tint éveillé autour des foyers, le fusil sur l'épaule, causant à voix basse et prêtant l'oreille au moindre bruit. Cependant il n'arriva aucun autre événement; les jaseurs s'assoupirent l'un après l'autre, et le silence régna encore dans le camp.

XXIII. — Digue de castors. — Traces de buffles et de chevaux. — Sentier des Pawnies. — Chevaux sauvages. — L'ours et le jeune chasseur.

A la revue générale, le lendemain 23 octobre, le vieux Ryan et ses compagnons manquaient encore; mais le capitaine avait une si parfaite confiance dans les ressources et l'habileté du vétéran, qu'il ne jugea pas nécessaire de prendre aucune mesure par rapport à lui.

Pendant cette journée, nous marchâmes à travers la même sorte de contrée, inégale et rude, parsemée de tristes forêts d'yeuses et coupée de ravins profonds. Les feux lointains des prairies s'accroissaient évidemment. Depuis plusieurs jours le vent soufflait du nord-ouest, et l'atmosphère était devenue tellement enfumée qu'on avait peine à distinguer les objets à quelque distance.

Dans le courant de la matinée, nous passâmes un ruisseau profond, sur lequel une digue de castors bien complète, de trois pieds de haut, formait un large étang, et contenait sans doute plusieurs familles de cet industrieux animal, bien que pas un ne montrât son nez au-dessus de l'eau. Le capitaine ne voulut pas permettre qu'on troublât le repos de cette république amphibie.

Maintenant, à chaque instant nous apercevions des traces de buffles et de chevaux sauvages. Les premières se dirigeaient constamment au sud, comme le montrait le sens dans lequel les herbes étaient foulées. Il était évident que nous étions sur le chemin des grands troupeaux émigrants, mais qu'ils avaient pour la plupart tourné vers le sud.

Beatte, qui marchait ordinairement à plusieurs toises de la ligne, afin d'être à portée de voir le gibier, et qui observait chaque trace avec les yeux exercés d'un Indien, rapporta qu'il avait vu des empreintes suspectes. C'étaient des traces d'hommes chaussés de mocassins, tels qu'en portent les Pawnies. Il avait senti la fumée du tabac mêlée de sumac, en usage parmi les Indiens. Il avait vu les traces de chevaux mêlées à celles d'un chien, et une marque dans la poussière qui devait être celle de la longue bride que les Indiens laissent traîner derrière eux. Il était évident que ces vestiges n'avaient pas été laissés par des chevaux sauvages.

Mon inquiétude se réveilla sur le sort de notre vétéran. J'avais pris en grande amitié ce Bas-de-Cuir véritable; mais à l'expression de mes craintes à son égard on répondait toujours en disant que Ryan était en sûreté partout, et savait se tirer d'affaire.

Nous avions accompli la plus grande partie de la marche fatigante du jour, et nous traversions une clairière, quand nous aperçûmes six chevaux sauvages, parmi lesquels j'en distinguai deux superbes, un gris et un rouan. Ils marchaient fièrement la tête haute, et leurs longues queues flottantes offraient un contraste parfait avec nos pauvres coursiers harassés. Après nous avoir examinés un moment, ils prirent le galop, passèrent sous un petit bois, et nous les vîmes reparaître ensuite, montant au trot une pente à un mille de distance.

La vue de ces chevaux fut encore une rude épreuve pour le glorieux Tony, qui avait déjà la fourche et le lariat en main, et se disposait à s'élancer à leur poursuite, quand il reçut l'ordre de retourner à ses bêtes de somme.

Après une journée de quatorze milles dans la direction du sud-ouest, nous campâmes près d'un petit ruisseau limpide, entre les limites nord des bois, et les confins des vastes prairies qui s'étendent jusqu'au pied des montagnes de rochers. En laissant les chevaux libres d'aller chercher leur pâture, on prit soin de remplir de foin leurs sonnettes, pour empêcher que leur tintement ne fût entendu de quelque horde de Pawnies errants.

Nos chasseurs sortirent en différentes directions sans beaucoup de succès, car un seul daim fut apporté au camp. Mais un jeune chasseur avait une grande aventure à conter. En longeant le fourré d'un ravin profond, il avait blessé un daim mâle, et l'entendit tomber dans les buissons. Il s'arrêta pour raccommoder quelque chose à son fusil et le recharger; puis il s'avançait vers le taillis pour y chercher son gibier, lorsqu'il entendit un grognement sourd. Il écarta les branches, et, se glissant tout doucement à travers le fourré, il jeta les yeux au fond du ravin, et vit un ours énorme traînant la carcasse du daim le long du lit d'un ruisseau tari, et grognant contre quatre ou cinq loups officieux qui paraissaient disposés à partager son souper.

Le chasseur tira sur l'ours et le manqua. L'animal garda son poste et sa proie, et se montrait prêt à livrer bataille. De plus, les loups, fines bêtes, à ce qu'il semblait, s'éloignèrent, mais seulement à une petite distance. La nuit approchait, et le jeune homme se sentit un peu effrayé de rester au milieu des ténèbres en ce lieu désert, surtout en si singulière compagnie. Il se retira donc à petit bruit, revint au camp les mains vides, et conta son histoire, qui lui valut maints quolibets de la part de ses camarades les plus expérimentés.

Dans le cours de la soirée, le vieux Ryan et son disciple rentrèrent, épuisés de fatigue, et furent, comme de coutume, cordialement accueillis au camp. Le vétéran s'était égaré la veille en chassant, et avait campé la nuit en rase campagne; mais le matin, il avait retrouvé nos traces et les avait suivies. Il avait passé quelque temps près de la digue des castors, admirant l'adresse et l'intelligence déployées dans cette construction.

— Ces castors, disait-il, sont de petites créatures bien ingénieuses; c'est la vermine la plus avisée que je connaisse; et je garantis qu'il y en avait une foule dans l'étang.

— Oui, disait le capitaine, je ne doute pas que la plupart de ces petites rivières que nous avons passées ne fussent remplies de castors. J'aimerais à venir les trapper dans ces eaux pendant un hiver entier.

— Mais vous risqueriez d'être attaqué par les Indiens, dit quelqu'un de la compagnie.

— Oh! quant à cela, on serait bien tranquille ici pendant l'hiver. Pas un Indien ne s'y montre avant le printemps, et il ne me faudrait que deux compagnons. Trois personnes sont plus en sûreté qu'un plus grand nombre, pour trapper les castors. Il faut que les trappeurs fassent le moins de bruit possible, et comme un ours tué peut nourrir trois hommes pendant deux mois, en prenant soin de mettre à profit toutes ses parties, ils sont rarement obligés de tirer.

On tint conseil sur notre direction future. Nous avions marché jusqu'alors à l'ouest, et les forêts transversales étant passées, nous nous trouvions sur les confins de la grande prairie occidentale. Cependant nous étions encore dans une contrée aride, où les pâturages étaient rares. La saison était avancée, les herbes trop sèches pour être broutées; les pois grimpants des fonds boisés, qui avaient servi de nourriture à nos bêtes pendant une partie du voyage, étaient maintenant fanés, et depuis plusieurs jours les pauvres animaux avaient tristement baissé sous le double rapport de l'embonpoint et du courage. Les feux des Indiens dans les prairies se rapprochaient au midi, au nord et à l'ouest; ils pouvaient aussi se propager à l'est, et laisser entre nous et la frontière un désert brûlé, dans lequel nos chevaux seraient morts de faim.

Il fut donc résolu que l'on n'irait pas plus loin à l'ouest, et que l'on marcherait un peu plus à l'est afin de gagner aussitôt que possible la branche nord de la Canadienne, où nous espérions trouver une abondance de cannes qui, dans cette saison, fournissent la meilleure pâture pour les chevaux, et attirent en même temps une immense quantité de gibier. Ici se borna donc notre tournée à l'ouest; nous étions seulement à un ou deux jours de marche de la frontière du Texas.

XXIV. — Disette de pain. — Rencontre avec des buffles. — Dindons sauvages. — Chute d'un taureau buffle.

Le soleil se leva brillant et pur, mais le camp n'avait plus son hilarité accoutumée; les concerts de basse-cour avaient cessé; pas un chant de coq, pas un aboiement de chien, n'étaient exécutés; on n'entendait ni chansons ni éclats de rire; chacun s'occupait de sa besogne avec gravité et silence. La nouveauté de l'expédition était usée; quelques-uns des jeunes hommes étaient presque aussi fatigués que leurs chevaux, et la plupart, peu faits à la vie de chasseur, commençaient à en sentir vivement les peines. Ce qui décourageait le plus était de manquer de pain, les rations de farine ayant été épuisées depuis quelques jours. Les vieux chasseurs, qui avaient éprouvé souvent cette privation, la supportaient facilement, et Beatte, accoutumé à passer des mois entiers sans pain lorsqu'il vivait parmi les Indiens, considérait cet aliment comme un objet de luxe.

— Le pain, disait-il d'un air dédaigneux, est la nourriture des enfants.

Avant huit heures du matin, nous tournâmes le dos à l'ouest, et prîmes la direction du sud-ouest, le long d'une vallée formée de collines doucement inclinées. Après avoir fait quelques milles, Beatte, qui marchait en parallèle avec nous sur le bord d'une éminence découverte, à droite, fit des cris, donna des signaux, comme s'il découvrait quelques objets capables d'intercepter notre marche. Plusieurs autour de moi crièrent que c'était une bande de Pawnies. Une ligne de bosquets nous cachait l'approche de l'ennemi supposé. Nous entendions cependant un bruit de pas d'animaux parmi les broussailles; mon cheval regardait de ce côté, ronflait et dressait les oreilles, quand soudain une paire de grands buffles mâles, qui avaient été alarmés par le métis, arrivèrent droit à nous en brisant les branches et les buissons sur leur passage. A la vue de notre colonne, il firent volte-face et s'enfoncèrent dans un étroit défilé. Au même instant, une vingtaine de fusils partirent, un hourra général s'éleva, la moitié de la troupe courut pêle-mêle après eux, et je me mis de la partie. Cependant la plupart des poursuivants abandonnèrent bientôt cette chasse, à travers des ronces, des broussailles et des ravins, véritables casse-cous. Un petit nombre de cavaliers persista pendant quelque temps, mais tous rejoignirent successivement la ligne, fatigués et désappointés. L'un d'eux revint à pied; il avait été renversé en pleine course, son fusil s'était brisé en tombant, et le cheval, participant de l'esprit du maître, avait continué de pourchasser le buffle. C'était un pitoyable accident; il était triste de se trouver désarmé et démonté au milieu des territoires de chasse des Pawuies.

Quant à moi, j'avais eu le bonheur de me procurer dernièrement, par échange, le meilleur cheval de la troupe, un alezan de pur sang, beau, généreux et sûr. En des situations semblables, on change presque toujours de nature en changeant de cheval. Je me sentais un être tout différent maintenant que j'avais sous moi cet animal, vif, mais doux et docile à un degré surprenant, et rapide, aisé, élastique dans tous ses mouvements. En peu de jours, il devint attaché à moi comme un chien; il me suivait quand je marchais; il venait contre moi le matin pour être caressé, et mettait son museau entre moi et mon livre, lorsque je lisais au pied d'un arbre. Le sentiment que j'éprouvais pour le compagnon muet de mes courses dans les prairies me donna une légère idée de l'attachement des Arabes pour le coursier qui les a longtemps portés dans les déserts.

A quelques milles plus loin, nous trouvâmes un pré encore frais, arrosé par un large et clair ruisseau dont les bords offraient d'excellents pâturages. Là nous fîmes halte sous un bosquet d'ormes, et nous vîmes les vestiges d'un ancien campement d'Osages. A peine avions-nous eu le temps de mettre pied à terre que l'on fit une décharge générale sur un troupeau de dindons épars dans le bosquet, qui probablement servait de perchoir à ces animaux peu rusés. Ils volèrent en effet sur les arbres, allongeant leur grand cou et regardant avec un étonnement stupide, jusqu'à ce que dix-huit d'entre eux eussent été abattus.

Au milieu du carnage, on apprit que quatre buffles paissaient dans une prairie voisine; alors on abandonna les dindons pour un plus noble gibier; on remonta sur les chevaux fatigués, et la chasse commença. En peu d'instants nous nous trouvâmes en vue des buffles, qui ressemblaient à des monticules bruns au milieu des herbes. Beatte tâcha de les dépasser et de les pousser vers nous, afin de donner à nos chasseurs inexpérimentés quelques chances favorables; cependant les buffles tournèrent une colline de rochers qui les déroba à nos yeux. Quelques-uns de nous tentèrent de franchir la colline, mais ils s'embarrassèrent dans les broussailles et le bois taillis entrelacés de vignes; mon cheval, qui avait chassé au buffle avec son ancien maître, semblait aussi animé que moi, et faisait tous ses efforts pour forcer le passage à travers les buissons. Enfin nous parvînmes à nous dégager, et, descendant au galop la montagne, je trouvai notre petit Tony caracolant autour d'un grand buffle qu'il avait blessé trop grièvement pour qu'il pût s'enfuir, et qu'il amusait jusqu'à notre arrivée. Il y avait un mélange de grandeur et de comique dans le combat de ce terrible animal et de son fantastique assaillant. Le buffle présentait toujours à l'ennemi son large front hérissé; sa gueule était béante, sa langue desséchée, ses yeux étincelaient comme des charbons enflammés, sa queue était redressée; de temps en temps il se lançait avec fureur sur son adversaire, qui esquivait son attaque en faisant des courbettes, en prenant toutes sortes de postures grotesques devant lui. Alors nous tirâmes plusieurs coups sur le buffle; mais les balles se perdaient dans cette montagne de chair sans y produire un effet mortel. Il fit une lente et majestueuse retraite dans la rivière, peu profonde, en se retournant contre les poursuivants toutes les fois qu'ils le pressaient trop vivement, et lorsqu'il fut dans l'eau il s'y posa comme pour soutenir un siége. Cependant une balle logée dans une partie plus vitale de son corps lui causa un frémissement universel. Il se retourna, et tenta de passer sur l'autre rive; mais après avoir fait quelques pas en chancelant, il tomba doucement sur le côté, et il expira. C'était la chute d'un héros, et nous sentîmes une sorte de honte de cette boucherie, mais une ou deux minutes nous réconcilièrent avec nous-mêmes; nous nous répétâmes cette vieille et banale justification : Nous avons délivré le pauvre animal de toutes ses misères.

On tua deux autres buffles pendant la soirée, mais il se trouva que c'était des taureaux, dont la chair est dure et maigre à cette époque de l'année. Un jeune daim mâle nous fournit un mets plus savoureux à notre repas du soir.

XXV. — Grande chasse au cheval sauvage.

Nous quittâmes le camp des buffles à huit heures du matin, et nous fîmes deux heures de marche extrêmement fatigante, sur des chaînes de collines couvertes de maigres forêts de chênes nains coupées par de profonds précipices. Parmi ces chênes, j'en remarquais de la plus petite dimension possible; quelques-uns n'avaient pas plus d'un pied de haut, et portaient une quantité prodigieuse de petits glands. Tous les bois de la traverse abondent en effet en glandée, et un chêne-pin produit une sorte de gland agréable au goût, et qui mûrit de très-bonne heure.

Vers dix heures, nous arrivâmes à la place où cette chaîne de collines, abruptes et arides, s'abaisse pour former une vallée à travers laquelle coule la fourche nord de la Rivière-Rouge. Une belle prairie, d'environ un demi-mille de largeur, émaillée de fleurs d'automne, s'étendait à une longueur de trois milles au pied des collines, bornée de l'autre côté par la rivière, dont les bords étaient marqués par des cotonniers, arbres au feuillage frais et brillant, sur lequel les yeux se reposaient avec délices, après avoir si longtemps contemplé les vastes et monotones solitudes des brunes forêts.

La prairie était agréablement variée par des bouquets d'arbres ou des bosquets si heureusement placés, que la main de l'art n'aurait pu produire un effet plus gracieux. En jetant les yeux sur cette fraîche et délicieuse vallée, nous aperçûmes une manade de chevaux sauvages paissant tranquillement sur une pelouse, à un mille de nous, sur notre droite et sur la gauche; à peu près à la même distance, plusieurs buffles, les uns broutant, les autres se reposant et ruminant parmi les riches pâturages, à l'ombre d'un massif de cotonniers. On croyait voir une belle scène pastorale dans les terres ornées d'un gentilhomme cultivateur, et des troupeaux choisis complétant l'effet pittoresque.

On tint conseil, et l'on se détermina à profiter de l'occasion qui se présentait d'exécuter une grande manœuvre de chasse, qu'on appelle le *cercle des chevaux sauvages*. Cette chasse exige un grand nombre d'hommes bien montés. Ils se distribuent dans toutes les directions, à une certaine distance l'un de l'autre, et forment ainsi un cercle de deux ou trois milles de circonférence. On doit exécuter cette première disposition avec beaucoup de silence et de précautions; car les chevaux sont, de tous les habitants des prairies, les plus faciles à effaroucher, et ils sentent de très-loin un chasseur sous le vent.

Le cercle formé, deux ou trois chasseurs courent sur les

chevaux, qui se sauvent dans la direction opposée. Toutes les fois qu'ils approchent des limites du cercle, un chasseur se présente devant eux et les oblige à retourner sur leurs pas. De cette manière ils sont repoussés et chassés sur tous les points, et galopent en rond dans ce cercle magique jusqu'à ce qu'ils soient harassés, et alors il est facile de les aborder et de leur jeter le *lasso*. Cependant les meilleurs chevaux, les plus vites, les plus forts, les plus courageux, parviennent souvent à s'échapper; en sorte qu'on ne prend en général que des chevaux de seconde classe.

On prépara donc une chasse de ce genre. Les chevaux de bât furent d'abord attachés solidement aux arbres dans l'intérieur du bois; car ils auraient pu, dans une incursion des chevaux sauvages, être tentés de s'enfuir avec eux. Vingt-cinq hommes, sous le commandement d'un lieutenant, reçurent l'ordre de se glisser le long des bords de la vallée dans les bois qui couronnent les collines. Ils devaient stationner à cinquante toises de distance l'un de l'autre, cachés sous les arbres, et ne se montrer qu'au moment où les chevaux seraient poussés dans leur direction. Un même nombre d'hommes se posta de même le long du rivage qui bornait l'autre côté, et une troisième troupe, égale en force, devait former une ligne à travers la partie inférieure de la vallée, et joindre ensemble les deux ailes. Beatte, le métis Antoine et l'officieux Tony, étaient chargés de faire une battue dans les bois de la partie supérieure de la vallée, afin de pousser les chevaux dans l'espèce de sac qu'on avait formé, et les deux ailes se seraient alors resserrées derrière eux, et auraient formé le cercle complet.

Les deux lignes latérales s'étendaient sans bruit, et hors de la vue de chaque côté de la vallée, et la troisième allait bientôt former l'anneau qui devait lier ensemble les premières, quand les chevaux sauvages donnèrent des symptômes d'alarme, en aspirant l'air, en regardant autour d'eux avec inquiétude; enfin ils s'avancèrent lentement du côté de la rivière, et disparurent derrière un banc de verdure.

Ici l'on aurait dû, si l'on avait suivi les règles de la chasse, les arrêter sans bruit, en faisant simplement avancer un chasseur. Malheureusement notre petit feu follet de Français était là. Au lieu de rester paisible sur le flanc droit de la vallée, pour recevoir les chevaux lorsqu'ils seraient repoussés de ce côté, dès qu'il les vit se diriger vers la rivière, il sortit du couvert et s'élança comme un fou à travers la plaine, monté sur un des chevaux de relais du comte. Ceci dérangea tous les plans. Les métis et une vingtaine de cavaliers se joignirent à la chasse, ils coururent à bride abattue vers le banc.

En un moment les chevaux sauvages reparurent et descendirent la vallée avec un bruit de tonnerre; le Français, les métis, les rôdeurs galopant après eux, en hurlant comme des démons. En vain ceux de la ligne transversale essayèrent d'arrêter les fugitifs et de leur faire rebrousser chemin, ils étaient trop chaudement poursuivis. Dans leur terreur, ils se jetèrent en désespérés au travers de la ligne, et filèrent le long de la plaine. La troupe entière vola sur leurs traces, plusieurs sans bonnets ni chapeaux, leurs cheveux tombant sur leurs yeux; d'autres avec des mouchoirs noués autour de la tête. Les buffles, qui étaient restés jusqu'alors ruminant paisiblement au milieu des herbes, soulevèrent leurs énormes masses de chair, regardèrent un instant avec surprise la tempête qui parcourait la prairie, puis se mirent eux-mêmes à fuir d'un pas lourd, mais pressé. Bientôt ils furent atteints, et serrés entre les deux côtés de la vallée, qui se rapprochaient; ils se trouvèrent au milieu de la foule. Alors, buffles sauvages, chevaux sauvages, chasseurs sauvages, tout disparut pêle-mêle avec des cris, des hourras, un bruit de pas précipités, qui retentissait dans les forêts les plus éloignées.

Enfin les buffles tournèrent aux abords d'un marécage aux bords de la rivière, et les chevaux prirent un étroit défilé des collines, avec leurs poursuivants sur leurs talons. Beatte en laissa passer plusieurs, parce qu'il avait jeté les yeux sur un beau cheval de Pawnies, qui avait les oreilles fendues et les marques de la selle sur le dos. Il le serra de près, mais il le perdit dans les bois.

Parmi ces chevaux était une belle jument noire pleine, à ce qu'il semblait, mais depuis peu; en gravissant le défilé, elle glissa et tomba. Un jeune chasseur sautant à bas de son cheval, la saisit par la crinière et les naseaux. Un de ses compagnons vint à son aide. La jument lutta bravement contre eux; elle mordait, lançait des ruades, frappait des pieds de devant; mais un nœud fut passé sur sa tête, et tous ses efforts devinrent inutiles. Cependant elle continua longtemps à se redresser, à se cabrer, à donner des coups de pieds à droite et à gauche. Les deux cavaliers la conduisirent le long de la vallée par deux *lassos* très-longs qui leur permettaient de la tenir à une distance assez grande pour être hors de la portée de ses pieds. Sitôt qu'elle avançait d'un côté, on la tirait de l'autre; et de cette manière elle fut graduellement subjuguée.

Tony, qui avait gâté toute l'affaire par sa précipitation, fut plus heureux qu'il ne le méritait, dans cette petite escarmouche. Il avait pris un beau poulain café au lait, d'environ sept mois, qui n'avait pas eu la force de suivre les autres. Le petit Français ne se sentait pas de joie. Il était curieux à voir avec sa prise. Le poulain ruait et se cabrait, Tony le saisissait par le cou et luttait avec lui, sautait sur son dos, prenait autant de grotesques attitudes qu'un singe avec un cheval. Mais ce qui me surprenait le plus, c'était la promptitude avec laquelle ces pauvres animaux, arrachés à la liberté illimitée des prairies, se soumettaient à la domination de l'homme. Au bout de deux ou trois jours, la jument et les deux poulains allaient avec les chevaux menés en laisse, et les premiers étaient devenus aussi parfaitement dociles que leurs compagnons.

XXVI. — Le gué de la Fourche du Nord. — Aspect mélancolique des forêts transversales. — Fuite de chevaux pendant la nuit. — Un parti d'Osages guerriers. — Effets d'une harangue pacifique. — Buffle. — Cheval sauvage.

En reprenant notre marche, nous eûmes à passer à gué la Fourche du Nord, rapide courant d'une pureté extrêmement rare dans les prairies. Il est évident que cette rivière tire sa source des hautes terres et qu'elle est amplement alimentée par des fontaines. Après le passage du gué, nous recommençâmes à monter parmi des collines, et nous eûmes, du sommet de l'une d'elles, une vue très-étendue sur la ceinture des forêts transversales. C'était un aspect mélancolique. Les collines, les forêts se succédaient, toutes présentant la même teinte rousse et triste, hors en quelques places où des bandes étroites de cotonniers, de sycomores et de saules marquaient le cours d'un ruisseau au sein d'une vallée. Une procession de buffles se mouvant avec lenteur sur le profil d'une de ces éminences éloignées, était un objet pittoresque parfaitement assorti au caractère du paysage. Sur la gauche, l'œil se portait, au-delà du désert de ravins, de collines et de forêts, sur une prairie éloignée d'environ dix milles, qui formait sur l'horizon une ligne droite d'un bleu clair. L'effet ressemblait à celui d'un espace de mer en repos aperçu au loin à travers des rochers et des brisants. Malheureusement notre chemin n'était pas dans cette direction, et nous étions obligés de faire encore plusieurs milles dans les bois.

Vers le soir, nous campâmes dans une vallée, à côté d'un petit étang, sous un bosquet d'ormes clair-semés, dont les plus hautes branches étaient bordées du gui mystérieux. Pendant la nuit le jeune poulain sauvage grogna plusieurs fois; et deux heures avant le jour, il y eut un *stampedo*, ou soudaine course de chevaux, le long des limites du camp, avec des hennissements, des ronflements, un bruit de pieds, qui réveillèrent la plupart de nos gens. Ils écoutèrent jusqu'à ce que le bruit se perdît, comme celui d'une bouffée de vent, et il fut attribué à quelque parti de maraudeurs indiens. Cependant, au point du jour, deux chevaux sauvages furent aperçus dans une prairie voisine, et se sauvèrent quand on approcha d'eux. On supposa, d'après cela, qu'une troupe de ces animaux avait passé la nuit près du camp. On fit une revue générale des chevaux. Plusieurs étaient dispersés à de très-grandes distances, et d'autres ne furent point retrouvés. Toutefois, les empreintes de leurs pieds, profondément enfoncées dans le sol, montrèrent qu'ils avaient couru au grand galop du côté des plaines, et leurs maîtres suivirent leurs traces. L'aurore parut vermeille et brillante; mais bientôt les nuages se rassemblèrent, le ciel s'obscurcit, et tout annonça un orage d'automne. Nous reprîmes notre marche dans un silence morne, à travers un pays rude et triste, découvrant des points les plus élevés les immenses prairies qui s'étendaient à perte de vue du côté de l'ouest. Après deux ou trois heures de marche, comme nous traversions une prairie desséchée, qui ressemblait à une bruyère brune, nous vîmes sept guerriers osages qui venaient à nous. La vue d'une créature humaine quelconque au milieu d'un désert est aussi intéressante que celle d'un vaisseau en pleine mer. Un de ces Indiens se détacha du groupe et s'avança vers nous, la tête haute, la poitrine saillante, d'un air parfaitement aisé et noble. C'était un bel homme, vêtu d'une casaque écarlate et de guêtres en peau de daim bordées de franges. Sa tête était ornée d'un panache blanc, et les flèches de l'arc qu'il tenait dans une de ses mains contribuaient, avec sa démarche fière et ferme, à lui donner un aspect tout-à-fait martial.

Nous entrâmes en conversation avec lui par le moyen de notre interprète Beatte, et nous sûmes que cet Osage et ses compagnons avaient fait partie de la grande expédition de chasse aux buffles de leur tribu, et qu'elle avait eu un grand succès. Il nous dit que nous arriverions, au bout d'une autre journée de marche, aux prairies voisines de la grande Canadienne, où nous trouverions une quantité considérable de gibier. Il ajouta que leur chasse étant finie, et les chasseurs en chemin pour retourner chez eux, il avait formé avec ses camarades un parti pour aller surprendre quelque campement de Pawnies, dans l'espoir de rapporter des scalps ou des chevaux.

En ce moment, ses compagnons, qui s'étaient d'abord tenus à l'écart, le rejoignirent. Trois d'entre eux avaient d'assez mauvais fusils de chasse, le reste était armé de flèches. J'admirais les belles têtes, les beaux bustes de ces sauvages, leurs attitudes gracieuses, leurs gestes expressifs, tandis qu'ils parlaient avec l'interprète, entourés d'une foule de nos cavaliers. Nous tâchâmes d'engager l'un d'eux à nous suivre; nous étions curieux de voir comment ils chassent les buffles avec l'arc et les flèches.

Il parut d'abord incliné à faire ce que nous lui demandions, mais ses compagnons le dissuadèrent.

Le digne commissaire, se ressouvenant de sa mission de pacificateur, fit un discours pour les exhorter à s'abstenir de tout acte d'hostilité contre les Pawnies, et leur dit que leur grand-père de Washington avait l'intention de mettre fin à la guerre parmi ses enfants rouges. Il les assura qu'il était venu de la frontière tout exprès pour établir une paix universelle. Il les engageait donc à retourner tranquillement chez eux avec la certitude que les Pawnies ne les molesteraient plus et les regarderaient bientôt comme des frères.

Les Indiens écoutèrent ce discours avec leur silence et leur décorum ordinaires; après quoi ils échangèrent quelques mots entre eux, nous firent leurs adieux, et poursuivirent leur route à travers la prairie.

Comme j'avais cru voir un demi-sourire sur la figure de Beatte, je lui demandai, à part, ce que les Indiens s'étaient dit après avoir entendu le discours.

— Le chef, répondit le métis, disait à ses compagnons que leur grand-père de Washington ayant l'intention de mettre fin à toutes les guerres, il fallait profiter bien vite du peu de temps qui leur restait.

Ils étaient donc partis avec un redoublement de zèle pour accomplir leur projet de déprédation.

Nous avions à peine perdu de vue les Indiens, lorsque nous découvrîmes trois buffles parmi le fourré d'une vallée marécageuse à notre gauche. Je me mis à leur poursuite avec le capitaine et plusieurs de ses cavaliers. Le capitaine, qui allait en avant, se glissa dans le taillis, se trouva bientôt à portée de tirer, et blessa un des buffles dans le flanc; alors, saisis de terreur, ils prirent la fuite tous les trois à travers les buissons, les ronces, les plantes marécageuses, entraînant par leur poids énorme tout ce qui se trouvait sur leur passage. Le capitaine et ses hommes leur donnaient une chasse qui menaçait d'abîmer les chevaux. Cependant j'avais vu les traces du taureau blessé, et j'espérais pouvoir arriver assez près de lui pour faire usage de mes pistolets, seules armes dont je me fusse pourvu; mais avant que je me trouvasse en position d'effectuer mon dessein, l'animal gagna le pied d'une colline rocailleuse couverte de chênes noirs et d'épines, et s'enfonça, en brisant tous les obstacles, dans un taillis si épais et sur un terrain si dangereux, qu'il y aurait eu de la folie à le suivre.

La chasse m'avait séparé de mes compagnons, et il me fallut un peu de temps pour retrouver leurs traces. Tandis que je montais lentement une colline, une belle jument noire vint folâtrer autour du sommet, et se trouva tout près de moi avant de m'avoir aperçu. En me voyant, elle recula, et se retournant à l'instant, descendit rapidement dans la vallée et monta la colline opposée avec la crinière et la queue flottantes, et des mouvements aussi libres que l'air. Je la regardai tant qu'elle fut à la portée de ma vue, souhaitant du fond de mon cœur que ce noble animal ne tombât jamais sous le joug dégradant du fouet et du mors, et continuât d'errer sans entraves parmi les prairies.

XXVII. — Campement de pluie. — Histoire d'ours. — Notion des Indiens sur les présages. — Scrupules concernant les morts.

Lorsque je rejoignis la troupe, je la trouvai établissant le camp dans un riche camp boisé, traversé par un petit ruisseau qui coulait entre des rives profondes et croulantes. La détonation des armes à feu dura quelque temps de différents côtés, sur un troupeau de dindons éparpillés dans le taillis. Nous étions depuis peu de temps à cette halte, quand une pluie abondante nous annonça l'orage d'automne qui se préparait depuis le matin. On fit à l'instant les préparatifs nécessaires pour le recevoir. Notre tente fut plantée, et nos provisions et nos bagages mis en sûreté sous cet abri. Nos hommes, Beatte, Tony et Antoine, enfoncèrent dans le sol des piquets dont les extrémités étaient fourchues, placèrent des bâtons au travers en manière de solives, et formèrent ainsi une sorte de hangar couvert d'écorces et de peaux, fermé du côté opposé au vent, et ouvert en face du feu. Les cavaliers construisirent de semblables logettes, et allumèrent de grands feux devant leur ouverture.

Il était temps de prendre ces précautions; la pluie augmenta et continua pendant deux jours avec de très-courts intervalles. Le ruisseau qui coulait paisiblement avant notre arrivée devint un torrent bourbeux et bouillonnant, et la forêt se transforma en marécage. Les hommes se réfugiaient sous leurs hangars de peaux et de blankets, ou bien ils se tenaient en cercles pressés autour des feux. Des colonnes de fumée déroulaient leurs anneaux vaporeux à travers les branches, et, se perdant ensuite dans les airs, étendaient une sorte de voile bleuâtre sur les bois environnants. Nos pauvres chevaux, harassés, réduits à une maigreur, à une faiblesse pitoyables, par la longueur du voyage et la mauvaise nourriture, perdirent tout ce qui leur restait de courage. Ils restaient immobiles, la tête basse, les yeux à demi fermés, secouant les oreilles et fumant à la pluie, tandis que les feuilles jaunes de l'automne formaient à chaque bouffée de vent des vagues légères autour d'eux.

Cependant, nonobstant le mauvais temps, nos chasseurs ne restèrent pas oisifs, mais dans les intervalles où la pluie cessait; ils sortirent à cheval pour se mettre à l'affût dans les bois. De temps en temps le bruit éloigné d'un fusil nous annonçait la mort d'un daim.

On apporta de la venaison en abondance; quelques-uns des cavaliers s'occupèrent, sous les abris, à écorcer et à dépecer les pièces; d'autres étaient employés autour des foyers, à faire usage des broches et des chaudrons, et bientôt une sorte de bombance régna dans le camp. La hache ne se reposait pas un instant, et fatiguait les échos de la forêt. Crac, un arbre gigantesque tombait, et en peu de minutes ses branches flambaient, pétillaient dans les énormes feux du camp; et quelque malheureux daim qui se jouait naguère sous leurs ombres rôtissait alors devant elles.

Le changement de temps avait singulièrement affecté notre petit Tony. Sa maigre structure, composée d'os et de nerfs, était rongée de rhumatismes; il avait mal aux dents, mal à la tête, le visage tiré, des douleurs dans chaque membre, et tout cela semblait accroître son activité; il se démenait autour du feu, rôtissait, fricassait, grognait, et jurait comme un vrai démoniaque.

Beatte revint de la chasse triste et mortifié; il avait trouvé un ours d'une dimension formidable et l'avait blessé; mais il était entré dans le ruisseau qui maintenant coulait rapidement et à pleins bords, et Beatte, s'y lançant après lui, l'attaqua par derrière avec son couteau de chasse; à chaque coup, la bête furieuse se retournait en montrant des dents blanches et terribles. Beatte avait pied dans le courant, et trouva moyen de pousser l'animal hors de l'eau avec son fusil; et, lorsqu'il se serait retourné pour se mettre à la nage, il voulait essayer de lui couper les jarrets, mais l'ours parvint à s'échapper parmi les broussailles, et notre métis fut obligé d'abandonner sa poursuite.

Son aventure, si elle ne produisit point de gibier, rappela du moins différentes anecdotes qui furent contées le soir autour du feu, et dans lesquelles l'ours terrible figurait toujours en première ligne. Ce puissant et féroce animal est un thème favori d'histoires de chasse parmi les hommes rouges et blancs de ces contrées. Un brave Indien porte à son cou les énormes griffes de ce redoutable ennemi comme un trophée plus honorable qu'un scalp humain. On voit rarement cet ours au-dessous des hautes prairies et des premières chaînes de montagnes de rochers.

Les autres espèces d'ours sont dangereuses quand elles sont blessées, mais cherchent rarement à combattre si on leur permet de fuir. L'ours terrible est le seul, parmi les animaux de nos déserts occidentaux, qui soit enclin à des hostilités non provoquées. Sa grandeur et sa force prodigieuses en font un adversaire redoutable, et sa vie est tellement dure qu'il brave souvent l'adresse des chasseurs en échappant aux coups de feu et aux blessures du couteau de chasse.

Une des anecdotes contées en cette occasion offrait une vive peinture des accidents et des vicissitudes auxquels sont exposés les rôdeurs de notre frontière. Un chasseur, en poursuivant un daim, tomba dans un de ces puits profonds qui restent dans les prairies après les grandes pluies, et sont connus sous le nom d'*égouts*. A son inexprimable horreur, il se trouva en contact, au fond de ce trou, avec un ours terrible et d'une grandeur énorme. Le monstre le saisit, une lutte mortelle s'ensuivit; et le malheureux chasseur, grièvement déchiré et mordu, ayant eu un bras et une jambe fracassés, réussit néanmoins à tuer son formidable ennemi. Pendant plusieurs jours il resta au fond du puits, trop brisé pour se mouvoir, se nourrissant de la chair crue de l'ours, et prenant soin de tenir ses blessures ouvertes, afin qu'elles pussent se guérir par degré et radicalement. Enfin il reprit assez de force pour grimper au sommet du puits et sortir sur la prairie; il gagna, en rampant et avec beaucoup de peine, un ravin formé par un ruisseau presque sec; là il but avec délice de l'eau fraîche qui le ranima un peu, et, se traînant d'une flaque d'eau à une autre, il se soutint avec de petits poissons et des grenouilles.

Un jour il vit un loup chasser et tuer un daim sur la prairie voisine. A l'instant il rampa hors du ravin, effaroucha le loup, et se couchant à côté de sa proie, il y resta pendant assez de temps pour faire plusieurs repas succulents qui lui rendirent une grande partie de ses forces.

En retournant au ravin, il suivit le cours du ruisseau jusqu'à ce qu'il devint une rivière assez forte. Il la descendit en se laissant aller au courant, et juste à son embouchure dans le Mississipi, il trouva un arbre tombé qu'il lança avec quelque difficulté, et se mettant dessus à califourchon, il flotta jusqu'en face du fort, à Council-Bluffs. Heureusement il arriva de jour, autrement il aurait pu passer sans être aperçu devant ce poste solitaire, et aurait péri au milieu de ces vastes eaux. Ayant été signalé du fort, on envoya un canot à son secours; il fut débarqué plus mort que vif; on le guérit de ses blessures, mais il resta mutilé.

Notre chasseur Beatte était revenu de son combat avec l'ours exténué et découragé. Le changement de temps et l'humidité qu'il avait conservée sur son corps après avoir plongé à demi dans le ruisseau, avaient réveillé des douleurs rhumatismales auxquelles il était sujet, bien qu'il fût ordinairement énergique et endurci à toutes les fatigues et à tous les travaux; on le voyait maintenant triste et dolent auprès du foyer, et se plaignant peut-être pour la première fois de sa vie. En dépit de sa constitution de fer, et quoiqu'il n'eût pas encore atteint le midi de la vie, il n'était plus, suivant lui, qu'une misérable ruine. C'était, en effet, un exemple vivant des maux de la vie sauvage des frontières. En découvrant son bras gauche, il nous montra les contractions produites sur ce membre par une précédente attaque de rhumatisme, maladie qui afflige souvent les Indiens, car en s'exposant constamment aux vicissitudes des saisons, ils n'acquièrent pas une insensibilité aux changements de l'atmosphère aussi complète que beaucoup de gens se l'imaginent. Il portait les marques de différentes blessures reçues à la chasse ou dans les guerres des sauvages; son bras droit avait été cassé en tombant de son cheval; une autre fois, son coursier s'étant abattu sous lui, avait brisé sa jambe gauche.

— Je suis tout en pièces et plus bon à rien, disait-il, maintenant je ne me soucie guère de ce qui pourra arriver. Cependant, ajoutait-il après une pause, il faudrait encore un homme d'une certaine force pour m'abattre.

Je tirai de lui diverses particularités de sa vie qui l'élevèrent dans mon esprit. Sa résidence était sur le Neosho, dans un hameau d'Osages placé sous la surintendance d'un digne missionnaire des bords de l'Hudson, nommé Requa. Il tâchait d'enseigner aux sauvages l'agriculture, et d'en faire des laboureurs et des pasteurs. J'avais visité cette mission agricole dans ma dernière tournée de la frontière, et je l'avais considérée comme devant être un jour plus profitable aux pauvres Indiens que les autres missions, purement prêchantes et priantes, de ces confins. Dans ce voisinage, Pierre Beatte avait sa petite ferme, sa femme indienne, et ses enfants aux trois quarts indiens. Il aidait monsieur Requa dans ses efforts pour civiliser les Osages et améliorer leur condition. Beatte avait été élevé dans la religion catholique, et restait inébranlable dans sa foi. Il ne pouvait pas prier avec monsieur Requa, disait-il, mais il pouvait travailler avec lui, et il montrait beaucoup de zèle pour ce qui pouvait tourner à l'avantage de ses parents et de ses voisins sauvages. En effet, bien que fils d'un Français et élevé parmi les blancs, il tenait beaucoup plus de l'Indien que de la race d'Europe, et ses affections penchaient vers la nation de sa mère. Quand il me parlait des insultes, des injustices souffertes par les malheureux Indiens dans leur commerce avec les grossiers planteurs de la frontière; quand il me décrivait l'état précaire, dégradé de la tribu des Osages, diminuée de nombre, abattue d'esprit, vivant presque par grâce sur la terre où jadis elle jouait un rôle héroïque, je voyais ses veines se gonfler et ses narines se dilater d'indignation. Mais il réprimait ce sentiment avec cet empire sur soi-même commun aux Indiens, et le refoulait pour ainsi dire au fond de son cœur.

Il n'hésita pas à me conter un exemple dans lequel il s'était joint à sa parenté osage pour tirer vengeance d'un parti de blancs qui avait commis contre les premiers un outrage flagrant. Je trouvai que, dans la rencontre qui eut lieu, Beatte s'était montré tout-à-fait Indien.

Plus d'une fois il avait accompagné les Osages de sa famille dans leurs guerres contre les Pawnies, et il raconta une escarmouche qui eut lieu vers les confins des territoires de chasse sur lesquels nous étions alors, et dans laquelle un certain nombre de Pawnies furent tués.

— Nous passerons peut-être près de cette place, dit-il, dans le cours de notre tournée, et nous pourrons y voir encore les os et les crânes de ces morts.

A ces mots, le chirurgien de la troupe, qui se trouvait présent, dressa les oreilles. Il donnait un peu dans la phrénologie, et il offrit à Beatte une honnête récompense s'il pouvait lui procurer un de ces crânes.

Beatte le regarda pendant un moment avec un air de grave surprise.

— Non, dit-il, enfin; ça être mal. J'ai le cœur assez ferme; tuer n'est rien pour moi; mais laissons les morts en paix!

Il ajouta qu'une fois, en voyageant avec des blancs, il avait couché sous la même tente avec un docteur, et s'était aperçu que ce docteur avait dans son bagage un crâne de Pawnie. Il abandonna sur-le-champ le docteur, sa tente et toute la compagnie.

— Il tâcha de me flagorner, de me séduire, disait Beatte,

mais je dis : Non! il faut nous séparer; je ne reste pas en pareille société.

Dans son abattement momentané, Beatte se livrait aux idées superstitieuses de présages, si communes parmi les Indiens. Il était resté quelque temps assis, la joue appuyée sur sa main, regardant le feu. Je l'interrogeai, et je trouvai que ses pensées se reportaient à son humble demeure sur les rives du Neosho. Il était sûr, disait-il, qu'il trouverait quelqu'un de sa famille malade ou mort à son retour; depuis deux jours son œil gauche éprouvait un picotement, et c'était le signe de quelque malheur de ce genre.

Telles sont les circonstances triviales qui, décorées de la dignité de présages, ébranlent les âmes de ces hommes de fer. Le moindre de ces signes d'augure sinistre suffit pour détourner un chasseur ou un guerrier de son chemin, et remplit son esprit d'appréhensions. C'est ce penchant à la superstition, commun à tous les sauvages et solitaires habitants des déserts, qui donne une si puissante influence à leurs prophètes et à leurs rêveurs.

Les Osages, avec lesquels Beatte avait passé une grande partie de sa vie, conservent dans toute leur intégrité primitive la plupart de leurs idées et de leurs rites superstitieux; ils croient tous à l'existence de l'âme après sa séparation du corps, et supposent qu'elle emporte les goûts et les habitudes de sa vie mortelle. Dans un village osage voisin de celui de Beatte, l'un des chefs perdit une enfant unique, belle petite fille d'un âge encore très-tendre. On enterra tous ses jouets avec elle, et son petit cheval favori fut tué et mis également dans la fosse, afin qu'elle pût le monter quand elle serait dans la terre des esprits.

J'ajouterai ici une petite histoire qui me fut contée pendant ma tournée dans le pays de Beatte, et qui montre assez les superstitions de sa tribu. Un parti d'Osages assez nombreux était campé depuis quelque temps sur les bords d'un beau ruisseau, nommé le Nick-à-Nanse. Parmi ces sauvages se trouvait un jeune chasseur, le plus gracieux de la tribu. Il était fiancé à une fille surnommée, à cause de sa beauté, la Fleur-des-Prairies. Le jeune chasseur la laissa avec ses parents, au campement, tandis qu'il allait à Saint-Louis disposer des produits de sa chasse et acheter des ornements pour sa jeune épouse.

Après une absence de quelques semaines, il revint sur les bords du Nick-à-Nanse; mais le camp était levé. Les cadres des loges et les tisons des feux éteints marquaient seuls la place où il avait existé.

A quelque distance, il vit une femme qui semblait pleurer, assise près du ruisseau. C'était sa fiancée. Il courut l'embrasser, mais elle détourna la tête tristement.

Il craignit alors que quelque malheur ne fût arrivé au camp.

— Où est notre peuple? s'écria-t-il.

— Ils sont allés sur les bords de la Wagrushka.

— Et que faisais-tu là toute seule?

— Je t'attendais.

— Alors, hâtons-nous de rejoindre notre peuple sur les bords de la Wagrushka.

Il lui donna son paquet à porter, et marcha en avant, suivant la coutume indienne.

Ils arrivèrent à une place d'où l'on voyait la fumée du camp s'élever, dans le lointain, des bords couverts de bois d'un ruisseau.

La jeune fille s'assit au pied d'un arbre.

— Il n'est pas convenable que nous retournions ensemble, dit-elle, je t'attendrai ici.

Le jeune chasseur poursuivit seul sa route vers le camp, et fut reçu par ses parents avec des visages sombres.

— Qu'est-il donc arrivé! dit-il; pourquoi êtes-vous si tristes?

Personne ne répliqua.

Il se tourna vers sa sœur bien-aimée et la pria d'aller chercher sa fiancée et de la ramener au camp.

— Hélas! s'écria la jeune fille, comment pourrais-je la ramener? elle est morte il y a déjà plusieurs jours.

Alors les parents de la défunte l'entourèrent en pleurant et en gémissant; mais il ne voulait pas croire à ces nouvelles funestes.

— Tout-à-l'heure encore, disait-il, je l'ai laissée vivante et en santé. Venez avec moi, je vous conduirai près d'elle.

Il les conduisit à l'arbre sous lequel elle s'était assise, mais elle n'y était plus, et son paquet gisait à terre. La fatale vérité le frappa au cœur; il tomba mort sur la place.

Je donne cette simple histoire presque dans les mêmes termes avec lesquels on me l'a racontée, auprès d'un feu, dans un campement du soir, sur les bords du même ruisseau mystique où l'on dit qu'elle s'est passée.

Le lendemain matin, les cavaliers qui étaient restés en arrière pour chercher leurs chevaux éloignés, nous rejoignirent. Ils avaient suivi leurs traces à une très-grande distance parmi des broussailles et des roseaux, et en traversant plusieurs ruisseaux, et les avaient enfin retrouvés paissant sur les bords d'une prairie; leurs têtes étaient retournées dans la direction du fort, et ils avaient évidemment le projet de regagner le logis tout en broutant ce qui se trouvait sur leur passage, sans être tentés par la liberté illimitée des prairies que le hasard leur présentait.

Vers midi, le temps s'éclaircit, et je remarquai un mystérieux conciliabule entre nos métis et Tony. Il aboutit à la requête de dispenser le dernier de son service pendant quelques heures, et de lui permettre de se joindre à ses camarades pour une grande expédition. Nous objectâmes que Tony était trop incommodé de ses douleurs pour se mêler à une pareille entreprise; mais il en raffolait, et quand la permission demandée fut accordée, il oublia tous ses maux en un instant.

Bientôt le trio fut équipé et à cheval, tous le fusil sur l'épaule, la tête couverte de mouchoirs, évidemment préparés à une affaire d'importance. En passant devant les différentes loges du camp, le petit Français vaniteux ne pouvait s'empêcher de proclamer à droite et à gauche les grandes choses qu'il allait effectuer. Le taciturne Beatte, qui marchait en avant, avait beau s'arrêter de temps en temps et se retourner vers son compagnon d'un air de reproche sévère, il était impossible de contraindre le loquace Tony à jouer l'*Indien*.

Plusieurs autres chasseurs se mirent aussi en campagne, et le vieux Ryan revint dès premiers avec de belles dépouilles, ayant tué un daim mâle et deux jeunes biches. Je m'approchai d'un groupe qui s'était formé autour du vétéran, et qui semblait discuter les mérites d'un stratagème quelquefois employé dans la chasse aux daims. Il consiste à imiter le cri du faon avec un petit instrument nommé *bêleur*, et l'on attire ainsi les mères à portée du fusil. On a des instruments de différentes sortes, appropriés au temps calme, au temps d'orage, à l'âge des faons. La pauvre biche, trompée par eux, dans son inquiétude pour son petit, s'avance quelquefois tout près du chasseur.

— Une fois, dit un des jeunes gens, j'ai fait arriver, en bêlant, une biche à vingt pas de moi; je pouvais la viser à coup sûr; trois fois je mis en joue, et trois fois je n'eus pas le cœur de tirer. La pauvre bête regardait d'un air si triste que j'en étais tout attendri. Je pensais à ma mère, je me rappelais combien elle s'alarmait pour moi quand j'étais petit; cela me décida tout d'un coup : je criai, et en un moment la biche effarouchée fut hors de la portée de mon fusil.

— Et vous fîtes bien, s'écria l'honnête Ryan; pour ma part, je n'ai jamais pu me résoudre à bêler les daims. Je me suis trouvé avec des chasseurs qui avaient des bêleurs, et je les ai obligés à les jeter. Prendre avantage de l'amour d'une mère pour ses enfants, est une vraie manœuvre de coquin.

Sur le soir, nos trois héros revinrent de leur mystérieuse course. La langue de Tony annonça leur approche longtemps avant que l'on pût les apercevoir : il criait de toute la force de ses poumons, et attira l'attention du camp entier. La marche pesante de leurs chevaux et leurs flancs haletants donnaient des témoignages d'un rude exercice; et lorsqu'ils furent tout-à-fait en vue, nous trouvâmes qu'ils étaient chargés de viande comme l'étal d'un boucher. Dans le fait, ils avaient parcouru une immense prairie qui s'étendait au-delà de la forêt, et qui était couverte de troupeaux de buffles. Dans sa conversation avec les Osages que nous avions dernièrement rencontrés, Beatte avait été informé de l'existence de cette prairie dans le voisinage, et de l'abondance de gibier qu'elle contenait; mais il en avait fait un secret aux cavaliers rôdeurs, afin d'avoir, lui et ses camarades, le plaisir d'explorer les premiers cette chasse. Ils s'étaient contentés de tuer quatre buffles, bien qu'ils eussent pu, au dire de Tony, en tuer par vingtaines.

Ces nouvelles et la chair de buffle apportée comme pièce de conviction répandirent la joie dans le camp; chacun espérait une heureuse chasse sur les prairies. Tony devint encore l'oracle des cavaliers, et il entretint pendant des heures un groupe d'auditeurs attentifs, assis sur leurs talons autour du feu, leurs épaules remontant jusqu'à leurs oreilles. Il était plus glorieux que jamais de son adresse comme tireur;

il attribuait les coups manqués de la première partie de notre marche à la mauvaise fortune, peut-être même à l'enchantement, et voyant qu'il était écouté avec une crédulité apparente, il donna un exemple de ce dernier cas, en affirmant que la chose lui était arrivée à lui-même; mais c'était évidemment un conte recueilli chez les Osages, ses voisins et alliés.

Suivant ce récit, Tony, à l'âge de quatorze ans, étant un jour à la chasse, vit un daim blanc sortir d'un ravin; il se glissait dans les buissons pour l'ajuster, lorsqu'il en aperçut un autre, puis un autre encore, et jusqu'à sept, tous aussi blancs que la neige.

Arrivé à leur portée, il en distingua un et tira sur lui sans effet; il rechargea, tira de nouveau et manqua son coup; il continua ainsi de tirer et de manquer, jusqu'à ce qu'il eut épuisé ses munitions, et les daims restèrent parfaitement intacts.

Il rentra, désespérant de son adresse, mais il fut consolé par un vieux chasseur osage.

— Ces daims blancs, disait-il, sont enchantés, ils ne peuvent être tués que par des balles d'une espèce particulière.

Le vieil Indien fondit quelques balles pour Tony, mais il ne voulait pas qu'il fût présent à ses opérations, et ne lui dit point de quels ingrédients et de quelles cérémonies mystérieuses il faisait usage pour ce charme.

Pourvu de ces balles, Tony retourna à la quête des daims blancs, et les retrouva. Il essaya d'abord de les tirer avec des balles ordinaires, et les manqua; mais la première balle enchantée fit tomber un daim superbe; tous les autres prirent la fuite, et on ne les revit plus.

Le 29 octobre, le temps était couvert et menaçant au commencement de la matinée, mais sur les huit heures, le soleil perça les nuages, éclaira la forêt, et les sons du cor donnèrent le signal du départ. Alors les divers mouvements, les clameurs, la gaieté, animèrent la scène; ici l'on courait, on criait après les chevaux, quelques jeunes gens les montaient à poil, et chassaient devant eux les montures de leurs camarades; là, on enlevait les couvertures humides qui avaient servi de tentes; plus loin on se hâtait de faire les paquets et de les charger sur les bêtes de somme aussitôt qu'elles arrivaient; plusieurs nettoyaient leurs fusils mouillés, et les rechargeaient afin d'être prêts pour la chasse.

A dix heures, nous commençâmes notre marche; je restai le plus longtemps possible à la queue de la colonne, tandis qu'elle passait le ruisseau-torrent et défilait parmi les labyrinthes de la forêt. J'aimais à rester ainsi en arrière, jusqu'à ce que j'eusse vu disparaître le dernier homme et que les dernières notes du cor se fussent perdues dans les airs; j'aimais à voir les agrestes paysages retomber dans le silence et la solitude. Cette fois, le site abandonné par notre camp bruyant offrait une scène de complète désolation. En plusieurs places les bois environnants transformés en marais fangeux; des arbres tombés sous la hache et partiellement dépecés, épars en fragments énormes; des feux mourants, devant lesquels des quartiers de venaison et de chair de buffle rôtis, posés sur des broches de bois, portaient les marques du couteau des chasseurs affamés; le sol jonché d'os, de cornes, d'andouillers, même des morceaux de viande crue et de dindons avec leurs plumes, que les jeunes chasseurs n'avaient pas daigné ramasser, dans leur imprévoyante prodigalité; enfin, pour compléter le tableau, une volée de busards ou vautours, qui décrivaient en l'air des cercles majestueux, et se préparaient à fondre sur le campement aussitôt que nous serions hors de vue.

Une marche d'environ deux heures, dans la direction du

sud, nous conduisit hors de l'aride zone des forêts transversales, et nous vîmes avec un délice infini la grande Prairie s'étendre devant nous à droite et à gauche. Nous pouvions suivre le cours sinueux de la grande Canadienne, et de plusieurs autres courants moins considérables, par les lignes vertes des bois qui bordent leurs rives. Le paysage était d'une beauté frappante; l'aspect de ces plaines sans bornes et d'une riche végétation produit toujours une sorte de dilatation; on croit respirer plus librement au milieu de cette vaste étendue de terres fertiles; mais j'éprouvais cette émotion avec une double intensité en sortant de notre clôture d'innombrables rameaux.

Du haut d'une petite éminence, Beatte nous montra la place où lui et ses camarades avaient tué les buffles; il nous fit remarquer plusieurs objets bruns, qui se mouvaient au loin, et nous dit qu'ils appartenaient au troupeau attaqué la veille. Le capitaine se détermina à marcher vers un fond boisé à un mille de distance, et à s'établir là une couple de jours afin d'avoir une chasse aux buffles régulière, et de renouveler les provisions. Tandis que les cavaliers défilaient le long du penchant de la colline, vers le campement désigné, Beatte nous proposa de nous mettre sous sa conduite, mes compagnons de table et moi, en nous promettant de nous mener sur un excellent terrain de chasse. Nous laissâmes donc la ligne de marche pour gagner la prairie, en traversant une petite vallée et un léger renflement du sol. Arrivés au sommet de ce pli, nous vîmes une troupe de chevaux sauvages à un mille de nous; à l'instant Beatte oublia les buffles, et monté sur son vigoureux cheval demi-sauvage, le lariat pendu à sa selle, il se mit à leur poursuite, pendant que nous restions sur la hauteur à contempler ces manœuvres avec un vif intérêt. Profitant de l'avantage offert par une ligne de bois, il s'y glissa doucement, et parvint tout près des chevaux avant d'en être aperçu; mais dès le moment où il se présenta à leur vue, ils décampèrent avec la rapidité du vent. Nous le suivions des yeux se dessinant sur l'horizon éloigné, semblable à un corsaire chassant un bâtiment marchand; enfin il passa sur la crête d'une éminence, de là dans une vallée peu profonde, puis sur une colline opposée, en touchant presque l'un des chevaux. Bientôt il se trouva tête contre tête avec, et paraissait tâcher de l'enlacer; mais alors tous deux disparurent à l'ombre de la colline, et nous ne les vîmes plus. Il nous conta ensuite qu'il avait jeté le nœud sur un superbe cheval et très-vigoureux, mais il ne put le retenir, et perdit son lariat dans ses efforts.

Tandis que nous attendions son retour, nous vîmes deux buffles. Ils descendaient une pente conduisant à un ruisseau qui coulait au fond d'un ravin bordé d'arbres. Le jeune comte et moi tentâmes de les approcher sous le couvert des arbres. Quand ils nous découvrirent, nous étions encore à trois ou quatre cents toises d'eux, et se retournant aussitôt, ils firent retraite sur le terrain élevé. Nous poussâmes nos chevaux à travers le ravin, et leur donnâmes la chasse. L'immense poids de la tête et des épaules rend les montées difficiles au buffle, mais accélère sa marche dans les descentes. En ce moment nous avions donc l'avantage, et nous eûmes bientôt gagné les fugitifs, bien qu'il ne fût pas aisé d'obliger nos chevaux à s'en approcher, leur odeur seule leur inspirant de la terreur. Le comte avait un fusil à deux coups chargé à balles; il fit feu et manqua. Alors les taureaux-buffles changèrent de direction, et galopèrent en descendant la colline avec rapidité. Comme ils prirent des chemins différents, chacun de nous s'attacha à l'un de ces animaux, et nous nous séparâmes.

J'étais pourvu d'une paire de pistolets que j'avais empruntés à Fort-Gibson, et qui avaient évidemment vu plus d'une campagne. Les pistolets sont une arme très-convenable pour la chasse aux buffles, parce que le chasseur peut arriver très-près de l'animal, et tirer en courant; tandis que les longues carabines, en usage sur la frontière, ne peuvent être aisément maniées ni déchargées avec justesse à cheval. Mon objet était donc de m'approcher du buffle à la portée du pistolet. Ce n'était pas chose facile. J'étais bien monté, sur un cheval sûr et vite, plein d'ardeur pour la chasse, et qui atteignait sans peine le gibier, mais aussitôt qu'il se trouvait en ligne parallèle, il reculait en remuant les oreilles avec tous les symptômes de l'aversion et de la frayeur, sentiments du reste parfaitement naturels. Parmi tous les animaux, le buffle, quand il est pressé par le chasseur, a très-certainement l'aspect le plus diabolique. Ses deux cornes noires et courtes se recourbent des deux côtés d'un large front hérissé, ses yeux semblables à des charbons ardents, sa bouche béante, sa langue d'un rouge vif tirée en demi-croissant, sa queue redressée dont le bout panaché flotte dans les airs, tout cela produit une image parfaite de rage mêlée de terreur.

Avec infiniment de peine, je forçai cependant mon cheval à s'approcher à la distance convenable, et je tirai; mais, à mon grand chagrin, les deux pistolets ratèrent. Les platines de ces vétérans étaient tellement usées que pendant le galop l'amorce était tombée du bassinet. Quand le second pistolet manqua, j'étais tout près du buffle, qui, dans son désespoir, se retourna, et avec un ronflement sourd se lança sur moi. Mon cheval tourna sur lui-même comme sur un pivot, prit un élan convulsif, et comme je me penchais de côté, le pistolet tendu, je faillis être jeté par terre, aux pieds du buffle.

Trois ou quatre bonds de mon cheval nous mirent hors des atteintes de l'ennemi, et celui-ci, qui n'avait attaqué que pressé par l'instinct de sa propre défense, reprit la fuite promptement. Aussitôt que je fus venu à bout de calmer la terreur panique de mon cheval, je remis en état les pistolets, et tâchai de regagner le buffle, qui avait ralenti sa course afin de reprendre haleine. A mon approche, il recommença un galop pesant et précipité à travers les ravins et les marécages, et plusieurs daims et quelques loups effrayés sous leur couvert par le tonnerre de sa course, s'enfuyaient pêle-mêle des deux côtés de la vallée.

Un galop, sur ces territoires de chasse, à la poursuite du gibier, n'est pas aussi doux que pourraient se l'imaginer ceux qui se représentent les prairies comme des plaines parfaitement unies et découvertes. Celles où nous étions alors sont, il est vrai, moins encombrées de plantes à fleurs et de longues herbes que les basses prairies, et sont principalement couvertes de cette herbe courte, nommée gazon de buffles; mais elles sont entremêlées de collines et de vallons, et dans les endroits les plus plats, coupées par de profondes rigoles ou ravins, formés par des torrents après les pluies, et qui, s'ouvrant sur une surface plane, sont de vrais trébuchets sur le chemin du chasseur, l'arrêtent en pleine course ou l'obligent à risquer sa vie et ses membres. De plus, les plaines sont sillonnées par les trous de petits animaux, dans lesquels les chevaux entrent parfois jusqu'au jarret et tombent alors avec leur cavalier. Les dernières pluies avaient inondé une partie de la prairie où le sol était dur, et recouvert d'une nappe d'eau, à travers laquelle il fallait marcher. En d'autres parties, on trouvait d'innombrables creux, peu profonds et de huit à dix pieds de diamètre, faits par les buffles, qui aiment à se vautrer dans le sable et la bourbe, comme les pourceaux. Ces creux, remplis d'eau, brillent comme des miroirs, et les chevaux sautent continuellement par-dessus, ou bien s'en éloignent en faisant un écart. Nous étions alors dans la partie la plus rude, la plus inégale de la prairie. Le buffle, qui courait pour sauver sa vie, ne choisissait pas ses chemins, et plongeait tête baissée dans les précipices, dont il fallait suivre les bords pour chercher une descente plus sûre. Enfin il arriva dans un endroit où un torrent d'hiver avait creusé un fossé profond à travers la prairie toute entière. Le fond de ce ravin était formé de fragments de rochers, et ses bords étaient deux côtes escarpées de cailloux roulants et de terre. Un de ces buffles s'y lança, moitié en sautant, moitié en roulant, et prit sa course au milieu des roches inégales. Voyant l'inutilité de le poursuivre plus longtemps, je m'arrêtai, et le regardai s'éloigner, jusqu'à ce qu'il eut disparu dans les détours du ravin.

Tout ce qu'il me restait à faire était de tourner bride et de rejoindre mes compagnons. Ici quelque petite difficulté se présentait. L'ardeur de la chasse m'avait entraîné bien loin, et je me trouvais au milieu d'une vaste solitude, où la perspective était bornée par les mouvements d'un terrain onduleux, uniforme, et sur lequel, faute de traits distincts et de points de reconnaissance, un voyageur inexpérimenté peut s'égarer aussi facilement qu'en pleine mer. Pour comble d'infortune, le temps était couvert, et je ne pouvais me guider sur le soleil. Ma seule ressource était de retourner sur les traces de mon cheval, et bien souvent je les perdais dans les lieux où les herbes desséchées étaient abondantes. Pour un homme non accoutumé à explorer ces solitudes, elles ont un caractère d'abandon, d'absence de vie qui surpasse de beaucoup l'effet d'une forêt déserte. Dans celle-ci, la vue est bornée par les arbres, et l'imagination est libre de se représenter au-delà quelque scène plus animée; mais sur les prairies l'œil se perd dans une immense étendue sans apercevoir un signe d'existence humaine. On se sent hors des limites des terres habitées; on croit errer dans un monde dépeuplé. Tandis que mon cheval repassait lentement sur les sites de notre récente course, le délire de la chasse étant dissipé, je sentis vivement l'impression de ces circonstances décourageantes. Le silence du désert était interrompu de temps en temps par les cris d'un grand nombre de pélicans, qui se promenaient comme des fantômes autour d'un étang très-éloigné, ou par le croassement sinistre d'un corbeau. Souvent aussi un loup effronté détalait devant moi; puis ayant atteint la distance nécessaire pour se mettre en sûreté, il s'asseyait, et se mettait à hurler sur un ton si lamentable, que la solitude en recevait un nouveau degré de tristesse. Après avoir marché quelque temps, j'aperçus au loin un homme à cheval sur le bord d'une colline : c'était le comte; il n'avait pas été plus heureux que moi, et tous deux nous rejoignîmes bientôt notre digne camarade le virtuose, qui, les lunettes sur le nez, avait tiré deux ou trois coups infructueux.

Nous nous décidâmes à ne point rentrer au camp avant d'avoir encore tenté la fortune. Jetant les yeux sur l'immense prairie, nous vîmes à la distance d'environ deux milles un troupeau de buffles paissant tranquillement auprès d'une ligne peu profonde d'arbres et de buissons. Il fallait un léger effort de l'imagination pour se figurer que c'étaient des bestiaux sur un pré commun, et que sous le bosquet se trouvait une ferme solitaire.

Notre plan était de tourner les buffles, et, en les prenant du côté opposé, de les chasser dans la direction où le camp était situé. En agissant autrement, nous nous serions trop éloignés pour qu'il nous fût possible de revenir au gîte avant la nuit. Ainsi donc, en prenant un long circuit, nous avançâmes lentement et avec circonspection, nous arrêtant chaque fois qu'un des buffles cessait de brouter; heureusement nous avions le vent en face, car sans cela ils nous auraient sentis et auraient pris l'alarme. De cette manière nous parvînmes à les dépasser sans les déranger de leur repas. Ce troupeau se composait d'environ quarante têtes, taureaux, vaches et veaux. Nous nous séparâmes l'un de l'autre à quelque distance, puis nous approchâmes sur une ligne parallèle, espérant arriver près de ces animaux sans attirer leur attention. Cependant ils commençaient à se retirer tout doucement, s'arrêtant presque à chaque pas pour prendre encore une bouchée d'herbe, quand un taureau que nous n'avions pas vu, parce qu'il faisait la sieste sous un massif d'arbres à notre gauche, se leva brusquement et se hâta de rejoindre ses compagnons. Nous étions encore assez loin d'eux, mais l'alarme avait été donnée; nous pressâmes le pas, ils se mirent au galop, et nous entrâmes en pleine chasse.

Le terrain étant plane, ils couraient à la file, avec rapidité, deux ou trois taureaux formant l'arrière-garde; le dernier, avec son corps énorme, son toupet et sa barbe vénérable, avait l'air du patriarche du troupeau, d'un ancien monarque de la prairie.

L'apparence de ces grands animaux en fuite est en même temps grotesque et sublime quand ils déplacent leur lourde masse par l'abaissement et l'élévation alternatifs de leur cou raide et de leur grosse tête; avec leurs queues retroussées à la Jeannot, dont la pointe bat l'air d'une manière formidable et pourtant ridicule, et leurs yeux enflammés, effarés, exprimant la colère et la frayeur.

Pendant quelque temps je courus en ligne parallèle avec eux, sans pouvoir forcer mon cheval à les approcher à portée du pistolet, tant il avait été épouvanté à l'assaut du buffle dans la précédente rencontre; enfin je réussis, mais mes pistolets firent encore long feu. Mes compagnons, qui n'avaient pas d'aussi bons chevaux, ne purent regagner le troupeau; cependant, monsieur L... tira son fusil de chasse; la balle atteignit un buffle au-dessus des lombes, brisa l'épine du dos, et l'animal tomba. Monsieur L... descendit de cheval pour achever sa proie; alors j'empruntai son fusil, qui contenait encore une charge, et reprenant le galop, je rattrapai les fuyards, que poursuivait aussi le comte. Avec cette arme je n'avais plus besoin de pousser mon cheval aussi près de notre gibier formidable; et lorsque je fus à leur niveau, je choisis un des plus beaux buffles, et je l'abattis par un coup heureux. La balle avait porté sur une partie mortelle; il ne put faire un seul pas, et resta par terre à se débattre dans les angoisses de l'agonie, tandis que le reste de la troupe continuait à courir tête baissée à travers la prairie avec un bruit égal au tonnerre.

Je mis pied à terre, je liai mon cheval afin qu'il ne pût s'égarer, et je m'avançai pour contempler ma victime. Je ne suis point du tout chasseur; j'avais été entraîné à cet acte inusité par la grandeur de la proie et l'excitation d'une chasse aventureuse. Maintenant cette excitation était passée, et je regardai avec un sentiment de pitié ce pauvre animal luttant contre la mort et répandant son sang à mes pieds. Son énormité même, sa puissance accroissaient mes regrets; il semblait que j'avais infligé une peine proportionnée à la dimension du patient, comme s'il y avait cent fois plus de vie détruite que s'il se fût agi d'un animal du plus petit calibre.

Pour ajouter à ces tardifs remords de conscience, la malheureuse bête ne pouvait mourir; sa blessure était mortelle, mais il était de force à lutter longtemps. Il eût été cruel de le laisser là exposé à être déchiré vivant par les loups, qui avaient déjà senti le sang, et rôdaient en hurlant à peu de distance, attendant mon départ, ou bien par les corbeaux qui planaient au-dessus de nous, et remplissaient l'air de leurs croassements lugubres. C'était un acte de miséricorde de lui donner le repos, de mettre fin à ses douleurs. J'armai un des pistolets, et je m'approchai du pauvre buffle. Infliger ainsi une blessure de sang-froid, ou bien tirer sur un animal dans la chaleur de la chasse, sont deux choses totalement différentes, et je sentais une extrême répugnance à exécuter cet acte de commisération réelle. Toutefois, je pris mon parti, et tirai juste derrière l'épaule. Cette fois mon pistolet ne manqua point; la balle atteignit probablement le cœur, le buffle fit un mouvement convulsif, et il expira.

Tandis que je restais méditant et moralisant sur la destruction que j'avais si légèrement produite, mon cheval paissant près de moi, mes compagnons me rejoignirent. Le virtuose, homme d'une adresse universelle, d'une expérience encore plus grande, et surtout très-versé dans la noble science de la vénerie, coupa la langue du buffle, et me la donna pour la rapporter comme trophée.

Notre sollicitude fut alors éveillée au sujet du comte; avec sa vivacité ordinaire, il avait persisté à pousser sa monture épuisée à la poursuite du troupeau, ne voulant pas rentrer au camp sans avoir tué un buffle. Il avait continué à courir sur leurs traces, tirant par intervalles un coup infructueux; enfin le cavalier et le gibier pourchassé devinrent impossibles à distinguer dans l'éloignement et les plis du terrain, et des lignes d'arbres et des broussailles les dérobèrent entièrement à notre vue.

Au moment où l'amateur de tout me rejoignit, le jeune comte était depuis longtemps hors de vue. Nous nous consultâmes sur ce qu'il y avait à faire, le jour baissait. Si nous cherchions à le suivre, il serait nuit avant que nous l'eussions rattrapé, en supposant même que nous ne perdissions point ses traces. Nous aurions alors beaucoup de peine à retrouver le chemin du camp; il n'était pas même très-facile de le reconnaître de la place où nous étions. Nous nous décidâmes donc à tâcher d'arriver au campement aussi vite que possible, et à envoyer nos métis et quelques-uns de nos chasseurs vétérans en croisière sur la prairie, à la recherche de notre compagnon.

Nous avançâmes donc dans la direction que nous supposions conduire au camp. Nos chevaux, épuisés de fatigue, avaient peine à marcher seulement au pas. Le crépuscule avait déjà remplacé le jour, le paysage allait s'effaçant par degrés, et nous ne pouvions plus distinguer les points divers que nous avions remarqués le matin pour nous reconnaître. Les traits des prairies ont entre eux une similitude qui défie l'observation de tout autre qu'un Indien ou un chasseur accoutumé à ces contrées. Enfin la nuit devint complète. Nous espérions apercevoir de loin la lueur des feux; nous prêtions l'oreille pour saisir le son des clochettes des chevaux. Une ou deux fois nous crûmes les entendre; c'était une méprise. Rien ne troublait le silence, hors le monotone concert des insectes, et de temps à autre le hurlement lugubre des loups mêlé au vent de la nuit. Nous pensions à faire halte et à bivouaquer dans quelque bosquet. Nous étions pourvus des instruments nécessaires pour faire du feu, il ne manquait pas de combustible autour de nous, et les langues des buffles nous auraient fourni le souper.

Comme nous nous préparions à descendre de cheval, nous entendîmes un coup de fusil à quelque distance, et bientôt après les sons du cor appelant la garde de nuit. Nous poussâmes dans cette direction, et les feux de camp frappèrent, au bout d'un moment, notre vue, parmi les bosquets d'un fond de terrain d'alluvion.

A notre arrivée le camp présentait une scène de rustique débauche de chasseurs. La journée avait été employée à une grande chasse à laquelle tout le monde avait pris part; on avait tué huit buffles. Des feux brillaient et pétillaient de tous côtés; toutes les mains étaient occupées autour des membres rôtis, des os à moelle grillés, ou de la bosse succulente, si célèbre parmi les gourmets des prairies. Ce fut avec délices que nous descendîmes de nos montures exténuées, pour participer à ce festin héroïque, ayant passé la journée à cheval sans prendre la moindre nourriture.

Nous retrouvâmes notre digne ami le commissaire, duquel nous nous étions séparés au début de cette aventureuse journée, couché dans un coin de la tente, rendu de fatigue, tout déconfit par une chasse heureuse et glorieuse.

Voici le fait. Beatte, notre métis, voulant signaler son zèle en donnant au commissaire l'occasion de se distinguer à la chasse, l'avait fait monter sur son cheval demi-sauvage, et mis sur les traces d'un taureau-buffle que les chasseurs avaient effrayé. Le cheval, aussi intrépide que son maître, et ainsi que lui d'une nature tant soit peu diabolique, d'ailleurs depuis longtemps familiarisé avec ce gibier monstrueux, n'eut pas plus tôt vu et senti le buffle, qu'il emporta son cavalier bon gré mal gré, montant les collines, descendant les vallées, sautant les ruisseaux et les flaques, se lançant dans les précipices, si bien qu'il atteignit en moins de rien la bête fugitive. Alors, au lieu de prendre le large, il se serra contre le buffle. Le commissaire, presque pour se défendre, déchargea les deux coups de sa carabine sur les flancs de l'ennemi. Cette bordée eut de l'effet, mais non un effet mortel. Le buffle se retourna furieux contre son adversaire. Le cheval, suivant ce qu'on lui avait enseigné, fit volte-face. Le buffle le poursuivit. Dans cette extrémité, le digne commissaire tira son pistolet, fit feu comme un chasseur déterminé; le coup porta; la balle pénétra dans la poitrine du buffle, qui chancela et roula enfin sur la terre.

A son retour au camp, le commissaire fut accablé d'éloges sur son exploit signalé; mais il était encore plus accablé de fatigue. Il avait couru et vaincu malgré lui; il faisait donc la sourde oreille à tous les compliments, et la bonne chère des chasseurs, placée devant lui, ne le tentait guère. Il se retira le plus tôt possible pour étendre ses membres brisés sous la tente, et déclara que rien au monde ne pourrait désormais le décider à monter le quasi-démon de cheval indien, et qu'il renonçait pour la vie à la chasse aux buffles.

Il était maintenant trop tard pour envoyer à la recherche du comte; mais l'on tira des coups de fusil et l'on donna du cor de temps en temps, afin de le guider vers le camp, si par hasard il se trouvait à portée de les entendre; mais la nuit avança et il ne parut point. Pas une seule étoile sur laquelle il pût se diriger ne brillait dans le ciel, et nous supposâmes qu'il ne continuerait point à errer dans les ténèbres, mais qu'il bivouaquerait jusqu'au jour.

C'était une nuit sombre et froide. Les carcasses des buffles tués dans le voisinage du camp avaient attiré le nombre accoutumé de loups voraces, qui exécutaient un horrible concert de hurlements prolongés en cadences plaintives. Rien de plus mélancolique, de plus terrifiant que le hurlement nocturne du loup dans une prairie; mais en songeant à la situation abandonnée, périlleuse de notre pauvre ami, l'obscurité profonde et la sauvage musique du désert nous paraissaient encore plus épouvantables. Toutefois, nous espérions qu'au retour de l'aurore il retrouverait le chemin du camp, et qu'alors tous les événements de la nuit ne seraient rappelés que comme autant de bonnes fortunes pour sa passion chevaleresque.

XXVIII. — Expédition pour retrouver le comte.

Le jour parut, et une ou deux heures se passèrent sans aucune nouvelle du comte. Nous commencions à être sérieusement inquiets de lui; car n'ayant point de boussole, et aucun point sur lequel il pût se guider, il pouvait être égaré bien loin du camp. On perd souvent ainsi des traîneurs pendant plusieurs jours; mais son cas était plus fâcheux, à cause de sa complète inexpérience. D'ailleurs il n'avait point de provisions, et pouvait tomber dans les mains de quelque parti de sauvages.

Aussitôt que nos gens eurent déjeuné, nous organisâmes une levée de volontaires pour faire une croisade sur la prairie, à la recherche du comte. Une douzaine de cavaliers, montés sur les chevaux les meilleurs et les plus frais, et armés de fusils, furent prêts en un moment; et nos métis se joignirent à eux avec zèle, aussi bien que notre demi-Français. Monsieur L... et moi, nous nous mîmes à la tête de la troupe, afin de la conduire sur le site de notre dernière chasse, où nous avions été séparés du comte, et tous ensemble nous nous avançâmes vers la prairie. Une course d'un ou deux milles nous mena où gisaient les corps des buffles que nous avions tués. Une légion de corbeaux se gorgeaient déjà sur ces carcasses. A notre approche, ils s'éloignèrent à regret, et s'arrêtant à la distance d'une centaine de toises, ils regardaient la proie d'un œil avide, attendant notre départ pour recommencer leur festin.

Je conduisis Antoine et Beatte à l'endroit où le jeune comte avait continué seul sa poursuite. C'était mettre des lévriers sur une piste. Ils distinguèrent sur-le-champ les traces de son cheval au milieu des empreintes profondes des pieds de buffle, et coururent presque en ligne droite à plus d'un mille, où le troupeau s'était divisé çà et là, sur une pelouse. Ici les traces du cheval se croisaient, allaient en sens divers. Nos métis étaient comme des chiens en défaut. Tandis que nous étions rassemblés autour d'eux, en attendant qu'ils se fussent reconnus dans ce labyrinthe, Beatte poussa tout-à-coup un de ses cris ou plutôt un de ses aboiements indiens et nous montra une colline éloignée. En regardant attentivement, nous distinguâmes un homme à cheval sur le sommet de cette hauteur. « C'est le comte! » s'écria Beatte, et il s'élança au galop dans cette direction, suivi de toute la compagnie. Peu d'instants après, il arrêta son cheval. Un autre cavalier avait paru sur le front de la colline. Cela changeait complètement le cas. Le comte était seul lorsqu'il s'était égaré, et il ne manquait personne au camp. Si l'un de ces cavaliers était en effet notre ami, l'autre devait être un Indien, et probablement un Pawnie. Peut-être tous deux appartenaient-ils à quelque parti de sauvages dont ils étaient les espions. Pendant que nous faisions à la hâte ces diverses suppositions, les deux figures se glissèrent le long de la montagne, et nous les perdîmes de vue. Un de nos rôdeurs suggéra l'idée qu'ils pouvaient faire partie d'une bande de Pawnies cachés derrière la colline, et dans les mains desquels le comte était peut-être tombé. Cette idée produisit un effet électrique sur la petite troupe. A l'instant tous les chevaux furent mis au galop, les métis courant en avant, et les jeunes cavaliers jetant des cris de joie en pensant qu'ils allaient se mesurer avec les Indiens. Une course désespérée nous mena au pied de la colline et nous fit voir notre méprise. Au fond d'un ravin nous aperçûmes les deux hommes debout près d'un buffle qu'ils avaient tué. C'étaient deux de nos cavaliers, qui étaient sortis du camp un peu avant nous sans être remarqués, et qui étaient arrivés là en ligne droite, tandis que nous avions fait un circuit dans la prairie.

Cet épisode ainsi terminé, et l'excitation soudaine qu'il avait produite étant refroidie, nous retournâmes lentement sur nos pas vers la prairie. Il fallut un peu de temps et de peine à nos métis pour retrouver les traces du comte. Ayant enfin réussi à les discerner, ils les suivirent dans toutes leurs allées et venues jusqu'à une place où elles n'étaient plus mêlées avec les empreintes des buffles, mais se dirigeaient çà et là sur la prairie, toujours dans une direction opposée au camp. Ici le comte avait sans doute abandonné sa chasse, et cherché son chemin pour retourner au campement; mais les ombres de la nuit s'épaississant autour de lui, l'avaient empêché de se reconnaître.

Dans cette recherche, nos métis déployèrent cette promptitude, cette finesse de coup d'œil qui distingue les Indiens. Beatte surtout était comparable à un excellent chien de chasse vieilli dans son métier. Quelquefois il trottait les yeux fixés sur la terre, un peu en avant de la tête de son cheval, discernant parmi les herbes des empreintes invisibles pour moi, excepté en y regardant de très-près et avec une minutieuse attention. D'autres fois il ralentissait le pas en fixant ses regards sur une place où rien n'était apparent; alors il descendait, menait son cheval par la bride, et s'avançait doucement, le visage incliné vers la terre, saisissant de loin en loin des indications de la plus vague espèce. En certaines places, où le sol était dur et les herbes sèches, il perdait complètement la piste et allait et venait en arrière, à droite et à gauche, jusqu'à ce qu'il eût un nouveau point de départ. S'il ne réussissait pas à en trouver un, il examinait les bords des ruisseaux voisins ou les fonds de sable des ravins, dans l'espoir de reconnaître l'endroit où le comte les avait traversés. Quand il avait découvert la trace, il remontait à cheval et recommençait sa course. Enfin, après avoir passé un ruisseau sur les rives croulantes duquel les fers d'un cheval étaient profondément marqués, nous arrivâmes à une prairie élevée et desséchée, sur laquelle nos métis furent complètement dépistés. Pas une empreinte de pieds ne pouvait y être distinguée dans aucune direction, et Beatte s'arrêtant tout-à-coup, hocha la tête d'un air tout-à-fait découragé.

En ce moment une petite troupe de daims se leva d'un

ravin adjacent, et vint à nous en bondissant. Beatte sauta à bas de son cheval, mit son fusil en joue, et blessa légèrement un de ces animaux. Le bruit du fusil fut immédiatement suivi d'un cri éloigné. Nous regardâmes autour de nous, et ne vîmes rien. Un autre cri plus rapproché se fit entendre; enfin nous discernâmes un homme à cheval, qui sortait d'une ligne de forêts. Un seul coup d'œil nous fit reconnaître le jeune comte. Des acclamations, une course générale s'en suivirent. C'était à qui arriverait le plus tôt pour le féliciter. La rencontre fut joyeuse de part et d'autre. De notre côté, l'anxiété avait été grande, à cause de sa jeunesse et de son inexpérience; et quant à lui, malgré son amour pour les aventures, il paraissait heureux de se retrouver avec ses amis.

Comme nous le supposions, il avait fait fausse route le soir précédent, et se trouvant égaré dans l'obscurité, il avait songé à bivouaquer. La nuit était froide, mais il n'osa pas faire de feu, de crainte d'attirer quelque parti de maraudeurs indiens. Il attacha les jambes de son cheval avec son mouchoir, et le laissant paître sur la prairie, il grimpa dans un arbre, posa solidement sa selle entre les branches et s'appuyant contre le tronc, il se préparait à passer une nuit inquiète, de temps en temps régalée par les hurlements des loups. Il fut agréablement trompé dans son attente; car la fatigue de la journée lui procura un sommeil profond; il fit des rêves délicieux sur son pays natal, et ne s'éveilla qu'au grand jour.

Alors il descendit de son perchoir, monta à cheval, et courut le long de la crête d'une colline, d'où il aperçut une immense solitude, sans chemin tracé, s'étendant autour de lui dans toutes les directions. Cependant, à une distance peu considérable, il vit la grande Canadienne, qui serpentait entre des ceintures de forêts. La vue de cette rivière lui donna l'idée consolante que s'il ne retrouvait pas le camp, et si aucun de nous ne parvenait à le retrouver lui-même, il suivrait ce courant, qui le conduirait à quelque poste de la frontière ou à quelque hameau indien. Ainsi se terminèrent les événements de notre hasardeuse chasse aux buffles.

XXIX. — Une république de chiens de prairie.

En revenant de notre expédition à la recherche du jeune comte, j'appris qu'on avait découvert à un mille du camp, sur le plateau d'une colline, un terrier, ou, comme on les appelle, un grand village de chiens de prairie. De bonne heure dans l'après-midi, je m'acheminai avec un compagnon pour aller voir ce curieux établissement. Le chien de prairie est un petit animal de la famille des lapins, et de la grosseur du lapin commun. Il est vif, étourdi, sensible, et un peu pétulant. C'est un animal très-social, vivant en nombreuses communautés qui occupent quelquefois plusieurs acres d'étendue, et où les traces foulées et refoulées, que l'on remarque sur le sol, prouvent l'extrême mobilité des habitants. Ils sont, en effet, dans un mouvement perpétuel, tantôt se livrant à des jeux, tantôt à leurs affaires publiques ou privées, et on les voit aller et venir d'un trou à l'autre, comme s'ils se rendaient des visites. Souvent ils se réunissent en plein air, pour gambader et courir ensemble à la fraîcheur du soir, après les pluies d'été. D'autres fois, ils passent la moitié de la nuit à se divertir, en aboyant ou plutôt en jappant d'une voix basse et faible, assez semblable à celle de très-jeunes chiens. Mais à la moindre alarme, tous se retirent dans leurs cellules, et le village reste dépeuplé et silencieux. Quand ils sont surpris et n'ont aucun moyen d'échapper, ils prennent un certain air d'audace, et la plus drôle expression de défi, de colère impuissante.

Cependant les chiens des prairies ne sont pas les seuls habitants de ces villages. Des hiboux et des serpents à sonnettes y prennent aussi leur domicile; mais on ne sait s'ils sont des hôtes bienvenus, ou des étrangers qui se sont introduits sans le consentement des premiers maîtres de l'établissement. Les hiboux qui se tiennent dans ces terriers sont d'une espèce particulière; ils ont le regard plus vif, le vol plus rapide, les pattes plus élevées que les hiboux communs, et de plus, ils sortent en plein jour. Quelques-uns disent qu'ils habitent les demeures des chiens de prairie seulement quand ceux-ci les ont abandonnées à cause de la mort de quelque parent; car il paraît que la sensibilité de ces petits quadrupèdes ne leur permet pas de rester dans un lieu où ils ont perdu un ami. D'autres affirment que le hibou est une sorte d'intendant, de concierge pour le chien de prairie, et l'on prétend même, vu la ressemblance de leur cri, que l'oiseau apprend à japper aux jeunes chiens, et sert de précepteur dans les familles.

A l'égard du serpent à sonnettes, on n'a rien découvert de satisfaisant sur le rôle qu'il joue dans l'économie domestique de cette intéressante communauté. Quelques personnes insinuent que cet animal rusé s'introduit comme un vrai sycophante dans l'asile de l'honnête et crédule chien de prairie, qu'il trompe indignement. Il est certain qu'on l'a surpris parfois mangeant quelques-uns des petits de ses hôtes, et qu'on peut inférer de là qu'il se permet en secret des dédommagements au-dessus de ceux qui sont ordinairement accordés aux parasites souffre-douleurs.

Tout ce que j'avais entendu dire sur ces petits animaux sociaux et politiques me faisait approcher de leur village avec un grand intérêt; malheureusement, dans le courant de la journée, il avait été visité par quelques chasseurs qui avaient tué deux ou trois des citoyens. Toute la république était donc outragée et irritée. Des sentinelles avaient été posées, et à notre approche nous entendîmes cette garde avancée décamper pour donner l'alarme. Les citoyens, qui se tenaient prudemment assis à l'entrée de leurs trous respectifs, après un court jappement, s'enfoncèrent dans la terre, leurs talons s'agitant en l'air comme s'ils avaient battu des entrechats.

Nous traversâmes le village, qui couvrait un espace de trente acres. Pas un seul habitant ne s'y montrait. On y voyait d'innombrables trous, chacun desquels avait à côté de lui un monticule de terre formé par le petit animal en creusant ses galeries souterraines. Tous ces trous étaient vides, aussi loin que nous pûmes les sonder avec les crosses de nos fusils, et nous ne dénichâmes ni chien, ni hibou, ni serpent à sonnettes. Nous nous retirâmes à petit bruit, et nous asseyant à terre non loin du terrier, nous restâmes assez longtemps immobiles et en silence, les yeux fixés sur le village abandonné. Par degrés, nous vîmes de vieux bourgeois expérimentés qui, se trouvant logés près des limites du village, passaient doucement le bout de leur nez, puis se retiraient à l'instant; d'autres plus éloignés sortaient tout-à-fait; mais, en nous apercevant, ils faisaient leur culbute ordinaire et se plongeaient dans leur trou. Enfin, quelques habitants du côté opposé, encouragés par la tranquillité continue, se glissèrent hors de leur maison, et se hâtèrent de courir à un trou situé à une assez grande distance, comme s'ils allaient chez un ami ou un compère, juger et comparer leurs observations mutuelles sur les derniers événements. D'autres encore, plus hardis, formaient de petits groupes dans les rues et les places publiques, et s'occupaient évidemment des outrages récents faits à la république, et du meurtre barbare de leurs concitoyens. Nous nous levâmes, et nous avancions en tapinois pour tâcher de les voir de plus près; mais, biouf! biouf! biouf! fut le mot passé de bouche en bouche. Il y eut un descampativos général. De tous côtés, nous vîmes des pieds tricotant, et dans un instant tout disparut sous la terre.

La nuit mit fin à nos observations; mais longtemps après notre retour au camp, nous entendîmes une faible clameur s'élever du village; on eût dit que ses habitants déploraient en commun la perte de quelque grand personnage.

XXX. — Un conseil. — Motifs pour reprendre le chemin de la fontière. — Chevaux perdus. — Départ avec un détachement. — Terres marécageuses. — Cheval sauvage. — Scène nocturne au camp. — Le hibou précurseur de l'aurore.

Tandis que le déjeuner se préparait, on tint conseil sur nos mouvements futurs. Des symptômes de mécontentement se manifestaient depuis quelques jours parmi la troupe. La plupart des cavaliers, peu faits à la vie des prairies, à ses privations, et à la contrainte militaire, commençaient à murmurer. La disette de pain avait été gravement sentie, et le grand nombre était fatigué d'une marche si longue et si continue. Dans le fait, l'expédition avait perdu le charme de la nouveauté. On avait chassé le daim, l'ours, l'élan, le buffle et le cheval sauvage; aucun objet d'intérêt majeur n'engageait plus à aller en avant. Le désir de rentrer chez soi commençait donc à prédominer dans le camp.

De graves raisons disposaient le capitaine à prendre cette résolution. Nos chevaux étaient presque abîmés par les fatigues des chasses et du voyage, et l'obligation de leur lier les jambes la nuit, dans la crainte des Indiens, jointe à la pauvreté des derniers pâturages, les avait réduits à un triste état. Les dernières pluies avaient emporté le peu qui restait d'herbages; et depuis notre campement pendant l'orage, nos bêtes avaient décliné rapidement. Tous les soins possibles ne pouvaient empêcher des animaux accoutumés à la nourriture substantielle, régulière et abondante de l'écurie ou de la ferme, de perdre courage, et de s'amoindrir physiquement en voyageant sur les prairies. Dans toutes les expéditions de ce genre, les chevaux indiens, qui sont généralement croisés de la race sauvage, doivent être préférés. Ils supportent les plus rudes exercices, les plus grandes privations, et s'engraissent en broutant le gazon et les herbes sauvages des plaines.

Nos hommes, d'ailleurs, avaient agi sans beaucoup de prévoyance, galopant à toute occasion, et courant après tout le gibier que le hasard leur présentait, et ils avaient ainsi exténué leurs montures, au lieu de ménager leurs forces et leur courage. Dans une pareille tournée, un cheval doit, aussi rarement qu'on le peut, aller plus vite que le pas, et le terme moyen des journées devrait être de dix milles.

Nous avions espéré, en poussant plus avant, atteindre les plaines basses voisines de la Rivière-Rouge, qui abondent en jeunes cannes, excellente pâture pour les bestiaux dans cette saison, mais nous étions arrivés au temps où les partis de chasseurs indiens mettent le feu aux prairies; les herbes, dans la partie du pays où nous étions, se trouvaient dans l'état le plus favorable à la combustion, et tous les jours nous risquions davantage de voir les prairies entre nous et le fort incendiées par les Osages, et d'avoir à traverser un désert brûlé. En un mot, nous étions partis trop tard, ou nous avions passé trop de temps dans la première partie de notre croisière, pour l'accomplir telle que nous l'avions projetée. En s'obstinant à la continuer, nous courions le hasard de perdre la plus grande partie de nos chevaux et de souffrir les divers inconvénients d'un retour à pied. Il fut décidé, en conséquence, que l'on prendrait la direction du sud-est pour arriver, par le plus court chemin, à Fort-Gibson.

Cette résolution une fois prise, on n'eut rien de plus pressé que de la mettre à exécution. Cependant plusieurs chevaux manquaient, entre autres ceux du capitaine et du chirurgien; quelques hommes étaient allés à leur recherche, mais la matinée était avancée, et l'on n'avait aucunes nouvelles. Notre petite compagnie se trouvant prête à marcher, le commissaire nous proposa de partir les premiers avec la même escorte d'un lieutenant et de quatorze cavaliers qui nous avait amenés du fort, en laissant le capitaine revenir à sa commodité avec le corps principal. A dix heures nous partîmes donc sous la conduite de Beatte, qui connaissait parfaitement le pays, et la route la plus directe pour arriver à Fort-Gibson. Pendant quelque temps nous longeâmes la lisière des prairies, en nous dirigeant au sud-est, et nous vîmes une grande variété de bêtes sauvages, daims, loups noirs et blancs, buffles et chevaux. A ces derniers, nos métis et Tony donnèrent la chasse infructueuse qui ne servit qu'à augmenter la fatigue de leurs montures.

Il est rare, en effet, que le cheval sauvage le plus facile, le moins véloce, se laisse prendre sur ces terrains difficiles qui éreintent souvent le cheval du chasseur, et celui-ci risque de perdre ainsi un bon coursier pour en gagner un mauvais. En cette occasion, Tony, véritable lutin à cheval, et connu pour son aptitude à ruiner tous les chevaux qu'il montait, vint à bout de rendre boîteux et invalide le beau gris d'argent qui l'avait porté dès le commencement du voyage.

Après avoir fait quelques milles, nous quittâmes la prairie pour prendre un sentier que Beatte nous dit être une trace de guerriers osages : ce sentier nous conduisit dans une région inégale et aride, entremêlée de forêts et de taillis épais, et coupée par des ravins profonds et des ruisseaux courants, sources principales de la Petite-Rivière. Vers trois heures nous campâmes près de quelques étangs, dans une étroite vallée. Notre course avait été de quatorze milles; nous avions apporté des provisions du camp, et nous soupâmes de bon appétit avec du buffle en daube, de la venaison rôtie, des beignets de farine, frits avec de la graisse d'ours, et du thé fait avec une sorte de verge d'or que nous avions trouvée sur notre route, et dont l'infusion nous avait paru presque aussi agréable à boire que le café. A vrai dire, le café qui nous fut servi à tous nos repas, suivant la coutume de l'ouest, tant que notre provision dura, n'était pas un breuvage digne d'éloges. Il était brûlé dans une poêle à frire avec assez peu de soin, moulu dans un sac de peau, sous une pierre ronde, et on le faisait bouillir ensuite dans notre principal et presque unique ustensile de cuisine, la marmite de camp, dans de l'eau de branche, ou de ruisseau, laquelle est toujours sur les prairies toujours fortement colorée par le sol, dont elle contient d'abondantes particules en état de solution ou de suspension. Nous avions en effet, dans le cours de notre voyage, senti le goût de toutes les variétés de terrain, et les eaux que nous avions bues pouvaient lutter sous le rapport de la diversité de couleur, sinon de saveur, avec les teintures de la boutique d'un apothicaire. Une eau pure et limpide est un luxe très-rare et très-précieux sur les prairies, du moins pendant cette saison.

Le souper fini, nous posâmes des sentinelles autour de notre miniature de camp; les peaux et les couvertures furent étendues sur les branches des arbres maintenant presque dépouillés de leur feuillage, et chacun dormit d'un sommeil profond et rafraîchissant jusqu'au jour.

Le soleil se leva brillant et pur; le camp résonna encore des sons de la joie; on était ranimé par la pensée d'arriver bientôt au fort, et de se régaler de pain et de végétaux; même notre homme saturnin, le métis Beatte, sembla se dérider un peu en cette occasion, et je l'entendis, en amenant les chevaux pour commencer la journée, chanter d'un ton nasal une très-mélancolique chanson indienne. Cependant toute cette gaieté se dissipa bientôt dans les fatigues de la marche, sur un terrain aussi rude, aussi montueux, aussi difficile que celui de la veille. Nous atteignîmes, dans le courant de la matinée, la vallée où la Petite-Rivière coule en serpentant à travers un large fond d'alluvion. Elle était débordée, et avait inondé la plus grande partie de la vallée. La difficulté était de distinguer le courant des grandes nappes d'eau qui s'étendaient sur ses bords, et de trouver un endroit guéable. La rivière semblait en général profonde et bourbeuse, et ses rives étaient escarpées et d'un terrain peu sûr.

Piloté par notre métis Beatte, nous errâmes assez longtemps parmi les nombreuses boucles de cette rivière; c'étaient de vrais labyrinthes de marécages et de mares stagnantes, d'où nos chevaux épuisés ne pouvaient quelquefois retirer leurs pieds, arrêtés tantôt par des racines, tantôt par des plantes grimpantes, ou bien enfoncés dans la bourbe; souvent ils avaient de l'eau jusqu'aux sangles pendant un assez long trajet. D'autres fois, il nous fallait forcer le passage à travers des fourrés de ronces et de vignes, qui à tous moments nous jetaient presque hors des arçons. Un de nos chevaux de bât s'embourba, tomba sur le côté, et l'on eut beaucoup de peine à le dégager. Sur toutes les places où le sol était stérile ou sur des bancs de sable, des traces innombrables d'ours, de loups, de buffles, de chevaux sauvages, de dindons et d'oiseaux aquatiques nous montraient l'abondance de gibier offerte au chasseur en cette contrée; mais nos gens étaient rassasiés de chasse et trop fatigués pour être excités par ces signes qui auraient suffi, au début de notre voyage, pour leur causer une fièvre d'espérance et de joie. Maintenant, leur unique désir était d'arriver au fort le plus tôt possible.

Enfin nous trouvâmes un gué où nous traversâmes la Petite-Rivière; nous avions de l'eau jusqu'aux sangles de nos selles, et nous fûmes obligés de faire une halte d'une ou deux heures après le passage, pour laisser sécher les bagages mouillés et reposer les bêtes.

En reprenant notre marche, nous arrivâmes bientôt à une jolie petite prairie entourée d'ormes et de cotonniers, au milieu desquels paissait un beau cheval noir. Beatte, qui allait toujours en avant, nous fit signe de nous arrêter, et comme il montait une jument, il s'avança pas à pas du côté du cheval, en imitant le cri de ce noble animal avec une exactitude surprenante. Le noble coursier des prairies tourna la tête, regarda un instant Beatte et sa jument, souffla, hennit, dressa les oreilles, puis se mit à caracoler en demi-cercle devant la jument d'un air galant, en se tenant toutefois à une assez grande distance pour que Beatte ne pût lui jeter le lariat. C'était une créature magnifique, dans tout l'orgueil, toute la beauté de sa nature; rien ne pouvait surpasser la grâce, la fierté de son encolure, de tous ses mouvements, l'élasticité de sa course et de ses courbettes sur la pelouse. Voyant l'impossibilité de l'aborder, et s'apercevant qu'il était prêt à prendre l'alarme et reculait toujours de plus en plus, Beatte descendit, posa son fusil sur le dos de sa jument et l'ajusta, dans le but évident d'effleurer le beau coursier.

Je sentis un mouvement d'anxiété pour ce superbe animal; j'appelai Beatte, et lui criai de ne point tirer; il était trop tard, il pressait la détente au moment où je parlais : heureusement il ne visa point avec sa justesse accoutumée.

et j'eus la satisfaction de voir le destrier noir de jais se réfugier sain et sauf dans la forêt.

En sortant de cette vallée, nous montâmes encore des collines brisées et rocailleuses, couvertes de bois arides, également fatigantes pour les chevaux et pour les cavaliers. De plus, les ravins étaient creusés dans des fonds d'argile rouge, et souvent si escarpés que nos bêtes les descendaient en glissant du haut en bas et grimpaient ensuite l'autre côté comme des chats. Çà et là, parmi les taillis des vallées, nous vîmes des prunelles sauvages, et l'avidité avec laquelle nos hommes rompaient leurs rangs pour aller cueillir ces misérables fruits montrait combien ils aspiraient à la nourriture végétale, après avoir si longtemps exclusivement vécu de viande.

A trois heures passées nous campâmes à côté d'un ruisseau, dans une prairie où il restait encore un peu d'herbage pour nos chevaux à demi affamés. Beatte avait tué un faon pendant la journée, un autre avait tué un dindon, en sorte que nous ne manquions pas de provisions.

C'était une splendide soirée d'automne. L'horizon, après le coucher du soleil, était d'un vert clair et doux, qui se fondait graduellement dans une teinte rosée, et à celle-ci succédait une raie d'un beau violet foncé; une ligne étroite de nuages bruns, dont les bords étaient couleur d'ambre et d'or, flottait à l'occident, et juste au-dessus de ces nuages, l'étoile du soir brillait avec le pur éclat d'un diamant.

Le concert du soir des insectes était en harmonie avec la scène, et tous ensemble formaient ce son doux et un peu mélancolique, toujours si agréable à un esprit disposé à la rêverie tranquille.

Nous eûmes encore une belle nuit. Nos hommes, fatigués, après un peu de conversation à demi-voix autour de leurs feux, tombèrent bientôt dans un profond repos. La lune, alors dans son premier quartier, éclairait faiblement; mais lorsqu'elle fut couchée, des étoiles et des météores brillants répandaient encore une douce lumière. Il est délicieux de bivouaquer ainsi sur les prairies, de contempler, étendu sur la couche du chasseur, les étoiles du ciel, comme on les contemple du pont d'un vaisseau. Dans ces solitudes, on sent la réalité de cette sympathie avec les astres, qui fit des astronomes des bergers de l'orient lorsqu'ils veillaient la nuit sur leurs troupeaux. Combien de fois ne me suis-je pas rappelé, en admirant la douce et bénigne clarté de ces beaux luminaires, ce passage sublime du livre de Job : *Peux-tu enchaîner les secrètes influences des Pléiades, ou déchaîner les tempêtes d'Orion?* Je ne saurais dire pourquoi, mais je me sentais, cette nuit-là, plus affecté que de coutume par la solennelle magnificence du firmament. Il me semblait que j'étais ainsi couché sous la voûte des cieux pour aspirer, avec l'air pur, une vie nouvelle, une active énergie, et en même temps une délicieuse tranquillité d'esprit. Je dormais et veillais alternativement, et quand je dormais, mes rêves participaient du caractère serein des pensées de mes veilles. Sur le matin, une des sentinelles, le doyen de la troupe, vint s'asseoir près de moi ; il était assoupi, fatigué et très-impatient d'être relevé de son poste.

Il me paraît qu'il avait, comme moi, regardé les astres avec des sentiments différents.

— Si les étoiles ne me trompent pas, dit-il, le jour va bientôt paraître.

— On ne peut en douter, dit Beatte, qui était couché tout près de moi, je viens d'entendre un hibou.

— Le hibou a donc coutume de se faire entendre au point du jour? demandai-je.

— Oui, Monsieur, justement comme le coq.

C'était une habitude de l'oiseau de la sagesse qui m'était inconnue. Au reste, ni les étoiles ni le hibou ne trompèrent la confiance de nos deux observateurs; un moment après, une lueur blanche et faible se montrait à l'orient.

XXXI. — Ancien campement de Cricks. — Disette. — Mauvais temps. — Marche pénible. — Pont de chasseurs.

Le pays que nous traversâmes, pendant la matinée du 2 novembre, était moins raboteux et moins aride que celui sur lequel nous avions marché la veille. A onze heures, nous arrivâmes à une prairie d'une grande étendue, et à environ six milles sur notre gauche, nous vîmes une longue ligne de vertes forêts, qui marquait le cours de la Fourche-Nord de l'Arkansas. Sur les confins de la prairie, dans un spacieux bosquet de beaux arbres qui ombrageaient un petit ruisseau, l'on voyait les vestiges d'un ancien campement de chasse des Cricks. Sur l'écorce des arbres étaient des représentations grossières de chasseurs et de squaws (1), dessinées avec un charbon, et divers signes hiéroglyphiques, qui, suivant l'interprétation de nos métis, indiquaient que les chasseurs, en quittant ce campement, avaient repris le chemin de leur village.

Sur ce beau site nous fîmes notre halte du milieu du jour. Tandis que nous reposions sous les arbres, nous entendîmes, à une assez petite distance, une détonation d'armes à feu, et bientôt après, le capitaine et le corps principal, que nous avions laissés en arrière deux jours auparavant, débouchèrent du taillis, traversèrent le ruisseau, et furent joyeusement accueillis à notre camp. Le capitaine et le docteur n'ayant pu retrouver leurs chevaux, avaient été obligés

(1) Squaw signifie femme, dans le dialecte des sauvages de l'Amérique du Nord.

d'aller à pied la moitié du temps; cependant ils étaient arrivés prodigieusement vite.

Nous reprîmes notre marche, vers une heure, en nous dirigeant à l'est, et en nous rapprochant obliquement de la Fourche-Nord. Il était tard avant que nous eussions trouvé un bon campement; les lits des ruisseaux étaient à sec, et les prairies avaient été brûlées en plusieurs places par les chasseurs indiens. Enfin nous trouvâmes de l'eau dans un petit fond d'alluvion, où les bêtes eurent un pâturage tolérable.

Le lendemain matin, il y eut quelques éclairs à l'orient, un roulement de tonnerre sourd et des nuages qui se rassemblaient sur l'horizon; Beatte prédit qu'on aurait de la pluie, et que le vent tournerait au nord. Pendant notre marche, une volée de grues plana sur nos têtes, venant du nord.

— Voici le vent! dit Beatte; et en effet il commença presqu'à l'instant à souffler de ce point, amenant de temps en temps des averses. A neuf heures et demie, nous passâmes le gué de la Fourche-Nord de la Canadienne, et nous étions campés à une heure, afin de donner à nos chasseurs le temps de battre le pays pour avoir du gibier. Une disette sérieuse menaçait le camp. La plupart des cavaliers, jeunes étourdis sans expérience, n'avaient pu se laisser persuader de conserver pour l'avenir, dans les moments d'abondance, en emportant des viandes cuites ou séchées; lorsqu'ils abandonnaient un campement, ils y laissaient au contraire quantité de viande, et confiaient à la Providence et à leurs fusils le soin de pourvoir aux besoins futurs. La conséquence de cette conduite devait être naturellement une famine, si quelque rareté de gibier ou de mauvaises chances rendaient la chasse insuffisante. Dans le cas présent, ils avaient laissé au camp, sur la grande prairie, des charges de chair de daim et de buffle; et comme ils avaient toujours eu depuis des marches forcées qui ne leur permettaient point de chasser, ils étaient dans un complet dénûment et déjà pressés par la faim. Plusieurs n'avaient rien mangé depuis la veille au matin. Cependant il eût été impossible de leur faire entendre, quand ils faisaient bombance au camp des buffles, qu'ils seraient aussitôt exposés à souffrir de la disette.

Les chasseurs revinrent avec des dépouilles assez insignifiantes. Les partis de chasseurs indiens qui nous avaient précédés en ce canton avaient effarouché le gibier. On apporta dix ou douze dindons. Les rôdeurs commençaient alors à penser que les dindons, et même les poules de prairies, méritaient quelque attention, tandis que, jusqu'alors, ils les avaient regardés comme indignes de leurs coups.

La nuit fut extrêmement froide et venteuse, avec des averses intermittentes; mais nous avions des feux superbes d'où les flammes s'élevaient en mugissant, et qui nous maintenaient dans un état de chaleur agréable. Pendant la nuit, une troupe d'oies sauvages passa au-dessus du camp, remplissant l'air de cris éclatants, annonces de l'hiver.

Nous étions en route le lendemain de très-bonne heure, nous dirigeant au nord-est, et nous nous trouvâmes sur les traces d'un parti de Cricks, ce qui facilita un peu la marche de nos pauvres chevaux. Nous entrâmes alors dans une belle campagne découverte. D'un tertre élevé, nous eûmes la noble perspective d'immenses prairies agréablement variées par des bosquets, des lignes de bois, et bornées par de longues chaînes de collines éloignées, le tout revêtu des riches teintes de l'automne. Le gibier était aussi plus abondant. Un beau daim mâle se leva au milieu d'un pâturage à notre droite, et s'enfuit avec toute la vitesse de ses pieds; mais un jeune cavalier, nommé Childers, qui se trouvait debout, le coucha en joue; la balle entra dans le cou de l'animal bondissant, et le fit tomber la tête la première. Deux autres daims mâle et femelle, et plusieurs dindons avaient été tués pendant notre halte; en sorte que les bouches affamées furent pour cette fois amplement satisfaites.

Vers trois heures nous campâmes dans un bosquet. Nous avions fait une marche forcée de vingt-cinq milles, qui avait été bien rude pour nos chevaux. Longtemps après que les premiers de la ligne étaient campés, le reste arrivait en se traînant par groupes de trois ou quatre. Un de nos chevaux de bât était tombé épuisé à neuf milles en arrière, et bientôt un poulain, appartenant à Beatte, était également resté sur la place. Plusieurs autres chevaux paraissaient tellement faibles et harassés, que l'on doutait qu'ils fussent capables d'atteindre le fort. Pendant la nuit il y eut beaucoup de pluie, et le jour suivant se leva sombre et triste; toutefois le camp retentit encore de quelques-uns de ses anciens accents joyeux. Les cavaliers avaient bien soupé et ils avaient repris courage en se sentant près d'arriver à la garnison. Avant notre départ, Beatte revint, ramenant son poulain, non sans beaucoup de difficultés. A l'égard du cheval de bât, on fut obligé de l'abandonner. La jument sauvage avait aussi pouliné par épuisement, et n'était pas en état d'aller plus loin. Elle et le poulain furent donc laissés au camp, où ils avaient de l'eau et un bon pâturage, et où l'on pouvait revenir les chercher ensuite, et les ramener au fort s'ils reprenaient leurs forces.

Nous partîmes à huit heures, et notre journée fut entièrement pénible, la moitié de notre chemin se trouvant sur des collines abruptes, l'autre sur des prairies onduleuses. La pluie avait rendu le sol glissant et si difficile pour les chevaux, que plusieurs de nos hommes furent obligés de descendre, leurs montures n'ayant plus la force de les porter. Nous fîmes halte dans le courant de la matinée. Nos malheureuses bêtes étaient trop fatiguées pour paître. Quelques-unes se couchèrent, et l'on eut bien de la peine à les forcer à se relever. Notre troupe avait la plus piteuse apparence imaginable, marchant lentement en ligne rompue, irrégulière, qui s'étendait à plus de trois milles sur les vallées et les collines, par groupes de trois ou quatre, les uns à pied, les autres à cheval, un petit nombre de traîneurs très-éloignés fermant la marche. A quatre heures, nous fîmes halte pour la nuit dans une forêt spacieuse, près d'une rivière étroite et profonde, nommée la Petite-Fourche du nord. Il était tard lorsque les derniers de la troupe arrivèrent au camp, plusieurs chevaux étant tombés de lassitude. Le courant étant beaucoup trop profond pour être passé à gué, nous cherchâmes quelque moyen de le traverser. En attendant, nos métis emmenèrent nos chevaux à la nage de l'autre côté, parce que le pâturage y était meilleur et que la rivière commençait évidemment à enfler. La nuit fut orageuse et froide, les vents sifflaient avec rage à travers la forêt, et emportaient des tourbillons de feuilles sèches. Nous fîmes des feux immenses avec des troncs d'arbres, et leur chaleur nous consola, si elle ne put nous égayer.

Le lendemain, une permission générale de chasse fut accordée jusqu'à midi, le camp se trouvant dénué de provisions. Le riche terrain boisé sur lequel nous étions abondait en dindons sauvages, et l'on en tua un très-grand nombre. En même temps on fit des préparatifs pour passer la rivière, qui avait crû de plusieurs pieds pendant la nuit, et l'on abattit des arbres propres à faire un pont. Le capitaine, le docteur et deux ou trois autres chefs versés dans la science des bois, examinèrent avec des yeux de connaisseurs les arbres qui croissaient près du rivage, et ils en désignèrent deux de la plus grande dimension et de courbure convenable. La hache fut alors vigoureusement appliquée à leurs racines, de manière à les faire tomber directement en travers du courant; mais comme ils n'atteignaient pas l'autre rive, il fallut que quelques hommes se missent à la nage, et allassent couper des arbres de l'autre côté, afin qu'ils pussent se croiser avec ceux-ci. Enfin, ils vinrent à bout de former un chemin précaire au-dessus du profond et rapide courant, sur lequel le bagage pouvait être porté; mais nous étions obligés de nous traîner pas à pas le long du tronc et des grosses branches des arbres, qui, pendant une partie du trajet, étaient complètement submergées, en sorte que nous étions à moitié dans l'eau.

La plupart des chevaux traversèrent à la nage; mais quelques-uns étaient trop faibles pour rompre le courant, d'ailleurs ils n'auraient pu aller plus loin. Douze hommes furent donc laissés au campement pour garder ces chevaux jusqu'à ce que le repos et la bonne nourriture les eussent suffisamment restaurés pour achever le voyage, et le capitaine promit à leurs gardiens de leur envoyer de la farine et les autres provisions nécessaires aussitôt qu'il arriverait au fort.

XXXII. — On voit terre. — Rude marche et campement affamé. — Ferme frontière. — Arrivée à la garnison.

Un peu après une heure, nous reprîmes notre pénible course. Le reste de la journée et la suivante toute entière se passèrent en marches difficiles et rudes, en partie sur des collines pierreuses, en partie sur de grandes prairies, que les pluies récentes avaient rendues fangeuses et coupées de ruisseaux devenus torrents; ils glissaient et chancelaient à chaque pas dans les plaines spongieuses, et nous fûmes obligés de descendre et de faire à pied plus de la moitié de la route. La faim tourmentait la troupe; les mines s'allongeaient, les regards devenaient inquiets et sombres, on mesurait avec effroi la longueur de chaque mille additionnel. Une fois, en gravissant une colline, Beatte grimpa sur un grand arbre d'où l'on avait une vue étendue, et il chercha des yeux le point vers lequel nous tendions, comme un marin cherche à voir la terre du haut du grand mât d'un navire. Il redescendit avec des nouvelles consolantes. A sa gauche, il avait vu une ligne de forêts qui s'étendait à travers la contrée, et qu'il savait devoir être les rives de l'Arkansas. Il avait distingué aussi certaines marques à lui connues, d'après lesquelles il conclut que nous n'étions pas à plus de quarante milles du fort. Ce fut pour nous comme le cri si bienvenu de : *Terre! terre!* pour des matelots éprouvés par les tempêtes.

En effet, nous vîmes au loin, peu de temps après, une fumée s'élever au-dessus d'une vallée boisée. On suppose qu'elle venait d'un campement de chasseurs osages-cricks des environs du fort, et ce signe de la présence de l'homme fut accueilli avec joie. On espérait maintenant, non sans raison, arriver bientôt aux hameaux frontières des Cricks, épars sur les confins du désert, et nos cavaliers affamés reprirent courage en savourant d'avance les bonnes choses qu'ils allaient trouver dans les fermes, et en faisant l'énumération de tous les articles de bonne chère. L'eau leur venait positivement à la bouche, en se figurant ces festins délicieux.

Cependant une nuit presque de famine termina une fatigante journée. Nous campâmes sur les bords d'un ruisseau tributaire de l'Arkansas, au milieu des ruines d'un bois superbe qu'un ouragan avait dévasté. Le tourbillon avait traversé la forêt en colonne étroite, et marqué son cours par des arbres énormes fendus, dépouillés ou déracinés. On les voyait gisant de tous côtés, comme des roseaux fragiles arrachés et brisés par les chasseurs.

Il ne nous manquait pas de bois sans avoir à faire usage de la hache. D'immenses feux éclairèrent en un moment toute la forêt; mais, hélas! nous n'avions rien à faire cuire à ces beaux foyers. La disette du camp allait jusqu'à la famine. Heureux celui qui possédait un morceau de viande séchée, ou seulement les os du précédent repas! Quant à nous, notre table était mieux approvisionnée que celle de nos voisins, un de nos hommes ayant tué un dindon. Nous n'avions, il est vrai, ni pain ni sel. On le fit simplement bouillir dans l'eau, et cette eau nous servit de soupe. Il fallait nous voir frotter chaque morceau de dindon sur le sac vide qui avait contenu le sel, dans l'espoir d'y trouver encore quelques particules salines pour relever l'insipidité de ce mets.

La nuit était d'un froid piquant. Un brillant clair de lune étincelait sur les gouttes de gelée cristalline qui couvraient tous les objets autour de nous. L'eau gelait à côté des peaux sur lesquelles nous étions couchés à l'air, et, le matin, je trouvai la couverture dans laquelle je m'étais enveloppé enduite d'une couche de givre; cependant je n'avais jamais dormi aussi confortablement.

Après une ombre de déjeuner, consistant en quelques os de dindons et une tasse de café sans sucre, nous décampâmes de très-bonne heure; car la faim est un bon aiguillon pour hâter une marche. Les prairies étaient couvertes de petits diamants dont la gelée avait couvert les herbes, et qui étincelaient au soleil. Nous vîmes de grandes troupes de poules de prairie qui volaient d'arbre en arbre, ou se tenaient côte à côte le long des branches dépouillées, en attendant que le soleil eût fondu la gelée sur les plantes et le gazon. Nos cavaliers ne méprisaient plus cet humble gibier et sortaient des rangs avec autant d'ardeur pour aller à la poursuite d'une poule de la prairie, qu'ils le faisaient précédemment pour suivre un daim.

Chacun avançait maintenant de tout son courage, envieux d'arriver avant la nuit à quelque habitation humaine. Les pauvres chevaux étaient poussés au-delà de leurs forces, dans l'idée qu'on pourrait bientôt les dédommager de leurs peines présentes par le repos et une ample provende. Cependant la distance semblait s'étendre de plus en plus, et les montagnes bleues qui nous avaient été montrées comme point de reconnaissance sur l'horizon, se reculaient à mesure que nous avancions. Chaque pas était devenu un travail, et de temps en temps un misérable cheval tombait exténué. Son maître l'obligeait à se relever de vive force, le poussait jusqu'auprès d'un ruisseau où il pouvait trouver de la pâture, et l'abandonnait à son sort. Parmi ceux qui furent ainsi laissés, était un des chevaux de main du comte, excellent coureur, qu'on avait toujours vu en avant des autres à la chasse du cheval sauvage. Toutefois, on avait l'intention d'envoyer du fort un parti chargé de ramener ceux de ces pauvres animaux que l'on retrouverait vivants.

Dans le cours de la matinée, nous tombâmes sur des traces d'Indiens qui se croisaient, preuve certaine que nous approchions des habitations humaines. Enfin, après avoir traversé une ligne de bois, nous vîmes deux ou trois cabanes ombragées par de grands arbres, sur les bords d'une prairie; c'étaient probablement les demeures de quelques fermiers indiens de la tribu des Cricks. Quand ces maisonnettes en bois eussent été des villas somptueuses offrant toutes les recherches, tout le luxe de la civilisation, il nous aurait été impossible de les contempler avec plus de ravissement.

Quelques cavaliers coururent à ces maisons pour tâcher d'avoir de la nourriture; mais le grand nombre continua d'avancer, espérant trouver bientôt l'habitation d'un colon blanc, qui, à ce qu'on disait, ne devait pas être fort éloignée. La troupe disparut en peu d'instants parmi les arbres, et je suivis lentement ses traces. Mon coursier, naguère si généreux, si véloce, pouvait maintenant tout au plus mettre un pied l'un devant l'autre; à chaque moment, je le sentais fléchir sous moi; cependant j'étais trop las, trop exténué pour lui épargner la peine de me porter.

Nous nous traînions ainsi tristement, lorsqu'au détour d'un épais massif d'arbres, une ferme frontière se présenta soudain à notre vue. C'était un tènement très-bas, construit en solives, à la manière des habitations des nouvelles colonies, et abrité par des arbres forestiers magnifiques; mais un véritable pays de cocagne l'entourait. Ici une étable, des granges, des greniers où régnait l'abondance; là des légions de pourceaux grognant, des dindons gloussant, des poules caquetant, et des couveuses suivies de leur nombreuse famille erraient de tous côtés dans la basse-cour.

Mon pauvre cheval harassé, demi-mort de faim, leva la tête et dressa les oreilles à ces objets, à ces sons bien connus. Il fit entendre une sorte de bruit intérieur assez semblable à un rire tronqué, remua la queue et fit de longues enjambées dans la direction d'une crèche remplie d'épis dorés de maïs. Ce ne fut pas sans peine que je modérai sa course et le conduisis à la porte de la cabane.

Un coup d'œil suffisait pour éveiller toutes les facultés gastronomiques; là étaient assis le capitaine et ses officiers, autour d'une table à trois pieds, couronnée par un plat de bœuf bouilli et de navets. Je sautai à bas de mon cheval, je le mis en liberté d'aller faire sa cour à la crèche, et j'entrai dans ce palais de l'abondance. Une grosse négresse à la mine joviale me reçut à la porte; c'était la maîtresse du logis, la femme du fermier blanc qui se trouvait absent. Je la saluai comme une fée bienfaisante du désert qui serait venue à mon secours dans ma détresse et aurait conjuré, en ma faveur, un banquet enchanté. Et c'était bel et bien un banquet. En un tour de main, elle tira de la cheminée un grand pot de fer qui aurait pu rivaliser avec les fameuses marmites des Egyptiens, sinon avec le chaudron des sorcières de Macbeth, et posant à terre un immense plat de terre brune, elle inclina le chaudron formidable, et il en sortit de beaux morceaux de bœuf, accompagnés d'un régiment de navets qui culbutaient après eux une riche cascade de bouillon enveloppant le tout. Elle me tendit ce plat avec un sourire d'ivoire qui s'étendait d'une oreille à l'autre, en s'excusant sur son humble chère et son humble vaisselle. Humble chère! humble vaisselle! Du bœuf bouilli et des navets, et servis dans un plat de terre! Penser à s'excuser d'un pareil traitement envers un homme arrivant des prairies à demi affamé! Et quelles magnifiques rôties de beurre! Par le chef d'Apicius! quel banquet!

La rage de la faim apaisée, je commençai à songer à mon cheval, et je trouvai qu'il avait pris soin de lui-même, et s'occupait assidûment à tondre les barbes des épis de maïs qui passaient à travers les barres de la crèche. Le capitaine et sa troupe firent halte, pour la nuit, au milieu de l'abondance de la ferme; mais mes compagnons de voyage immédiat désiraient arriver dans la journée à l'agence des Osages.

Une course d'un mille nous conduisit aux bords de l'Arkansas, où nous trouvâmes un canot et plusieurs Cricks des environs qui nous aidèrent à passer nos bagages et à faire traverser nos chevaux à la nage. Je craignais que les pauvres bêtes ne fussent incapables de rompre le courant; mais un bon repas de maïs leur avait rendu la vie, et il était évident qu'ils sentaient l'approche du logis, où le repos et des râteliers bien fournis les attendaient. Ils allèrent presque au galop pendant la plus grande partie des sept milles qui nous restaient à faire, et la soirée était peu avancée quand nous arrivâmes à l'agence, sur les bords de la rivière Verdegris, d'où nous étions partis un mois auparavant.

Nous passâmes la nuit à l'agence, où nous fûmes passablement logés; cependant nous nous étions si bien accoutumés, depuis quelques semaines, à dormir en plein air, que, dans le premier moment, l'emprisonnement d'une chambre nous fut désagréable.

Le lendemain, je pris avec mon digne ami, le commissaire, le chemin de Fort-Gibson, où nous arrivâmes assez mal en ordre, déguenillés, hâlés, un peu courbaturés, mais, à cela près, parfaitement sains, gais et gaillards. Ainsi finit ma croisière sur les territoires de chasse des Pawnies.

LES PEAUX-ROUGES

DE

L'AMÉRIQUE DU NORD.

Les premiers colons qui s'établirent au milieu des peuplades de l'Amérique du Nord ne furent supportés par ces tribus indigènes qu'eu égard à leur faiblesse numérique apparente et à leur semblant de bonne amitié pour leurs frères les Peaux-Rouges.

Peu à peu les fils de la liberté, les enfants du désert émaillé de fleurs, les habitants des Prairies, en un mot, conçurent une certaine crainte. Les forêts vierges s'émurent à l'aspect de la civilisation et de la hache envahissante qui sapait leurs arbres afin d'en façonner les matériaux des *log-houses* et autres demeures des établissements anglais.

Les Indiens se retirèrent devant ces progrès inutiles à leur besoin, et on ne les vit reparaître qu'à l'époque où ceux qui les avaient ainsi dépossédés de la terre de leurs ancêtres eurent besoin d'aide pour repousser les attaques de la mère-patrie, et conquérir une liberté qui devait les rendre le peuple le plus indépendant du monde entier.

Comment ces souvenirs de bonne hospitalité sont-ils conservés de nos jours aux Etats-Unis? Hélas! les Indiens ont été et sont encore payés par la plus noire ingratitude. Le cœur vous saigne lorsque l'on songe que ces malheureux, d'abord dépossédés de leurs terres, décimés par des guerres cruelles, n'auront bientôt plus d'asile dans ces forêts où les débris de leur race avaient l'espoir de n'être jamais poursuivis par la civilisation.

Les Peaux-Rouges, plus malheureux et plus nobles que les Peaux-Noires, en dépit de madame Beecher Stowe et de ses adhérents, n'ont contre leur misère d'autre recours que la mort, puisque leur nature altière se refuse à la servitude, tandis que la race nègre arrivera un jour à la liberté par l'esclavage. Ce qui reste de dignité sauvage, de force native et de généreuse indépendance chez ces parias de l'Amérique, inspire une vive sympathie aux poètes et aux romanciers, ces bonnes âmes qui ne vivent pas seulement de paix, mais de nobles pensées et de saintes inspirations. Cooper, dans ses ouvrages, a payé la dette de l'humanité à cette race hardie et courageuse que ses compatriotes ont anéantie. Monsieur Mac-Lellan, jeune barde américain, a aussi consacré quelques chants et plusieurs poèmes à la chute des Indiens. Il appartient à la poésie de réhabiliter toutes les infortunes.

J'ai aussi à cœur de payer mon tribut à ces races héroïques et mal appréciées, de relever dans les lignes qui suivent ces hommes que l'on traite aujourd'hui de sauvages, et qui, n'écoutant que leur généreux instinct, ont accueilli sans arrière-pensée la race anglaise sur le sol où ils régnaient en maîtres, sans se douter qu'un jour arriverait où ils seraient traîtreusement chassés de leurs possessions, du territoire où avaient vécu et étaient morts leurs ancêtres.

Les Indiens de l'Amérique du Nord possédent un esprit élevé, une intelligence développée et peut-être égale à celle de la race blanche. C'est probablement ce qui fait que leur proscription est politiquement nécessaire. Les blancs et les Peaux-Rouges ne peuvent donc pas vivre ensemble; on dirait que le souffle de l'un vicie l'air que doit respirer l'autre.

Les fils du sol américain sont d'une fidélité sans exemple pour les vieilles traditions et les coutumes de leurs pères.

Elevez-les dans les colléges, habituez-les dès leur jeune âge aux mœurs des grandes villes, rien ne pourra les y attacher, et, à la première occasion, ils s'enfuiront dans les bois et remplaceront l'habit du citoyen par la couverture, et le chapeau rond par la plume d'aigle. C'est cette religion du souvenir qui rend impossible le rapprochement des races; car, au milieu de la civilisation américaine, il est impossible de comprendre qu'on pût supporter à Washington l'audace d'une tribu de Pieds-Noirs et de Comanches, se gouvernant par leurs lois, dressant leurs bûchers, déployant leur luxe de tortures et s'entr'égorgeant au milieu des rues ou sous les portiques des églises. C'est ainsi, pour n'avoir pas à s'occuper des affaires particulières de ces voisins souvent tapageurs, que le gouvernement américain a relégué les Peaux-Rouges de l'autre côté du Mississipi.

Il existe à Washington une administration qui n'a d'analogie dans aucun pays du monde : c'est le bureau des affaires indiennes, et dans ce bureau, qui joue un rôle fort important, on travaille sans cesse à maintenir, *per fas et nefas*, la sécurité d'une puissante nation dont le territoire n'est plus borné à l'est et à l'ouest que par deux océans.

Les fonctionnaires du bureau indien sont chargés de tous les rapports avec les tribus indigènes. Là se déclare la guerre; là se préparent les lois à imposer aux Peaux-Rouges; là surtout se dirigent les opérations du refoulement, au sujet desquelles les scrupules des Américains ont enrichi la langue anglaise du mot harmonieux et presque caressant de *removals*.

L'invasion européenne a bien pu déplacer et renvoyer au

couchant la race des Peaux-Rouges, mais elle ne l'a pas détruite. Si, à l'heure où nous écrivons, quelques peuplades sauvages telles que les Mandanes, les Mohicans, les Mohawks ont disparu, le plus grand nombre résiste encore, et les derniers rapports publiés par le bureau indien à Washington ont mis sous nos yeux des noms familiers à nos oreilles pendant notre séjour de dix années aux Etats-Unis.

Non-seulement on trouve des Indiens dans la vaste contrée qui scinde en deux parties égales l'Arkansas supérieur, mais encore ils sont disséminés dans tous les Etats nouveaux et encore à moitié peuplés de l'ouest, tels que le Missouri, le Wisconsin, l'Orégon, et au milieu même des populations les plus agglomérées de l'Alabama, de la Caroline et de la Floride. Les Peaux-Rouges peuvent être divisés en trois catégories : la première, celle des tribus qui, reculant toujours devant la race blanche, s'enfoncent au milieu des forêts inexplorées et des déserts lointains pour y abriter la liberté de leur vie sauvage. La seconde consiste en peuplades qui disputent pour ainsi dire pied à pied le terrain à l'empiétement des colons, ou bien encore qui se trouvent enveloppées par les réseaux de la civilisation. Enfin, la troisième catégorie comprend les Peaux-Rouges, qui essayent de se plier aux habitudes de colonisation agricole et d'une organisation régulière et régie par des lois.

Au nombre des premiers de cette nomenclature, nous citerons les Comanches, dont les incursions inquiètent souvent les haciendas et les villages du Texas et du Nouveau-Mexique. Ces Indiens, comme ceux de toutes les tribus sauvages, n'ont que deux occupations, la chasse et la guerre; la guerre contre tout ce qui approche de leurs wigwams de peaux de daims, visages pâles ou peaux rouges. Plus au nord se trouvent les Missouris, les Omahas, qui, placés il y a deux ans à peine aux derniers confins de l'Union, sont placés par l'annexion de la Californie aux Etats-Unis, sur la grande ligne qui relie les deux océans, et voguent par conséquent en pleine eau dans le courant de l'émigration européenne. En mainte et mainte occasion les émigrants ont eu maille à partir avec ces passagers incommodes, et cela n'est pas étonnant, surtout si l'on songe à la querelle incessante des visages pâles avec les Peaux-Rouges sur la question de la chasse aux bisons. Ce n'est pas sans colère que les peuplades de l'ouest voient s'épuiser peu à peu la plus abondante et la plus certaine de leurs ressources.

Il a été établi par des calculs assez positifs que la population des tribus indiennes qui habitaient le territoire immense compris entre l'océan Atlantique et l'océan Pacifique, s'élevait seulement à dix millions d'âmes, lors de l'arrivée des Anglais dans l'Amérique du Nord. Quelques-unes de ces tribus étaient à la fois remarquables par leur courage et leur industrie. Les Vowaks et quatre autres tribus formaient une confédération qui s'étendait depus les lacs du Canada jusqu'en Virginie. Les Cherokées n'occupaient pas moins de trente-six millions d'acres de terre pour leur chasse.

Actuellement, le nombre des Indiens compris dans les limites du territoire américain s'élève à environ quatre cent mille; dix-huit mille habitent les Etats de l'est, la rivière du Mississipi, Michigan et Wisconsin. Les Chérokées, les Choctans et les Séminoles dans la Nouvelle-Caroline, la Floride et le haut Mississipi.

Cent dix mille Peaux-Rouges résident dans le Minesota et les frontières du Texas; soixante-trois mille dans les plaines et le milieu des montagnes Rocheuses; vingt-neuf mille habitent le Texas; quarante-cinq mille le Nouveau-Mexique; cent mille la Californie et l'Utah, et vingt-trois mille les territoires de l'Orégon et de Washington. Le gouvernement a dû se préoccuper des Indiens du Michigan, qui sont au nombre de sept mille, divisés en soixante communautés différentes, qui toutes ont leurs lois séparées. En leur donnant une organisation régulière, il a pensé qu'il serait facile d'étendre parmi eux la civilisation et d'empêcher les brigandages qu'une vie errante et nomade leur fait commettre.

Par un décret du congrès, dernièrement promulgué, le président des Etats-Unis a nommé un commissaire spécial pour ouvrir des négociations avec les Indiens du Missouri et de l'Iowa, et chercher à y fonder des établissements. Cet agent a successivement visité les Omahas, les Otocs, les Toways, les Sacs, les Kickapvas, les Delawares, les Rawnées, les Wyandots, les Tottawatamies, les Chinpewas de la crique du Cygne et de la rivière Noire, les Otawas de la Roche de Bœuf, les Piankashawas, les Peorias et les Miamies; toutes ces tribus sont comprises dans le territoire du Missouri, et de l'Iowa.

Le commissaire du gouvernement a ouvert des négociations avec tous les chefs, et les trouve peu disposés à entrer en arrangement. Ils étaient effrayés de cet envahissement de leurs terres par les Américains. Quelques-uns, encore plus hostiles, proposèrent une grande réunion de toutes les tribus pour organiser une défense générale contre les blancs; cependant, peu à peu, et grâce à l'habile diplomatie de l'agent, cette effervescence se calma, et ils revinrent à des idées moins belliqueuses.

Les Indiens refusèrent d'abord à l'unanimité de vendre leurs terres au gouvernement, puis quelques-uns y consentirent, à condition de recevoir un tribut annuel. Il fut enfin décidé que tout arrangement définitif serait pris au printemps prochain. Il faut espérer que d'ici là les Indiens réfléchiront à leurs véritables intérêts. Car, quoi qu'ils fassent, ils n'en devront pas moins succomber devant la force numérique.

Dans un grand nombre de districts, quelques Indiens ont su créer des fermes et des établissements d'agriculture. On leur laissera la gestion de ces terres, et cette mesure probablement donnant de la confiance, leur ôtera toute idée d'accaparement égoïste. Malheureusement ces exemples sont rares, et la plus grande partie de ces populations est très-peu instruite, paresseuse, intempérante, à moitié sauvage.

Le gouvernement américain, afin de se délivrer de toute crainte de ce côté, a consacré d'énormes sommes pour civiliser ces peuples et leur donner du travail, de l'éducation et de l'aisance. Les efforts n'ont point encore amené des résultats complets.

Les Wyandots et les Otawas ont une espèce de législature et des règlements, mais les autres tribus ne sont soumises à aucune loi et ne connaissent aucun frein.

A vrai dire, il n'y a que trois tribus qui aient fait de sérieux efforts pour se transformer; ce sont les Chérokées, les Choctans, et les Chicasanes.

Les Chérokées ne comptaient en 1837 que treize mille âmes, mais depuis que les Américains des frontières ont cessé contre ces peuples leurs odieuses poursuites, ils ont commencé à prendre de l'accroissement. En 1847, leur nombre s'élevait à quinze mille âmes, et en 1856 on comptait chez cette nation trente-quatre mille habitants, y compris treize mille Africains et deux cent cinquante Européens qui se sont réunis aux Chérokées, soit par alliance, soit à la suite de rapports d'intérêts ou d'amitié.

Les Chérokées possèdent actuellement cent huit mille animaux domestiques, huit mille rouets et trois cents fermes. En fait, ils peuvent se suffire à eux-mêmes et vivre dans l'abondance et la prospérité. Un gouvernement bien organisé veille aux intérêts de la communauté. Le pouvoir exécutif est confié à un président assisté d'un vice-président, de trois conseillers qui sont choisis par la législature, qui se compose d'un comité national et d'un grand conseil. Seize membres forment le premier, et vingt-quatre le second, lesquels ne restent en fonctions que pendant deux ans. Tous les mâles qui ont dix-huit ans, à l'exception de ceux d'origine africaine, ont le privilége de voter. Chacun des deux pouvoirs législatifs, quoique compris sous la dénomination commune de conseil général de la nation des Chérokées, est indépendant l'un de l'autre, mais les conseillers qui assistent le pouvoir exécutif sont renouvelés tous les ans. A l'instar des habitants de l'Union, les Chérokées ont établi trois degrés de juridiction. Leur condition morale s'est ressentie du progrès de leur état politique.

La polygamie s'est effacée de leurs institutions, et les femmes jouissent des mêmes prérogatives que les hommes. Ils ont chez eux une trentaine d'écoles, et deux mille enfants y reçoivent les premières notions de lecture, de calcul et de dessin. Le gouvernement possède aussi une imprimerie, où l'Evangile, quelques livres pieux et un journal, *The Cherokee advocat*, ont été et sont imprimés avec des caractères gravés exprès par un Indien de cette tribu.

Le costume des Chérokées est le même que celui de leurs voisins les Pawnies, les Sioux et autres. Leurs habitations sont propres et confortables; elles sont construites en briques et en bois, et sont assez bien distribuées à l'intérieur. La plupart n'ont qu'un rez-de-chaussée; mais d'autres ont un et deux étages.

Ce que la culture ne fournit pas à leurs besoins, ils se le procurent par échange; aussi peut-on prédire à ce peuple un développement rapide dans un avenir prochain. Doués d'une très-grande capacité, les Chérokées comprennent toutes les choses nouvelles, et si les Anglo-Américains ne portent pas atteinte à leur nationalité et ne cherchent pas à absorber dans leurs masses cette nation presque civilisée, les Peaux-Rouges Chérokées resteront seuls représentants des habitants primitifs du Nouveau-Monde, pour attester la cruauté des Européens.

De tous les Indiens de l'Amérique du Nord, il n'y en a point qui gardent plus de respect pour le souvenir de la France que les Peaux-Rouges Choctaws; nous leur devons à ce titre une attention particulière. La nation des Choctaws réside dans le territoire de l'ouest, entre la rivière Rouge au sud, et vers la rivière Canadienne au nord. Sa capitale est Daaksville, village de deux cents âmes environ, et centre d'un commerce assez actif. Le pays se divise en quatre districts; chacun d'eux est gouverné par un chef élu pour quatre ans. Le grand conseil, qui a le pouvoir législatif et qui se compose de quatre chefs, se rassemble tous les ans au premier mercredi d'octobre. La présence de deux membres suffit pour la validité des délibérations. La justice est rendue par une cour nationale, une cour suprême et des cours inférieures de district. Le premier acte qui figure parmi les statuts de la nation est daté de 1834; il prohibe absolument l'introduction de toute liqueur forte. En 1852, le grand conseil a rendu une loi pour l'organisation de l'éducation publique; il a été établi six écoles, deux pour les hommes, quatre pour les femmes. Le crédit alloué pour l'entretien de ces écoles s'élève à 18,800 dollars, environ 100,000 francs.

Depuis 1847, les Chikasans ont acheté, au prix de cinq cent mille dollars, le droit de faire partie de la nation choctaw et de s'abriter sous ses lois. Ils forment à eux seuls le district qui porte leur nom. Les relations des Indiens avec l'Union américaine ont été toutes pacifiques pendant l'année 1861. Cependant, ni l'esprit ni les mœurs des tribus ne se sont modifiés sensiblement; la race indigène, fidèle à ses instincts sauvages, se plaît à se détruire elle-même par l'abus des liqueurs fortes que lui fournit volontiers le gouvernement américain, et elle s'abandonne avec fureur à d'horribles et fréquentes guerres intestines.

Par ce double motif, la mission principale du bureau des affaires indiennes a pour objet la pratique du removal. Un traité conclu en 1848 oblige les Stockbridges et les Munsées du Wisconsin à transporter leurs wigwams à l'ouest du Mississipi. Il a été exécuté.

L'administration est occupée en même temps à déplacer une branche de Choctaws et une tribu des Cricks dans l'Alabama, le Catawba dans la Caroline du Nord. Elle est en négociation avec ce qui reste de Seminoles, dans la Floride, pour les décider à rejoindre leurs frères transplantés dans l'ouest depuis 1842; mais il paraît qu'elle se heurtera contre de très-sérieux obstacles. Du moment où elle leur a parlé d'émigration, les Seminoles sont en quelque sorte devenus invisibles. On ne les rencontre plus; cependant un de leurs chefs, Billy Bonlegs, a eu, en 1855, une entrevue avec le général Turgg; car c'est maintenant l'autorité militaire qui est chargée de traiter avec cette indomptable tribu.

Toutes ces opérations terminées, le territoire entier de l'Union, excepté l'Orégon et les contrées récemment acquises du Mexique, ne sera plus habité que par la race européenne, et le land-office se sera enrichi de terres étendues et fertiles, dont la vente est, on le sait, une excellente ressource pour le budget de la république.

Afin d'ouvrir vers l'océan Pacifique le passage dont nous avons parlé, une convention a été dernièrement arrêtée avec les Sioux, qui ont consenti à céder au gouvernement fédéral trois cent quatre vingt-quatre mille acres de terre sur la rive ouest du Mississipi, et à chercher plus au nord un autre établissement. D'un autre côté, le bureau des affaires étrangères se prépare vers le sud les Sacs et les Foxes du Missouri, les Iowas, les Omawas, les Ottas, les Missouries, les Poncas et même les Pawaces.

Nos lecteurs nous pardonneront tous les détails précédents, qui, malgré leur aridité, n'en sont pas moins intéressants et dignes d'être relatés. Afin de mieux obtenir notre pardon, nous allons continuer par des faits et des histoires sur les Peaux-Rouges.

Sous le rapport physique, les Indiens de l'Amérique du Nord sont généralement d'assez beaux hommes; les femmes sont laides pour la plupart. Toutes proportions gardées, les Peaux-Rouges sont moins forts que les blancs. Le caractère principal de leur physionomie consiste dans la grande protubérance de leurs pommettes. Les mains de ces Indiens sont remarquablement petites et douces, ce qui vient sans doute de leur complète abstention de tout travail manuel. On n'a pas observé de différence notable de couleur entre les Indiens du sud et ceux du nord; mais les premiers nous ont paru avoir les mouvements plus rapides; et sous le rapport moral ils sont certainement très-différents, étant beaucoup plus faux, plus dissimulés et plus vindicatifs que les Indiens du nord.

Les nations qui habitent actuellement le sol de l'Amérique semblent différer sous le rapport physique de celles qui ont construit les tumuli, et sont répandues sur toute cette partie du continent, et les crânes que l'on trouve chez ceux-ci appartiennent tous à la race péruvienne; ce fait est digne de remarque; du reste, quelques peuples habitant au-delà des montagnes Rocheuses ont l'habitude de s'aplatir la tête.

Les tribus parlent des langages très-variés; il y a, dit-on, cent quatorze dialectes parmi les nations sauvages de l'Amérique. La plupart sont nobles et harmonieux, et semblent remarquablement doux dans la bouche des femmes. On n'a jusqu'ici cherché à soumettre aux formes grammaticales que celui des Chérokées, des six nations des Chippeways et celle des Sioux ou Dacotahs. Dans la partie montagneuse de la Géorgie, les missionnaires ont traduit les Evangiles dans la langue des Mohawks (six nations), et un essai très–imparfait de grammaire chippewaye a été publié aussi. Cette dernière langue est la langue de cour de tous les Indiens du nord-ouest; c'est celle que l'on parle dans les conseils des chefs des diverses tribus. Les voyages du célèbre voyageur Schvoloraff ont jeté un grand jour sur sa formation. Nous avons recueilli, pendant notre séjour aux Etats-Unis, quelques vocabulaires seminoles; cette langue a beaucoup de rapports avec celle des Cricks, dont ce peuple n'est qu'un démembrement, ainsi que le démontre son nom, qui signifie réfugiés.

Quelques chefs seminoles comprennent l'espagnol, et une très-grande partie des Indiens du nord-ouest parlent français. Les Hurons du village de Lorette (Canada) ne se servent que de notre langue même entre eux. Il y a dans le Wisconsin, près du lac de Winbago, les restes d'une tribu transportée de l'Etat de Newport, et nommés aujourd'hui les Brother Town. Par un exemple bien rare chez les Indiens, si curieux de leurs vieilles traditions, ceux-ci ne parlent qu'anglais, et ont même oublié le nom de leur tribu.

Les Indiens qui comprennent une langue européenne cherchent ordinairement à le dissimuler; et dans les conseils tenus entre eux et les blancs, l'on se sert toujours d'interprètes, même lorsque des deux côtés l'on comprend les deux langues.

Les Indiens sont généralement éloquents et aiment les longs discours; ils ont d'ordinaire l'organe du langage fort développé; ils se servent continuellement de métaphores, et sous ce rapport comme sous beaucoup d'autres, ils rappellent les peuples d'Orient.

J'ai dit plus haut que les femmes indiennes étaient laides:

cela est vrai pour la majorité; il en est pourtant dont la beauté est célèbre; et sans citer la belle Pacahoutas, qui épousa le capitaine Smith, dont elle avait sauvé la vie, je mentionnerai, parmi celles que j'ai connues pendant un séjour de quelques mois au milieu d'une tribu pawnie résidant au rendez-vous des cinq rivières, une admirable jeune fille, la belle Otami-ah, dont j'ai parlé très-au long dans mon volume de *Chasse et pêche de l'autre monde*, au chapitre de la chasse aux bisons. Cette superbe créature, dont j'ai croqué le costume, avait la figure à la fois altière et remplie de douceur, un galbe de Vénus, des pieds et des mains sans pareils au monde.

Il me semble la voir encore, revêtue de son costume de guerre, un bandeau sur le front, sa carabine passée en bandoulière, la jambe tendue et bien cambrée, la poitrine ronde et le sourire sur les lèvres. Elle posait, la jolie fille du désert, sans le savoir, avec une coquetterie toute naturelle et cependant savante au plus haut degré. Son père, un admirable vieillard, se plaisait à la voir ainsi s'élancer sur un cheval, franchir les torrents, sauter par-dessus les précipices, et se livrer à une fantasia qui était plutôt le propre d'un garçon que d'une fille; mais sans avoir rien de masculin dans sa personne, Otami-ah avait en elle toute l'énergie qui caractérise l'enfant du désert. Une nuit, me racontait son père, elle avait vu, à travers les lueurs des feux du camp, dix Peaux-Rouges se glissant dans l'ombre pour surprendre sa tribu endormie. S'élancer sur une carabine, tirer sur le chef de ces assassins, le tuer et donner ainsi l'alarme à ses frères et amis, tout cela avait été l'affaire d'un moment.

Surpris à l'improviste, les ennemis avaient voulu fuir; mais tous, jusqu'au dernier, avaient péri, grâce à l'énergie de la belle Indienne. A dater de cette nuit mémorable, la belle Indienne avait été considérée comme l'ange protecteur de sa tribu. Quelque temps après ma visite au cœur de sa tribu, elle avait épousé un de ses cousins, nommé Walalalla, grand et beau jeune homme auquel elle était fiancée à l'époque où je lui donnais des leçons de guitare.

C'est encore pendant cette excursion au milieu des prairies de l'Illinois, que j'appris d'un vieux trappeur certains traits d'audace et de courage dont les Peaux-Rouges étaient les héros. On sait que pendant nos guerres avec les Anglais, à l'époque où la France possédait le Canada, nous n'avions pas de plus grands ennemis que les Peaux-Rouges des tribus voisines de Montréal et de Québec. Le vieux trappeur, ancien soldat français, avait connu un vieux sachem, le célèbre Plume-d'Aigle, dont il me raconta l'histoire, que je transcris ici avec une fidélité scrupuleuse.

— Cette campagne que vous apercevez devant nous, me disait-il, est semée de monuments qui ont pour moi le charme des souvenirs et l'intérêt de l'histoire. Je ne pose pas le pied sur un de ces gazons dont vous voyez les crêtes verdoyantes sans que la terre me réponde.

Tenez, ajoutait-il en redressant son corps plié en quart de cercle, vous voyez bien là-bas, ce petit tertre surmonté de deux arbres et couvert d'une moisson de maïs, c'est là que repose l'ami fidèle, le compagnon de mes jeunes années. C'est à son adresse, à son courage, à sa fidélité que douze Français, moi compris, nous dûmes la vie.

— Comment cela? dis-je à cet homme avec un mouvement plein d'intérêt.

— Oh! cher Monsieur, répondit le vieillard en essuyant de la main ses yeux humides, c'est un souvenir qui est gravé là et là, fit-il en montrant sa tête et son cœur.

— C'était donc un bien brave homme? répondis-je.

— Un homme! non, répliqua mon interlocuteur avec surprise, c'était un Indien

— Eh bien ! alors, vous allez me raconter son histoire.

— Ce que vous me demandez là, Monsieur, est bien difficile, car ma pauvre tête s'en va, et puis, voyez-vous, quand je raconte cette histoire, j'en rêve toute la nuit, et cela me donne le cauchemar. Je vois encore devant moi le terrible spectacle de la mort, les hideuses convulsions de l'agonie, et au milieu de tout cela Plume d'Aigle-tombant au milieu de nous comme la foudre ; le vrai nom de l'Indien était Kahamakna.

— Et c'est ce brave Indien qui est enterré sous ces chênes?

— Lui-même ; il appartenait à la tribu des Illinois, dont il était un des chefs les plus influents. Lorsque mes camarades et moi nous arrivâmes du fort de Chartres, il nous accompagna jusqu'ici, nous aida, là même, à dresser nos tentes. J'étais encore un enfant à cette époque ; mais ces circonstances sont présentes à ma mémoire comme si la chose datait d'hier.

— Eh! vous voyez bien que la tête est encore bonne.

— Oh! dit le vieillard, ce n'est pas la tête qui raconte ; la tête s'en va, mais le cœur, oh! le cœur, jamais!

— Eh bien! voyons, racontez-moi donc ce que fit ce vaillant Plume-d'Aigle, dis-je, m'asseyant à côté du vieillard, qui s'était déjà placé sur un tronc d'arbre.

— Plusieurs années s'écoulèrent, répondit le vieillard, pendant lesquelles nous travaillâmes à bâtir le village de Kaokia, près duquel nous nous trouvons. Nous étions toujours au mieux avec les Peaux-Rouges, qui venaient échanger leurs fourrures contre des colliers de verre, du vermillon, du tabac et des couvertures, que nous leur fournissions. Il fallait voir, Monsieur, la joie de ces braves gens au retour de leurs excursions de chasse ; c'étaient des cris et des danses à devenir sourd. Certain dimanche, nous vîmes venir à nous quatre chefs ; ils étaient tellement frottés de vermillon, qu'on aurait pu les prendre pour des écrevisses. Ils nous tendirent la main : nous leur donnâmes la nôtre, et nous allâmes nous asseoir sous ce grand chêne qui est au milieu du village. Après leur avoir offert du tabac, qu'ils acceptèrent, l'un d'eux prit la parole et nous dit :

— Frères, les nuages noirs montent derrière la grande montagne; avant peu, il y aura du feu dans le ciel et sur la terre. Tenez, regardez l'horizon, et soyez prêts.

Il faut vous dire, Monsieur, que nous comprenions ces paroles sentencieuses.

Ce qu'il venait de dire signifiait simplement que nous aurions la guerre. Après différentes questions, nous apprîmes que plusieurs Anglais étaient arrivés parmi eux, chargés de présents, au moyen desquels ils avaient engagé d'autres chefs à se déclarer contre nous. Cette nouvelle nous trouva aussi calmes que si nous y eussions été préparés. Il eût été d'ailleurs dangereux de manifester aucun sentiment de crainte en présence des Peaux-Rouges, cela seul eût suffi pour les détacher de notre cause.

— Et que répondîtes-vous aux quatre chefs?

— Nous répliquâmes en riant que nous avions, pour recevoir nos ennemis, de la poudre noire et des sarbacanes de fer : c'était ainsi que les Indiens appelaient nos fusils. Il y avait parmi eux un grand Sioux, que j'avais vu quelquefois au camp. Sa mine hypocrite, son sourire perpétuel, son regard qui fuyait toujours le nôtre, m'avaient prévenu contre lui ce jour-là; plus que tous les autres, il paraissait embarrassé; je me disais à part moi :

— Voilà un drôle qui vient pour nous espionner.

Cependant, mes camarades et moi nous fîmes préparer un grand festin, auquel nous invitâmes nos hôtes. Le souper se prolongea fort avant dans la nuit, et les étoiles disparaissaient à peine devant le jour, que nos quatre Indiens, ivres-morts, étaient encore couchés sous la table autour de laquelle nous avions festoyé.

— Je comprends : ce que voulaient ces quatre Indiens, vous vouliez le savoir, et vous avez eu recours aux boissons excitantes.

— Depuis quelque temps, continua le vieillard sans répondre à mon interruption, quelques chefs indiens s'apercevant de notre facilité à ajouter foi à leurs rapports, rapports que nous récompensions avec munificence, spéculaient sur notre crédulité. L'Anglais était pour eux une excellente marchandise avec laquelle ils nous exploitaient à leur manière. Mais nous ne tardâmes point à reconnaître le subterfuge; nous les enivrâmes afin d'arriver à la connaissance de la vérité. Cette fois, nous apprîmes que les légions d'Anglais dont on nous menaçait se réduisaient, toute soustraction faite, à un médecin anglais accompagné de son domestique, venus tous les deux dans les tribus indiennes pour chercher à les faire soulever contre nous.

— Ce danger-là était peut-être fort grand, ce me semble, dis-je en voyant le vieillard sourire à ces derniers mots.

— Vous ne connaissez point les Peaux-Rouges, Monsieur; songez donc que nous étions en force sur ce territoire, et que les Anglais ne s'avancent qu'au moyen d'espions et grâce à des présents. Or, le sauvage peut fort bien céder un instant à un collier de verre qu'il oubliera le lendemain, mais il se souviendra toujours que le canon d'un fusil est braqué sur sa poitrine, car chez lui la crainte sert d'assaisonnement à l'amitié, et nous assaisonnions tellement ce dernier sentiment, que nous n'avions rien à redouter. Bref, lorsque nos convives eurent bien cuvé leur vin, nous les aidâmes à se remettre sur pied, et à la place des présents qu'ils attendaient sans doute en échange de leur confidence, nous leur fîmes promesse de nous rendre le lendemain dans leur camp, et là de reconnaître libéralement l'intérêt qu'ils venaient de nous manifester. En effet, le lendemain, douze de mes camarades et moi, armés et équipés jusqu'aux dents, nous nous rendîmes au pied de ce grand tumulus que vous voyez sur votre droite; c'était là que les Indiens nous avaient donné rendez-vous.

— Bravo! m'écriai-je avec joie, nous voici arrivés à la partie dramatique de notre récit.

— Nous étions à peine en vue du camp, continua le vieillard, qu'un détachement d'une vingtaine d'Indiens vint à notre rencontre.

Ils avaient tous endossé, pour nous recevoir, leurs horribles habits de guerre, et les larges aigrettes de plumes qui leur retombaient derrière la tête ajoutaient encore à leur aspect belliqueux. Je n'aime pas les fanfreluches; mais ces hommes étaient si beaux dans ce costume, que je ne pouvais m'empêcher de les admirer.

— Bien! dis-je en pressant la main qu'ils nous tendaient, bien, mes gars! vous êtes magnifiques aujourd'hui. Est-ce que nous serions de noce, par hasard?

A peine avions-nous mis le pied dans l'enceinte du camp, qu'une musique épouvantable se fit entendre, musique à nous briser le tympan. Les malheureux, croyant nous être agréables, avaient réuni tous les femmes pour jouer du tambour. Le tambour indien est, comme vous le savez, un baril défoncé par les deux bouts et recouvert d'une peau de daim. Dans le but de rendre la réception complète, ils avaient ajouté à cette musique infernale le bruit de plusieurs tibias de bœuf que des enfants cognaient les uns contre les autres. Je n'ai jamais entendu rien de pareil. C'était à faire sortir les morts de leurs tombeaux.

— Où est donc Plume-d'Aigle? dis-je aux Indiens qui nous entouraient. Est-ce pour nous recevoir qu'il a ordonné tout ce tintamarre? Il faut vous dire que le fidèle Peau-Rouge dont je venais de prononcer le nom était l'ordonnateur de ces sortes de fêtes, dans lesquelles il avait l'habitude de prodiguer le son du tambour. Je croyais celle-ci de son invention, et je m'apprêtais à lui en faire le reproche, lorsque j'appris, à ma grande surprise, que cette fois Plume-d'Aigle n'était point coupable. Il était parti la veille au soir avec un détachement de la tribu des Illinois pour aller à la chasse des loutres. A force de prières et de signes, nous parvînmes à calmer cet excès d'harmonie et nous pûmes enfin nous entendre. Plusieurs détachements de différentes tribus s'étaient joints aux Illinois pour nous fêter. Les lieux où nous sommes étaient alors bien différents de ce qu'ils sont aujourd'hui. A la place de ces champs de maïs que vous voyez maintenant, régnaient, autour des tumulus indiens, des forêts si épaisses que la lumière du soleil pouvait à peine s'y frayer un passage; ses rayons étaient distribués avec une telle parcimonie qu'à peine, de distance en distance, distinguait-on quelques jets lumineux dont les reflets éblouissants, épars çà et là, tantôt sur des flaques d'eau croupissante, répandaient la vie et la gaieté sur des mondes inconnus peuplés d'insectes et de reptiles.

Au sein de cette nature sombre et mystérieuse, l'esprit se peuplait de fantômes et l'âme de terreurs. Aussi les Indiens, dans leur cruelle superstition, choisissaient-ils ces lieux pour s'y livrer aux évocations magiques dont leurs sorciers ou médecins les entretenaient sans cesse. C'est là aussi qu'ils se réunissaient dans leurs grandes fêtes ou dans les occasions solennelles, persuadés que l'âme de leurs chefs, enterrés dans les tumulus voisins, assistait à leurs jeux et à leurs délibérations. Leur vénération pour leur culte était si grande que, porter la hache sur quelqu'un des arbres de la forêt était considéré comme un acte d'impiété.

C'était dans ce lieu saint et sous la voûte la plus obscure que les sauvages avaient dressé la table du festin. Cette table était tout uniment fabriquée de vieux troncs d'arbres empilés les uns sur les autres et recouverts de peaux. Au centre de cette table figurait un bison tout entier, rôti d'après le procédé particulier aux peuples primitifs et flanqué de cochons préparés selon les mêmes principes culinaires. De nombreuses pièces de gibier remplissaient les intervalles laissés entre les pièces principales, et des corbeilles de fruits artistement rangés et distribués achevaient de donner au festin l'apparence de ces repas fantastiques que l'on ne rencontre plus que dans les contes de fées et de génies. Tout cela était vraiment magnifique et m'aurait tout-à-fait séduit, si je n'avais vu devant moi la figure sournoise et méchante du chef sioux dont je vous ai parlé. Ce soir-là un sourire sinistre, pareil à celui de Satan lorsqu'il perdit l'homme, faisait grimacer ce visage sur lequel passait de temps à autre l'éclair furtif d'un regard fauve et incertain.

Je ne raconterai pas les particularités du repas. La cordialité la plus sincère, l'expansion la plus franche ne cessèrent de régner du commencement à la fin. Puis, lorsque tout ce monde fut repu de viande et de fruits, les pièces disparurent, et comme par enchantement les trois énormes cuves remplies jusqu'au bord de whiskey, autrement « d'eau de feu, » comme l'appelaient les sauvages, furent placées sur la table. Or, il faut vous dire que parmi les habitudes funestes que les Français avaient importées dans ce pays, la plus terrible de toutes, celle qui nous causa les plus grands maux, fut l'introduction des liqueurs fortes. Le whiskey, cette importation des colonies anglaises, a plus contribué à la destruction des Indiens que ne l'ont pu faire la poudre et le canon, ces agents civilisateurs des peuples prétendus civilisés.

On mit d'abord le feu à la liqueur, et les danses commencèrent, danses échevelées, accompagnées de cris qui se prolongèrent presqu'à la nuit. Pendant ce temps, la liqueur brûlante était versée dans des calebasses que nous étions forcés de vider pour répondre aux nombreuses santés que les Peaux-Rouges nous portaient. Tout-à-coup, et au milieu de l'excitation produite par les danses et la boisson, j'entends un de mes camarades pousser des cris terribles; je le vois tomber de son siége et se rouler dans d'horribles convulsions.

D'un seul bond, et comme animés d'un même sentiment, mes amis et moi, croyant qu'il était blessé, nous nous précipitons à son secours. Mais une minute s'était à peine écoulée qu'un autre Français tomba à côté de lui, frappé de la même manière et manifestant les mêmes symptômes. La face contractée, les yeux hagards, la bouche écumante, les malheureux se tordaient sur le gazon, et leurs mains crispées le labouraient dans tous les sens. Nous cherchions en vain à les relever. Leurs muscles, tendus comme la corde d'un arc, avaient perdu toute flexibilité. Dans l'anxiété où cet accident jetait mon esprit, je ne m'aperçus point que plusieurs de mes camarades atteints de la même manière étaient déjà tombés sur le sol. Lorsque je me relevai pour aller chercher du secours, je m'aperçus alors que de tous mes compagnons, j'étais le seul qui restât debout. Victimes d'un horrible guet-apens, nous étions tous empoisonnés! Je ne tardai pas moi-même à ressentir les effets du poison, mais soit qu'il m'eût été administré en plus petite quantité, soit que ma constitution résistât mieux à ses ravages, je ne tombai point. D'un regard rapide je vis les sauvages, réunis en cercle, contempler d'un œil morne l'affreux spectacle que je viens de décrire. Chez eux, l'idée que le feu du ciel nous avait frappés empêchait qu'ils ne s'avançassent pour nous secourir. J'étais dans une situation déplorable, entre la vie et la mort, lorsqu'un cri affreux, pareil au miaulement d'un tigre qui s'élance sur sa proie, sortit du feuillage. Tout-à-coup, Plume-d'Aigle, le tomahawk d'une main, une gourde de l'autre, se précipita vers nous en s'écriant :

— Mes amis! mes chers amis!

Mais avant qu'il nous eût touchés, le petit instrument de guerre qu'il brandissait avait fendu la tête du chef sioux, qui, dans ce moment, animé d'une rage indicible, empêchait les autres Peaux-Rouges de s'approcher de nous. Là ne s'arrêtèrent point les exploits du chef. Après cet acte d'incompréhensible justice, il s'approcha de nous, et ayant porté sa gourde à nos lèvres, il nous fit avaler quelques gouttes du liquide qu'elle contenait. L'effet de ce breuvage fut instantané ; mes camarades et moi nous fûmes saisis de vomissements réitérés, et une demi-heure s'était à peine écoulée, qu'un assoupissement profond, suivi d'abondantes sueurs, s'était emparé de nous. On nous roula dans des peaux de bêtes sauvages, on alluma de grands feux ; et bientôt un sommeil réparateur nous plongeait dans le monde de l'oubli.

Le lendemain, lorsque nous nous réveillâmes, nous aperçûmes Plume-d'Aigle penché sur nos têtes, qui nous regardait en souriant. Vous sentez que notre première parole fut une parole d'amitié, nos premières questions des questions sur l'événement de la veille. Le chef raconta comment il avait appris, par la femme du chef sioux, que le médecin anglais avait séduit ce misérable à l'aide de riches présents, pour qu'il nous empoisonnât pendant un repas public. Dès que Plume-d'Aigle avait appris cette nouvelle, il avait rebroussé chemin et avait pris chez lui le contre-poison dont les Indiens ont l'habitude de se servir pour leurs enfants, antidote sans pareil qui, dans cette circonstance, nous avait sauvé la vie d'une manière presque miraculeuse.

Ce récit, que je résume en quelques lignes, avait été débité avec une telle simplicité et d'une voix si douce, qu'il nous arracha les larmes des yeux. Les grandes vertus n'ont pas besoin de science pour être traduites et comprises. La magnanimité du chef peau-rouge, l'expression naturelle de ses sentiments pour nous, perçaient dans chacune de ses paroles, sans qu'aucun art en vînt relever la naïveté et le charme. A dater de ce moment, notre amitié pour lui n'eut plus de bornes; il était de toutes nos fêtes et de tous nos travaux, partageait nos peines et contribuait à nos plaisirs. Cette existence fraternelle fut seulement interrompue par sa mort. Ce noble enfant du désert périt dans un combat contre un Indien de la tribu des Sioux, qui lui reprochait toujours la mort de son chef. Cette fin couronna dignement sa vie d'affection et de dévouement. Après nous avoir sauvé la vie, il mourut à son tour en combattant encore pour nous, et les Peaux-Rouges qui le virent tomber nous assurèrent que sa dernière parole avait été une parole d'amitié pour les Français.

La tribu des Illinois consentit à nous livrer son corps, que nous enterrâmes près de notre village, afin que sa mémoire restât toujours dans tous les cœurs. Demain, cher Monsieur, je vous conduirai vers le tertre que je vous ai indiqué; vous y trouverez une pierre tumulaire sur laquelle sont inscrits les mots suivants :

A LA MÉMOIRE DE PLUME-D'AIGLE,
AMI FIDÈLE ET COMPAGNON DÉVOUÉ,
LES FRANÇAIS RECONNAISSANTS.

Cette narration poétique de mon camarade de chasse est une des plus douces réminiscences de mon excursion parmi les Peaux-Rouges.

C'est encore le petit-fils de Kahamakna qui commande la tribu des Pawnies, descendant des Illinois, retirée dans la partie supérieure du Missouri. Shar-cé-Tarish, tel est son nom, est un magnifique Peau-Rouge d'une taille gigantesque, que j'ai eu l'occasion de connaître, et avec qui j'ai passé plusieurs semaines au milieu des prairies, non loin du fort Léavenvorth.

La tribu des Mandanes, l'une des plus importantes de l'Amérique du Nord, descend, selon toute probabilité, du prince Madawk, qui, en 1170 ou 1179, partit avec dix vaisseaux pour faire un voyage de long cours, et ne revint plus jamais au port : on supposa qu'il s'était rendu en Amérique. Les Mandanes de nos jours, — preuve très-remarquable, — se donnent la qualification de « faisans, » oiseau tout-à-fait inconnu en Amérique et très-commun dans le pays de Galles. Or, le prince Madawk avait dans ses armoiries trois plumes de faisan.

Une autre bizarrerie des Mandanes est qu'une grande partie de ces Peaux-Rouges viennent au monde avec une touffe de cheveux blancs sur le front (absolument comme dans le drame de monsieur Séjour, *le Fils de la Nuit*, le père de Ben-Leil lui-même). Les hommes paraissent honteux de cette singularité naturelle, et peignent cette mèche en rouge ou en noir, tandis qu'au contraire les femmes s'en montrent très-orgueilleuses et laissent tomber ces boucles blanches sur leurs épaules brunies.

Un autre rapprochement digne de remarque, c'est que le dialecte de ces Indiens ressemble au gaëlique, et que leurs canots ont la forme de ceux que l'on emploie encore de nos jours dans le pays de Galles et sur les côtes de l'Irlande. Les Mandanes fabriquent du verre et en font des ustensiles curieux. J'ajouterai enfin que la couleur de leur peau est moins rouge que celle de la plupart des Indiens de l'Amérique du Nord. De tous ces faits, il est possible de conclure que les navires du prince Madawk, entrés dans le golfe du Mexique, où les avait entraînés le Gulf-Stream, auraient remonté le

Mississipi jusqu'à l'embouchure de l'Ohio, où l'on rencontre encore de nos jours les premiers vestiges des wigwams mandanes, jusqu'à la rivière Yellow-Stone, où s'élève en ce moment le village de cette nation.

Cette peuplade, l'une des plus intelligentes de toutes celles du continent américain, prétend avoir été la première créée par le Grand-Esprit. Suivant la tradition, ils vivaient, dans le principe, au centre de la terre, et y cultivaient des vignes. Un jour le cep de l'une d'elles poussa à travers une des fissures du globe et monta à la surface du sol extérieur. Ce fut le long de cette échelle d'un nouveau genre qu'un jeune homme grimpa et parvint à l'endroit où s'élève le village actuel. Il fit sur tout le territoire une excellente chasse, et, en bon camarade, voulut faire partager sa bonne fortune à ses amis. En conséquence, il descendit les avertir et ils revinrent en grand nombre à sa suite.

Dans le nombre des nouveau-venus à la surface de la terre, il y avait deux jeunes filles d'une beauté remarquable, qui passaient pour être vierges, et une grosse femme qui, en voulant grimper à son tour, fit rompre le cep de vigne et interrompit ainsi la communication entre ceux qui étaient dehors et ceux qui étaient dedans la terre. C'est alors que les premiers Peaux-Rouges mandanes bâtirent le village de Yellow-Stone.

Suivant les Osages, le premier homme de leur tribu est issu d'un coquillage qui, dans plusieurs hiéroglyphes indiens, signifie un vaisseau. Le Grand-Esprit, l'ayant rencontré sur la plage, lui donna un arc et des flèches, en lui indiquant l'usage qu'il pouvait faire de la chair pour se nourrir, et de la fourrure pour s'en vêtir. Le Peau-Rouge se mit donc en chasse et se trouva fort bien de cet arrangement. Un jour le roi des castors, assis sur le sommet de sa hutte, l'aperçut passer non loin de son village amphibie et lui proposa une de ses filles en mariage, ce qui plut fort à cet Indien. Il accepta, épousa la « Castorine » et, chose étrange! ils eurent beaucoup d'enfants, bien formés, très-beaux (produit d'un Indien et d'un castor), qui furent la souche de la nation osage. Aussi, en reconnaissance de cette maternité, les Peaux-Rouges ne tuent jamais de castors, car ils les considèrent comme partie intégrante de la famille.

Les Otaws, dont le type est tout-à-fait israélite, descendent indubitablement d'une émigration d'Hébreux. Mais rien n'est plus difficile que de se faire une idée exacte de l'origine diverse des Peaux-Rouges, depuis l'émigration de leurs ancêtres jusqu'aux jours de la découverte de Christophe Colomb. Et d'ailleurs, ces enfants de la nature préfèrent le mystérieux à la simple énumération des faits; c'est ce qui empêche de soulever le voile qui cache aux Indiens leur passé.

La taille des Peaux-Rouges varie beaucoup, mais en général ils sont aussi grands que les Européens, très-musculeux, et d'une légèreté sans pareille. Il en est pourtant dans ce nombre qui rappellent la race des géants. Il m'est arrivé en deux ou trois circonstances, pendant mon séjour dans l'Illinois, de me trouver face à face avec des colosses qui me rappelaient Bihin, l'hercule belge, et l'ancien Gargantua du café Mulhouse.

Les Peaux-Rouges ont la figure plutôt ronde qu'ovale, les traits expressifs, les yeux et les cheveux noirs. Je ne parle pas de leur barbe, qui, à peu d'exception près, n'existe pas, car même ceux sur le menton desquels elle pousse l'épilent avec le plus grand soin. Leur existence est assez longue, de cinquante-cinq, soixante-quinze et quatre-vingt-dix ans, malgré les privations auxquelles ils sont soumis; et généralement ils sont peu sujets aux maladies.

A propos des vieillards, j'ajouterai qu'un usage atroce règne parmi quelques tribus nomades des prairies, à qui, de temps en temps, le manque de nourriture impose tout-à-coup les marches forcées les plus pénibles. En pareille circonstance, elles abandonnent dans le lieu qu'elles se voient obligées de quitter les vieillards trop décrépits pour pouvoir ou se tenir sur leurs jambes ou supporter le mouvement du cheval. Cet usage s'est si profondément incrusté dans leurs mœurs, que souvent ce sont ces malheureux vieillards eux-mêmes qui demandent à terminer ainsi leurs jours. Je me trouvais à un village des Puncahs au moment où ils venaient d'abattre leurs tentes et allaient partir; je fus témoin d'une de ces expositions, spectacle qui me navra le cœur.

L'homme abandonné avait été un vaillant chef de guerre; chaque jour encore tous les jeunes courages de la tribu s'exaltaient aux récits de ses exploits comme aux sons énivrants d'un clairon belliqueux; mais parvenu à sa centième année, le héros n'était plus qu'un homme, un reste d'homme, un commencement de cadavre. Je le vois encore assis, tout tremblotant, auprès d'un petit feu que lui avaient allumé ses amis, avec un vase plein d'eau à sa droite et quelques morceaux de viande à sa gauche. Sa tête chenue, affaissée sur sa poitrine terreuse et décharnée, semblait fléchir sous un flocon de neige; ses lourdes paupières, si parfois elles se soulevaient péniblement, ne laissaient apercevoir, à travers les épais et longs sourcils blancs qui les recouvraient, qu'un regard éteint pour lequel les êtres vivants n'étaient déjà que des ombres. Il avait dit aux siens :

— Vous ne trouvez plus ici de quoi subsister; il faut vous transporter ailleurs; mais moi, je suis trop faible pour vous suivre, et trop vieux pour que l'existence me soit douce; il faut me laisser ici. A charge aux autres, à charge à moi-même, je veux mourir. Adieu, mes enfants, soyez toujours braves, et oubliez-moi, puisque je ne suis plus bon à rien.

Après quoi il leur avait tourné le dos. Et tandis que la

tribu s'éloignait tristement, j'étais allé m'asseoir à côté du sublime patriarche, qui, seul au milieu de ces prairies immenses, attendait dans une silencieuse et stoïque résignation les convulsions de l'agonie ou la dent des loups. Je contemplais ce vieux guerrier avec un tendre intérêt. « Ainsi, me disais-je, il n'aura survécu à tant de combats que pour périr si misérablement! »

Et je ne pouvais retenir mes larmes. Malgré l'affaissement de sa vue, reconnaissant que j'étais un blanc, et remarquant néanmoins que je sympathisais avec sa cruelle destinée, il me sourit affectueusement en me serrant la main. Je pressai la sienne à mon tour; puis je le quittai, le cœur plein d'une amère mélancolie, pour aller rejoindre mes compagnons de voyage, et gagner avec eux le bateau à vapeur qui devait nous reprendre à un mille de là.

L'épiderme des Peaux-Rouges est de couleur de brique; quelques-uns ajoutent encore à la nature en se peignant la face d'ocre ou de vermillon d'une façon bizarre. Ces peintures, tout emblématiques et distinctives, ont une désignation particulière.

Dans leur état primitif, les Indiens sont modestes, inoffensifs, et d'une moralité assez extraordinaire, car la polygamie n'existe chez eux que par un usage invétéré qui vient plutôt de l'orgueil de celui qui garde plusieurs femmes, parce qu'il est assez riche pour les entretenir, que de ses mauvaises mœurs. Fidèles esclaves de leur parole, ils ne modifient ce noble instinct qu'au contact fâcheux des peaux blanches, et c'est à l'exemple fatal des Américains que les Indiens sont devenus trompeurs, méfiants, intéressés et cruels. Sur les frontières des Etats civilisés de l'Amérique du Nord, les Peaux-Rouges sont devenus si vicieux qu'on ne peut plus les prendre pour de vrais Indiens; ce sont, à mon avis, des métis de la civilisation et de l'esclavage.

Les vrais Peaux-Rouges sont ceux qui vivent du produit de leur chasse et de leur pêche, loin de leurs ennemis, et dans une entière indépendance.

De ce nombre, je citerai les Pieds-Noirs, les Shyennes, les Osages, les Témisamings, les Kistenaux, tous les habitants du grand Désert, et les Corbeaux, riverains des montagnes Rocheuses.

Ce qui caractérise un grand nombre de ces Peaux-Rouges, c'est la longueur de leurs cheveux. La plupart des Indiens ont le plus grand soin de cet ornement et se pommadent avec de la graisse d'ours.

Les Corbeaux passent pour avoir les plus beaux cheveux de toutes les tribus de l'ouest. Il y en a qui atteignent en moyenne cinq ou six pieds, et qui tombent jusqu'à terre. J'ai entendu raconter, par un voyageur digne de foi, qu'un chef de cette tribu portait une chevelure vraie qui lui servait de manteau.

Les Peaux-Rouges Sioux résident entre le Missouri et le Mississipi; ils sont en général chétifs, maigres, et abrutis par l'usage des boissons. Leur costume est mal entretenu, leur existence est pauvre, et cependant, s'ils le voulaient, rien ne leur serait plus facile que de bien vivre; car ils ont des champs très-fertiles qui, avec un peu de culture, leur rendraient au centuple les grains nécessaires à leur nourriture.

L'impassibilité indienne, le stoïcisme de ces Peaux-Rouges sont passés en proverbe. Il arrive souvent qu'un Indien dont la chasse a été infructueuse rentre dans son wigwam et s'asseoit près du foyer allumé par les soins de sa femme, sans se plaindre de la lassitude et de la faim qui le torture. Ses enfants seuls se lamentent et pleurent, mais leur mère imite le silence de leur père et cherche à apaiser ces pauvres êtres affamés. Lorsque cette disette se prolonge, l'Indien se nourrit des pelleteries qu'il se proposait de vendre aux marchands de la compagnie anglaise, afin de reprendre des forces pour recommencer une autre chasse, peut-être aussi inutile que la précédente.

Les Peaux-Rouges, en général, ont pour leur famille une tendresse toute particulière, ce qui n'empêche pas qu'ils n'embrassent jamais en public ni leurs femmes ni leurs enfants, et cela par un sentiment de dignité tout-à-fait incompréhensible. Cette affection se continue au-delà du tombeau, car lorsque les Indiens sont obligés d'émigrer, ils emportent souvent avec eux les ossements de ceux qui ne sont plus, à moins que la décomposition récente ne les empêche de songer à ce pieux devoir.

Il ne faut pas croire, cependant, que le Peau-Rouge de l'Amérique du Nord est triste et morose sous son wigwam. Tel n'est point le cas, car au contraire ils aiment à causer, à plaisanter, et tout cela dans les règles, c'est-à-dire sans emportement, sans que jamais discussion dégénère en querelle. Jamais un Indien n'interrompt la conversation, car cette manière de faire passe pour inconvenante. Plus encore, si on les interroge et qu'ils ne pensent pas devoir répondre sur-le-champ, de crainte de faire une réponse inconséquente, ils remettront jusqu'au lendemain. La magnanimité est encore un des traits caractéristiques du Peau-Rouge, et je citerai le fait suivant, qui mérite de trouver place dans cet aperçu.

Un Indien, emporté par l'ardeur de la chasse, arriva certain soir, par un temps pluvieux, jusqu'aux plantations d'un riche Américain. Il demanda l'hospitalité; mais elle lui fut impitoyablement refusée. Comme il avait faim et soif, il pria qu'on lui donnât du pain et de l'eau; mais le planteur le chassa sans écouter ses supplications. A quelques années de là, ce même planteur s'égara à son tour dans le désert américain et vint frapper à la hutte d'un Indien. Il demanda l'hospitalité, et l'obtint sans la moindre hésitation : on lui donna à souper avec une bonne grâce toute exceptionnelle, et on le traita comme on eût fait d'un prince. Le lendemain, l'hôte reconduisit le visage pâle jusque sur ses domaines, et quand le moment de le quitter arriva, le Peau-Rouge demanda au planteur s'il ne le reconnaissait pas. Certes la question était singulière, et l'Américain ne put cacher sa terreur, lorsqu'il s'aperçut que son guide était le même Indien qu'il avait traité avec une brutalité sans égale, quelques années auparavant. Il lui adressa des excuses; mais celui-ci, sans rien écouter, lui répondit :

— Une autre fois, soyez plus généreux pour mes frères, car je vous ai prouvé qu'ils valent mieux que vous.

Et sans rien ajouter ni écouter un mot de plus, il tourna le dos au planteur, et reprit le chemin du wigwam. Ce trait n'est point le seul que je pourrais citer, car chez ces sauvages la grandeur d'âme est une qualité naturelle.

Une autre vertu du Peau-Rouge, c'est la discrétion, car il ne désapprouve jamais ce qu'il ne comprend pas, ne rit point des ridicules, tout en ne comprenant pas que le visage pâle préfère à la liberté la vie de prisonnier qu'il mène dans les villes. Il ne peut pas comprendre que nous ne soyons pas mortellement ennuyés, et pour toutes les richesses du monde il ne changerait pas son existence nomade avec la nôtre.

Le Peau-Rouge qui visite pour la première fois les villes des Etats-Unis éprouve une stupéfaction toute particulière, et lorsqu'il revient dans sa tribu, ses récits suffisent pour charmer les veillées de ses amis et de ses parents. Les chefs et les chasseurs, accroupis sur des pelleteries, sont autour du foyer avec leurs femmes et leurs enfants, et écoutent le voyageur avec une attention scrupuleuse. On dirait des enfants à qui l'on récite une fable, ou à qui l'on raconte les aventures merveilleuses d'une fée ou d'un gnome. L'auditoire prête une attention scrupuleuse à la moindre parole, sans faire le moindre bruit, à tel point qu'on entendrait une mouche voler.

J'ai jusqu'à présent raconté les mœurs des Peaux-Rouges, dont le caractère est doux et favorable aux visages pâles. Il en est d'autres chez qui il existe une haine toute particulière pour tout ce qui appartient à la race européenne. Un Américain avec lequel je m'étais lié pendant mon voyage dans les prairies me racontait un soir l'histoire suivante :

« Cinq de mes amis et moi, nous nous étions aventurés, certain jour, sur les eaux du Rio-del-Puerto, au sud des montagnes Vertes, à bord d'un bateau, dans l'intention de remonter jusqu'au nord, pour y chasser les bisons. L'après-midi du troisième jour, nous nous trouvâmes tout-à-coup, au détour d'un rocher qui formait le coude sur la rivière, devant un campement d'Indiens-Comanches. Reculer était chose impossible, malgré le danger imminent, car déjà notre barque avait attiré l'attention, et une foule d'indigènes accouraient sur le bord de l'eau. J'espérais que ces sauvages se contenteraient de nous regarder de loin, mais je fus trompé dans mon attente, et, à ma grande terreur, je vis que ceux pour qui nous étions un spectacle, ne se contentant pas de nous apercevoir, voulaient nous voir de plus près. En effet, ils avaient mis à l'eau deux larges pirogues et faisaient mine de vouloir nous joindre. Nous ne savions quel était leur dessein ; mais songeant qu'il valait mieux éviter les Peaux-Rouges que de les attendre, nous prîmes en mains les avirons et commençâmes à nager le plus rapidement qu'il nous fut possible. Il était à peu près cinq heures de l'après-midi. Nous devions échapper si nous n'étions pas atteints, car la nuit commençait à tomber.

» Nos poursuivants n'avaient pas de voiles, tandis que nous

en étions pourvus. A vrai dire, leurs bateaux étaient plus larges que le nôtre, et les Peaux-Rouges étaient plus habitués à manier la rame que mes compagnons et que moi-même. Tant que le vent nous fut favorable, nous pûmes les laisser loin derrière nous ; mais quand le soleil fut sur son déclin, le vent tomba et la voile nous devint inutile.

» Alors nous fûmes obligés de descendre notre mât et d'avoir recours à nos seules rames. Ce désavantage augmenta les forces de nos adversaires, dont nous pouvions entendre les cris répercutés par les rochers. La nuit venait, et les sauvages gagnaient de plus en plus sur nous. Bientôt nous pûmes distinguer leurs paroles. Pendant la nuit, sur les fleuves américains, il règne un calme si profond, que la voix s'entend à près d'un mille.

» Le fleuve se rétrécissait de plus en plus, et c'était là un nouvel obstacle pour notre salut. En effet, pour nos adversaires, il nous fallait rencontrer une crique et nous y réfugier, mais c'est en vain que nos yeux sondaient les bords : ils étaient uniformes et lisses comme les murailles d'un canal.

» Je fus alors convaincu qu'en dépit de toutes nos peines, nous allions être réduits à lutter. J'abandonnai ma rame et je saisis mon fusil. Un singulier phénomène suivit en moi ce courageux mouvement ; cela ressemblait aux effets de la peur : j'étouffais, mes mâchoires claquaient, je ne pouvais me tenir debout, et je dus bénir cette obscurité qui dérobait à mes compagnons le spectacle de ma faiblesse.

» Nos ennemis étaient maintenant si près de nous, que j'étais sur le point d'envoyer à tout hasard mon coup de fusil dans leur direction, quand, par un bonheur providentiel, notre pilote, moins troublé que moi, découvrit une anfractuosité dans laquelle il fit entrer notre barque. Nous nous trouvions au milieu de hautes cannes qui nous cachaient parfaitement.

» Une fois là, nous retînmes notre respiration, de peur que

le moindre bruit ne vînt apprendre à nos ennemis le secret de notre retraite. Assurément les intentions des Peaux-Rouges étaient des plus dangereuses. Auraient-ils poursuivi pendant plusieurs heures, avec une persistance aussi merveilleuse, des hommes sur lesquels ils n'eussent eu que d'innocents desseins? Il y allait de la vie, car comment résister, si la frêle barrière qui nous séparait venait à s'ouvrir pour laisser passer le regard perçant d'un Kikapoos?

» La nuit était bien noire, et la distance qui séparait les Comanches de notre esquif était assez grande pour qu'ils ne nous eussent pas vus opérer notre retraite. Cependant, quand les barques passèrent devant le lieu qui nous servait de refuge, nous sentîmes, à l'irrégularité du mouvement des rames, que l'hésitation gagnait nos ennemis. Ils n'entendaient plus le bruit de nos avirons et n'observaient plus sur l'eau le léger remous que soulevait notre course rapide. Leurs sens exercés étaient en défaut. Bientôt ils repassèrent, remontant le fleuve que tout-à-l'heure ils descendaient. Bonheur inespéré! cette proie si longtemps et si courageusement poursuivie allait-elle donc leur échapper? Ils redescendirent, puis remontèrent, puis nous n'entendîmes plus rien. Pendant plus d'une heure, longue comme un siècle, nous restâmes sans mouvement, blottis entre les rochers et les plantes marines. Mais nous ne pouvions demeurer là plus longtemps. Si nous attendions le jour, nous serions infailliblement découverts; il fallait fuir, fuir quand même. Nous nous y déterminâmes.

» Par un commun mouvement, nous dégageâmes la barque de la crique; l'eau bouillonna de nouveau sous la pression de notre proue; les rames firent entendre leurs clapotements, qui, mille fois répétés par les échos de la rive, remplissaient notre âme de mille terreurs.

» La bête humaine ne nous observait pas : en amont, en

aval, le fleuve était désert. Quelques heures après, nous avions regagné notre campement, nous pressions nos amis dans nos bras, et nous pouvions remercier la Providence, à qui cette fois encore nous devions notre salut.

Telle est, ami lecteur, l'histoire des différentes tribus des Peaux-Rouges de l'Amérique du Nord. J'ai fait en sorte, dans les pages qui précèdent, de donner un résumé clair et circonstancié des mœurs de ces nobles races dégénérées. Le dernier épisode que je viens de rapporter aurait pû être suivi de différentes chasses à l'homme dont j'ai entendu raconter des histoires dans les prairies de l'ouest, mais j'ai pensé qu'il suffisait d'avoir donné un exemple de la cruauté des Indiens pour montrer qu'ils étaient un peu comme les Corses, et ne pratiquaient pas évangéliquement l'oubli des injures. Du reste, les Anglais et les Américains ont fait tout ce qu'il fallait pour envenimer la haine des Peaux-Rouges, car dans les pays lointains, sis aux montagnes Rocheuses et dans les bassins du désert américain, la vie d'un « visage cuivré » n'a pas plus de valeur, pour un visage pâle, que celle d'un « buffalo. » Certes, en présence de ce déni de justice, les Peaux-Rouges ont, à mon avis, bien raison de se rappeler de temps en temps qu'ils ont la puissance de la ruse et de la patience, et que tôt ou tard tout arrive à point à qui sait attendre.

FIN DES PEAUX-ROUGES.

CHASSES AUX PUMAS.

Une expédition de chasse à travers les forêts du Yucatan ressemble toujours à une marche de guérillas, car il faut, avant toutes choses, avoir l'oreille au guet, les yeux grands ouverts, le fusil armé, prêt à se défendre contre les animaux carnassiers errant la nuit et le jour dans les méandres du désert. Les routes sont des plus abruptes, bordées souvent, d'un côté et de l'autre, de précipices dont le fond est un abîme. Ajoutez à cela la chaleur torride du soleil, qui brûle comme les flammes d'un four, fait battre les tempes, dessèche les lèvres, et insinue bientôt la fièvre, poison mortel, dans les veines gonflées.

Pendant mon voyage de la laguana de Terminos à Mérida, en 1847, je souffrais de la chaleur, je l'avoue, mais moins que n'eût pu le faire un Européen du Nord, et cela grâce à mon origine méridionale, à mon éducation faite sous le soleil brûlant de la Provence; et puis je me hâterai de dire que l'aspect admirable de la nature que j'avais sous les yeux m'absorbait entièrement. Je regardais, avec un étonnement impossible à décrire, les orchidées incomparables, attachées à des arbres gigantesques et embaumant l'espace de leurs parfums suaves et pénétrants. Je contemplais les papillons couleur d'or et de feu voltigeant de fleur en fleur; les volées de papagals, dont les cris stridents troublaient seuls le silence de la forêt; l'éclat et le vert brillantin des feuilles de tous les arbres, et la force de la végétation.

Les péones qui me servaient de guides, attachés à l'hacienda del senor Peralez, mon hôte, m'avaient annoncé la présence des pumas dans les bois que nous traversions; mais ce que je redoutais plus encore que les lions américains, c'était les serpents, dont la morsure est souvent mortelle. J'étais persuadé que je parviendrais mieux à me débarrasser des atteintes des premiers qu'à éviter les dents des seconds.

Le puma est un animal d'un naturel lâche, qui n'attaque jamais le voyageur que poussé par la faim qui l'aiguillonne. Et puis, d'ailleurs, il rugit, il s'élance, et on a le temps de le voir venir.

D'un autre côté, si ce terrible animal se jette sur les péones du Yucatan, c'est qu'ils sont à peine couverts, et que la vue de la chair a surexcité sa convoitise, tandis que les gentlemen américains ou européens sont revêtus de vêtements blancs ou de drap d'un sérape, et que ces habits effrayent le puma. Quant aux serpents à sonnettes et aux corals (1), on les rencontre toujours, les uns sur le sol, enroulés, les autres accrochés autour d'une branche d'arbre, et prêts à se lancer sur vous sans attendre qu'on les ait dérangés. La blessure est toujours mortelle, à moins qu'on n'ait sous la main les herbes à serpents qui croissent d'ordinaire partout où l'on trouve un de ces reptiles (2).

(1) Le coral (autrement dit serpent corail) est d'un rouge assez terne, long d'environ vingt à vingt-cinq centimètres, a les anneaux d'or et de velours noir, et ressemble fort à un bracelet de femme. On le rencontre toujours enroulé à l'extrémité des branches qui tombent sur les chemins des forêts.

(2) Les Peaux-Rouges m'ont souvent montré dans les déserts américains une plante qui guérit de la morsure des serpents à sonnettes, ou tout au moins à l'aide de laquelle on prévient la mort. J'en ai vu les effets sur le bras d'un de mes camarades de chasse, mordu très-dangereusement. Le simple qui guérit le poison du coral, dans le Texas, s'appelle guasco; on assure que ce poison n'est rien autre que de l'acide prussique, et cela parce que le serpent, une fois tué, exhale une odeur d'amande très-prononcée.

Enfin, si les pumas sont quelquefois dangereux, les serpents le sont toujours, car ils font le mal sans avoir besoin de se défendre, l'homme n'ayant jamais l'intention de les attaquer, mais bien plutôt de les fuir.

Je reviens aux pumas de l'Amérique, et déclare qu'ils sont de mœurs très-débonnaires, surtout quand ils ont bien dîné.

Un de mes péones me racontait qu'un jour, accompagnant à l'hacienda de son maître un caballero de Valladolid, il avait été témoin d'un fait d'une audace sans pareille.

Le senor Portal dal Rocco passait le premier dans le sentier de la forêt, monté sur un mustang d'un noir d'ébène, quand tout-à-coup le péone avait vu son cheval faire un écart terrible qui faillit renverser l'habile cavalier.

Dal Rocco, continua mon serviteur, maintint son mustang et tira de sa ceinture un large couteau, afin d'être prêt à soutenir l'attaque, de quelque côté qu'elle vînt. Je m'étais arrêté tout court et cherchais à empêcher ma mule de se cabrer, lorsque, entre ses deux oreilles, qui me servaient de point de mire, j'aperçus, à dix pas devant le caballero, un énorme puma qui se léchait gastronomiquement les moustaches. Dal Rocco chercha d'abord à magnétiser le monstre; mais celui-ci ne se laissa pas influencer. Pendant que ceci se passait, le mustang, l'oreille droite, le poil hérissé, s'efforçait de rebrousser chemin; mais l'éperon de son cavalier le maintenait en place malgré lui. Tout d'un coup le caballero éleva la voix et chercha à persuader au puma que ce qu'il avait de mieux à faire était de lui céder la place et d'aller chercher pâture à tous les diables. L'animal, au lieu de se laisser persuader, ouvrit sa gueule et montra ses dents.

— Ah! coquin! manant! s'écria alors le senor, je te fais l'honneur de te donner un conseil, et tu fais l'insolent avec moi; très-bien, je vais t'apprendre à vivre.

Descendant de son cheval, dal Rocco alla l'attacher à un arbre et revint en face du puma, un revolver à la main, ayant six coups de feu à tirer.

— Un mot encore, fit-il. Tu vois que je suis armé et que ta vie est dans mes mains ; j'ai six balles à ma disposition pour trouer ta peau de chien. Du premier coup je te crèverai l'œil droit; du second je te percerai le flanc ; du troisième je te casserai une patte de devant; du quatrième une cuisse; du cinquième l'œil gauche ; et du sixième le cœur; au besoin je t'achèverai à coups de couteau. Fais donc ton examen de conscience; je te donne trois minutes pour réfléchir : la fuite ou la mort.

Le puma n'avait pas bougé.

— Tu t'entêtes, répliqua dal Rocco, tu fais le bravache. Eh bien! attention, je vais te prouver mon adresse, afin que tu saches bien que je ne t'ai pas menti. Tu vois cette petite fleur rouge qui croît à côté de ta patte gauche, je vais la couper au pied.

Il fit feu, et la fleur s'inclina, ne tenant plus à sa tige.

A cette détonation, le puma s'était redressé, les yeux injectés de sang, battant ses flancs à l'aide de sa queue. Il rugit, et les échos de la forêt répétèrent cet horible cri; puis il fit un pas en avant, comme s'il eût eu l'intention d'intimider le caballero, et celui-ci n'ayant pas bougé, il fit rapidement volte-face et se sauva comme un lâche, tandis que dal Rocco lui criait :

— Cobardo! cobardo! (lâche) en remontant tranquillement sur son mustang au poil baigné d'une sueur glaciale.

Je rêvais à cette histoire que m'avait contée mon péone dans son langage expressif, et m'avançais sans songer à autre chose, lorsque, tout-à-coup, les deux éclaireurs de la caravane poussèrent un cri et revinrent sur leurs pas, pour m'apprendre qu'ils venaient de voir un énorme puma couché, sur le bord de la route, et ils me montrèrent la direction qu'il avait prise en s'enfuyant.

Je descendis de cheval et me mis à la poursuite de l'animal. En traversant d'épais buissons, à soixante mètres de là, je vis, à mon grand étonnement, le puma en sortir par l'extrémité opposée. En quelques bonds il traversa le lit desséché d'une rivière qui traversait la vallée. Aussitôt que le grand chien molosse qui m'accompagnait l'eut aperçu, il le prit sans doute pour un cerf et se lança à sa poursuite en criant à pleins poumons.

Tout-à-coup un des Indiens qui m'avait suivi me cria que le puma revenait sur nous. Ne voulant pas, sans doute, exposer sa vie, le péone se jeta au plus épais d'un fourré de ronces et de lianes.

Je regardai alors devant moi et j'aperçus, en effet, le puma, serré de près par le molosse, qui arrivait droit à moi.

L'animal franchit la rivière; il était à peine à la distance de trente mètres, que j'armai ma carabine et fis feu sans viser.

Jetant alors mon arme inutile, je me précipitai dans les fourrés, suivant, dans cette déroute insensée, la même route que le péone avait prise avant moi. En franchissant quelques rochers, je dépassai le pauvre diable, à qui le pied avait manqué et qui avait roulé dans le fond d'une ravine.

J'étais convaincu que le puma blessé était à notre poursuite, et je ressentais une joie féroce en sentant que je n'étais plus le dernier, et par conséquent pas le plus exposé à être dévoré par lui. L'Indien revint bientôt en boitant, et rejoignit deux de ses camarades à qui mon cheval avait été confié, pendant que je les assurais que mon puma avait été touché, car au moment où je lâchais la détente de mon arme à feu, je l'avais vu relever vivement la tête.

Après quelques moments d'hésitation, les deux péones

voulurent bien m'accompagner pour ramasser ma carabine. Nous nous mîmes prudemment en route, craignant à chaque instant de voir le puma se dresser devant nous. Enfin je retrouvai mon arme, que je me hâtai de recharger.

Au moment de revenir sur nos pas, je voulus voir s'il n'était pas resté de sang à l'endroit où j'avais tiré. Nous avions à peine franchi une douzaine de mètres, qu'à mon grand étonnement et à ma plus grande joie, j'aperçus le puma étendu raide mort.

Il avait été tué par bien peu de chose. La balle avait effleuré le sommet de la tête sans y pénétrer, laissant une longue blessure plutôt semblable à la coupure d'une hache qu'à l'atteinte d'un projectile.

Ce puma mesurait sept pieds six pouces et était, à ce que me dirent mes guides, le plus gros qu'ils eussent jamais vu.

On se hâta de dépouiller l'animal, dont la fourrure était admirable, et nous continuâmes notre route sans encombre jusqu'à l'hacienda du senor Armentero, — un des amis de don Peralez, — où m'attendait le plus parfait accueil et l'hospitalité la plus parfaite.

Je décrirais bien ici, — et ce serait la place, si tous les romanciers n'avaient pas abusé et n'abusaient encore de ce droit, — le site où s'élevait cette ferme mexicaine; mais je crois inutile d'allonger le récit, et comme il s'agit de chasses aux pumas, je reste dans mon rôle de narrateur de chasses.

La dépouille de ma victime avait été fort admirée par mon hôte, et comme je lui témoignais le désir de recommencer, si faire se pouvait, il me promit de faire prendre des renseignements par ses serviteurs, de façon à savoir si on signalait quelques-uns de ces carnassiers dans le voisinage de son habitation.

Le lendemain du jour où cet ordre avait été donné par le

senor Armentero, un de ses bergers vint lui apprendre qu'il avait aperçu sur le versant d'un ravin un puma qui se chauffait comme un chat, au soleil.

Dès le lendemain matin, nous nous empressions de nettoyer nos fusils, rouillés par une pluie battante qui nous avait assaillis la veille, pendant une chasse aux pintades (1). Puis, lestés par un bon déjeuner, nous partions précédés par trente-trois Indiens, nous dirigeant vers le ravin indiqué par le pâtre de l'hacienda.

La place était vide, et le senor Armentero fut d'avis de continuer notre chemin jusqu'au canton de Funda.

L'endroit ne paraissait nullement favorable; nous résolûmes cependant de le battre, et voici ce qui nous arriva dans ce lieu, dont je vois encore le paysage comme si c'était hier que l'aventure dont je vais parler fût arrivée sous mes yeux.

Afin de mieux découvrir le terrain environnant, le senor Armentero et moi nous étions montés chacun sur un arbre, et nous nous tenions là, carabine en main, prêts à faire feu.

Les rabatteurs avaient à peine commencé leur vacarme habituel, que nous vîmes, à notre grande joie, un beau puma qui s'avançait lentement dans notre direction.

Nous avions résolu de le laisser approcher encore de quelques mètres, lorsqu'un serviteur de l'hacienda, hissé au sommet d'un grand arbre, derrière nous, nous héla, s'imamaginant que nous n'avions pas aperçu le puma.

A ce bruit, l'animal s'arrêta, regarda autour de lui, et s'élança dans une direction opposée.

Nous fîmes feu de nos deux carabines; ses rugissements

(1) La pintade mexicaine, tout-à-fait semblable à celle de nos basses-cours, est un excellent manger. Elle sert aussi de guide aux chasseurs, car son cri annonce, à coup sûr, la présence d'un de ces carnassiers, d'une panthère, ou même d'un chat sauvage. Il arrive rarement que la pintade jette l'alarme, si elle ne voit bondir dans les bois que des sangliers ou des ours. Les singes sont aussi de précieux amis des chasseurs, et je n'oublierai pas non plus le corbeau et le pluvier, qui préviennent quelquefois de l'approche du puma.

nous apprirent que les balles avaient porté; mais il disparut dans un taillis, avant que nous eussions pu tirer une seconde fois.

La nuit arrivait : nous commençâmes à suivre le blessé à ses pas et au sang qui coulait sur le sol, en laissant des traces irrécusables.

Au sortir du bois, toutes ces taches disparurent. Par mesure de précaution, nous postions de temps en temps un de nos hommes sur chacun des petits arbres que nous dépassions à mesure que nous avancions, le senor Armentero et moi, de quelques pas, afin d'examiner minutieusement le terrain, avant qu'il ne fût foulé aux pieds de tous ceux qui suivaient.

Tandis que nous étions ainsi occupés, un rugissement prolongé, qui s'échappa d'un petit fourré, sur notre droite, nous rendit tous immobiles.

Armentero était arrêté à trente mètres de l'endroit où je me tenais debout, l'œil au guet, examinant les empreintes fraîches.

Au même moment, un second rugissement se fit entendre, et le puma se précipita dans ma direction. J'eus à peine le temps de décharger sur lui, en pleine poitrine, les deux coups de mon arme à feu.

Les balles ou la fumée rejetèrent le carnassier de côté, et il s'élança alors dans la direction d'Armentero, sur lequel il tomba, avant que mon camarade de chasse pût l'ajuster.

Je vis alors le malheureux renversé sous le puma, qui hurlait d'une façon effrayante. Je dois rendre justice aux Indios qui nous accompagnaient : au lieu de fuir, ils accoururent et me présentèrent sur-le-champ des fusils chargés. Je visai et j'adressai deux balles à l'épaule du puma; mais ces blessures n'eurent aucun résultat, car il commençait à traîner Armentero par le haut du bras gauche, qu'il avait saisi entre ses dents, sur une pente légère aboutissant au fossé où il était d'abord couché.

Le terrain était inégal et parsemé de quartiers de rocs, de sorte que je craignais, en tirant, d'atteindre, au lieu et place du puma, mon pauvre compagnon, dont le visage touchait la tête de la bête féroce; il était impossible de le frapper à la poitrine.

Don Armentero ne donnait plus aucun signe de vie : le puma continua à le traîner en grondant sourdement et en nous regardant.

Je le suivais sur huit pas environ, attendant qu'il relevât la tête; enfin, après deux ou trois essais inutiles, je pus tirer.

Ma balle brisa le crâne du puma, qui roula mort sur le corps du pauvre Armentero.

Mon hôte était bien malade, mais par bonheur aucune des parties vitales n'avait été atteinte. Les Indios qui s'étaient rassemblés se hâtèrent de façonner un brancard, sur lequel on plaça le blessé, à qui on donna, par ses ordres, pour oreiller, le corps du puma; puis on se remit en route, afin de rentrer à l'hacienda des Armentero, où nous devions assister tous à un triste spectacle.

Sur l'avenue des plantains et des bananiers qui aboutissaient à la porte principale d'entrée, nous vîmes accourir deux femmes, les vêtements en désordre, les cheveux dénoués, poussant des cris à fendre l'âme.

C'était la femme du senor Armentero et sa fille, à qui un péone trop zélé était allé apprendre l'événement et l'avait interprété de la façon la plus sinistre.

Il me fut impossible tout d'abord de faire entendre raison à dona Oliva et à sa nina Mariquita. Enfin, peu à peu, quand le senor Armentero, qui s'était évanoui pendant la marche, rouvrit les yeux et put s'exprimer, il se chargea lui-même de consoler sa digne moitié et sa fille bien-aimée. Je joignis mes paroles aux siennes, si bien qu'en passant sous le porche principal de l'hacienda, leurs yeux s'étaient séchés : ce n'était pas encore de la joie, mais il n'y avait plus de chagrin dans l'expression de leurs regards.

Huit jours durant, le senor Armentero demeura étendu sur sa trabuca, couvert de cataplasmes d'eau, de sel et de plantes aromatiques qui ressemblaient fort à de l'arnica; aussi, un beau matin, il put essayer ses forces, et se trouver assez remis pour vouloir monter à cheval.

Il va sans dire que les dames du logis et moi-même nous nous opposâmes à pareille folie. Tout ce qu'on permit au maître da Buenas Illiesbas, fut de faire une promenade dans la « volante, » avec cette condition qu'elle irait au pas.

Ce qui fut dit fut fait, et l'on recommença ainsi pendant une autre semaine, jusqu'à ce qu'enfin le convalescent se trouva tout-à-fait rétabli.

Le puma qui avait mis en si mauvais état mon pauvre camarade avait été dépouillé, et sa peau, admirablement séchée, fit partie de mes bagages, lorsque j'adressai mes adieux à cette aimable famille, dont j'ai toujours gardé le plus agréable souvenir.

L'année suivante, me trouvant à Balize, près du golfe de Honduras, en compagnie d'un ancien ami de New-York, qui était venu s'établir sur les rives de Rio-San-Felipe-de-Bacalar, pour y acheter du riz et du bois de teinture, Davidson, — tel était le nom de ce Yankee, — me proposa un certain jour d'aller chercher les peccaris dans une savane marécageuse où ils avaient établi leur bauge.

Il me donna une carabine rayée à deux coups, et nous nous rendîmes à environ un mille et demi de l'habitation qu'il occupait, sous l'ombrage d'un immense caroubier. Le long de la savane s'étendait un profond ravin bordé à son extrémité par une haute montagne. Mon compagnon de chasse me fit placer à l'entrée du cagnon et alla prendre position au milieu, puis, sur un signal qu'il donna à une vingtaine d'Indios qu'il avait engagés pour lui servir de rabatteurs, la battue commença.

Vingt minutes leur suffirent pour battre toute la savane : ils avaient passé devant Davidson sans rien débusquer, et ils s'avançaient de mon côté, lorsque j'entendis remuer dans les buissons.

Je crus, tout d'abord, que j'allais avoir affaire à un peccari, et j'épaulai pour être prêt, quand, à ma grande surprise, je vis déboucher un admirable puma.

Sans songer à la médiocrité de mes moyens de défense et d'attaque, je déchargeai mon rifle sur l'énorme bête, à qui je brisai les deux pattes de devant.

J'aurais atteint partout ailleurs le puma, qu'il se serait élancé sur moi et que rien n'aurait pu me préserver d'une mort certaine. Blessé comme il l'était, l'animal ne songea qu'à fuir, et il se jeta au milieu du hallier.

Tandis que je rechargeais mon fusil, les Indios faisaient pleuvoir, du haut d'un rocher sur lequel ils étaient grimpés pour mieux apercevoir le puma, des pierres qui brisaient les branches et enfonçaient les buissons, mais qui ne produisaient aucun effet.

Dès que mon rifle fut en état, je me mis en quête du carnassier, et l'ayant aperçu, je lui logeai une balle en pleine poitrine. Le puma poussa un rugissement qui me fit frissonner, puis il bondit dans l'espace ouvert entre le hallier et la savane. La tactique était mauvaise, car il reçut trois ou quatre coups de feu à cette place.

Il paraît que le puma n'avait pas envie de mourir à cet endroit, car il essaya de gagner en reculant le repaire d'où il était sorti.

Mon compagnon de chasse et moi, nous avions épuisé nos

munitions, nous demandâmes à nos rabatteurs les cartouches que nous leur avions confiées. Les drôles avaient tout usé, et nous nous trouvâmes, Davidson et moi, dans l'impossibilité de rien faire pour le moment. Il fallait renvoyer à l'ajoupa du Yankee ou y retourner nous-mêmes, ce qui valait mieux, et c'est ce dernier parti que nous prîmes, afin de profiter de l'occasion pour déjeuner, car nous avions un appétit de bête fauve, « sans calembour, » comme disent certains Béotiens.

Je n'apprendrai rien à mes lecteurs en leur disant qu'on mit les morceaux doubles, et qu'on se hâta de retourner au champ de bataille, muni de ce qui était nécessaire : Davidson et moi emportions chacun deux rifles et un couteau de chasse.

Nous pénétrâmes dans la savane, à pied, en suivant les traces du puma au sang qu'il avait laissé sur son passage.

Davidson l'aperçut le premier et lui adressa un coup de feu. L'animal poussa un horrible rugissement et s'élança de notre côté. C'en était fait de nous, si nous n'avions pas pris le parti de monter sur un arbre. Trois fois nous recommençâmes ce jeu-là, jusqu'à ce qu'enfin, apercevant le puma étendu sur le flanc, nous crûmes qu'il était mort.

Nous nous approchâmes alors, et quand Davidson ne se trouva plus qu'à quinze mètres de distance, il déchargea ses deux coups sur le puma ; mais tout me porte à croire qu'il avait manqué le but, car l'animal n'avait pas bougé.

Pendant ce temps-là, je m'avançais toujours, et quand je me trouvai à cinq mètres seulement de l'animal, je proposai de lui envoyer une dernière balle, afin d'être plus sûr de son sommeil; mais Davidson s'y opposa, prétendant qu'il était inutile de gâter davantage la peau de « sa victime. »

Nous nous approchâmes donc; mais aussitôt le puma, sortant de sa léthargie admirablement feinte, bondit de mon côté en grondant, le poil hérissé.

Davidson gagna le rocher le plus voisin, et j'en fis autant, suivi par le puma, tandis que nos Indios, témoins de ce réveil inattendu, fuyaient à toutes jambes.

Quant à moi, j'entendais les bonds du puma sur ma trace : ce fut un horrible moment d'angoisse et de peur. Le seul espoir qui me restât d'échapper à ses étreintes, c'était de faire bravement volte-face et de le frapper en pleine poitrine, à l'aide de mon bowie-knife.

Au moment où j'allais engager cette lutte désespérée, le puma, trouvant plus commode de se venger sur un des Indios, qui, ayant mal à une jambe, n'avait pas pu courir aussi vite que les autres, me quitta pour l'attaquer. Il l'atteignit en effet, et le choc entre la bête et le malheureux péone eût suffi à tuer tout autre qu'un Indio : celui-ci résista, c'était d'ailleurs le dernier effort du félin, qui tomba pour ne plus se relever.

L'animal mesurait deux mètres vingt-cinq centimètres, et avait une admirable fourrure, qui fait encore, — j'ose le croire, — la descente de lit d'une charmante créole de la Louisiane, à qui j'ai eu l'honneur de l'offrir à mon retour du Yucatan.

Ce fut pendant ce voyage avec Davidson, que je goûtai pour la première fois de la chair de caïman.

Nous voyagions à travers bois pour retourner à la côte; et depuis trois jours nous n'avions plus de vivres frais. Le soir, en arrivant à un village indien, l'on nous offrit, dans la hutte où nous avions trouvé l'hospitalité, un plat que je goûtai et qui, je l'avoue, ne me plut que médiocrement.

Je demandai ce que c'était, et l'on me répondit : Du caïman.

Je faillis agir... — à la romaine — et rendre mon dîner. Cependant, peu à peu les haut-le-cœur s'apaisèrent, et je demandai l'explication de cette façon de se nourrir, tandis que les bois foisonnaient de gibier à poil et à plume.

On me répondit que la pêche du caïman était plus facile que la chasse aux animaux et aux oiseaux, et que, par conséquent, les Indiens préféraient le poisson à la viande.

Dans le sacal de la maison on nous montra, à Davidson et à moi, deux caïmans en vie, les pattes amarrées, la queue coupée et le ventre en l'air. Cette précaution de couper la queue aux sauriens du Yucatan est assez nécessaire, sans cela ils pourraient casser les jambes à quelqu'un. L'un de ces monstres mesurait — avec sa queue — environ dix-sept pieds; quant à l'autre, il était tout jeune. Tous deux faisaient claquer leurs mâchoires, mais c'était là une démonstration inutile : leurs efforts étaient impuissants. L'odeur répandue par les caïmans était insupportable, tant elle ressemblait au musc.

L'hôte qui nous donnait la provende, — moyennant salaire, bien entendu, car tout se paie au Yucatan, et fort cher, — nous apprit qu'on s'emparait des caïmans édibles de deux manières : d'une part, avec un grand crochet garni d'un appât; de l'autre, à l'aide des deux mains.

Je souris à cette dernière explication, et don Jacinto, en me demandant si je doutais de sa parole, ajouta :

— Si vos seigneuries veulent voir la chose, elles en ont le pouvoir.

— Oui! certes, répondis-je, si don Jacinto veut bien me faire ce plaisir; et voici une piastre à colonnes pour celui qui nous gratifiera d'un pareil spectacle.

Don Jacinto alla sur-le-champ chercher un grand nègre, taillé comme Hercule, mais maigre et fort musculeux, à qui il dit, lorsque celui-ci se trouva en ma présence :

— Voilà deux caballeros qui désireraient te voir amener un lagarto avec les mains.

— Rien n'est plus facile.

— Voici une piastre à colonnes pour toi.

— Oh! alors c'est fait!

Cinq minutes après, nous nous acheminions vers un bayou au centre des bois, au milieu duquel nous arrivâmes dans une pirogue conduite par le nègre. A peine débarqué, Pedro tira de sa gaîne un fort poignard dont la lame, longue de huit pouces, semblait un énorme clou, carré à sa base. Nous marchions à sa suite avec précaution, de peur d'effaroucher le « gibier. »

Tout d'un coup, Pedro nous indiqua un point de la rive recouvert de hautes herbes et de joncs, à dix pas devant nous. Au même moment, deux sauriens à courte queue plongèrent dans le fleuve comme deux couleuvres.

Pedro se jeta aussitôt à l'eau, le couteau aux dents, il plongea et ne reparut plus. Ce spectacle était véritablement unique et terrible. En vain mes yeux fouillaient-ils la rivière. Le remous seul nous indiquait la place où Pedro avait disparu.

Quelques secondes — longues comme un siècle — s'écoulèrent, puis l'eau s'agita comme si elle était refoulée par un hélice, la queue du monstre frappa la surface d'un coup terrible, puis nous aperçûmes le corps dans une rapide révolution. Pedro, couvert de fange et d'algues, se tenait sous le ventre du caïman.

L'homme et le saurien disparurent encore en teignant l'eau de sang. Je ne respirais plus, je me sentais glacé de terreur et je déplorais l'idée que j'avais eue de solliciter cette lutte.

Tout-à-coup l'eau s'agita de nouveau, un corps fit une trouée à l'élément, et je vis Pedro remonter seul à demi suffoqué.

— Este bribon me ha cortado el de do (ce brigandm'a coupé

le doigt), mais il est mort, s'écria-t-il en nageant vers nous.

En effet, Pedro nous montra sa main droite toute sanglante, à laquelle manquait l'index, et tandis qu'il se débarrassait de la fange dont il était couvert, il nous désigna une masse jaunâtre qui flottait sur l'eau à l'autre rive du bayou. C'était bien le caïman, le ventre en l'air et la poitrine ouverte de quatre coups de poignard. Il mesurait quatorze pieds. J'offris à Pedro une seconde piastre et je lui achetai son couteau, que je conserve encore dans ma panoplie.

Les Indios du Yucatan sont les seuls qui exécutent ces tours de force incompréhensibles. Ce qu'il y a de plus bizarre, c'est que le caïman semble fuir les Indios, tandis qu'aux Etats-Unis et au Texas ils se jetaient sur eux pour les dévorer.

On nous proposa, dans le village en question, une chasse aux pumas, mais il fallait attendre huit jours pour rassembler tous les chameaux, et il nous était impossible de nous arrêter plus longtemps. Je refusai, et Davidson aussi.

Cependant je ne pus résister à l'attrait d'une pêche aux tortues, à l'aide d'un fer pointu emmanché d'un bâton. On appelle cela, au Yucatan, « clavar la tortuga. »

Le lendemain matin, avant le lever du soleil, j'accompagnai mon hôte dans son cajuco, que gardait un jeune homme de quinze à seize ans. Tous deux nous sondions la rivière. Il faut avoir, pour réussir, une certaine habitude, et mon hôte avait déjà harponné deux tortues, que je n'avais encore effleuré que la carapace d'une seule. Je finis cependant par en amener une qui avait à peine six pouces de diamètre et dont le cuisinier avait fait fi. Mon hôte avait, lui, pris cinq « chelides » de douze à quatorze pouces de diamètre, et dont la chair était succulente, assaisonnée à l'indienne, c'est-à-dire avec force épices et du jus de limon.

Quant à la chasse aux pumas, à laquelle nous ne pouvions

assister, notre hôte m'assurait qu'à son avis c'était la chasse du monde la plus innocente et la moins dangereuse, quelle que fût la férocité de la bête.

— Regardez mes chiens, nous disait-il en nous montrant quelques roquets qui mendiaient les bribes de notre festin, ce ne sont point des chiens de chasse, mais ils suivent une piste et le reste me regarde. Pendant la journée le puma est lâche : il demeure blotti sous quelque roche, ou se tient perché sur les branches maîtresses d'un arbre, il dort. La nuit venue, il est terrible. Lorsque nous le chassons, mes chiens et moi, il s'agit avant tout de trouver l'animal. Dès qu'il est lancé il grimpe sur un arbre, comme ferait un chat, puis se met lui-même en arrêt, la figure plissée, les barbes de la moustache hérissées, poussant des soupirs rauques. Il ne regarde que mon chien, aussi me laisse-t-il le temps de viser, et je puis l'assassiner à mon aise. Il n'y a pas là grand mérite. Voici quelques peaux de pumas, ajouta notre hôte, et si vous voulez les accepter, cela me fera plaisir.

Je choisis une seule de ces dépouilles, qui me sert encore à l'heure qu'il est de tapis de table, et que je conserve précieusement comme un souvenir de ma visite à don Jacinto.

A trois mois de là, sous les allées verdoyantes de l'hacienda d'un colon de Mérida, à l'hospitalité duquel je m'étais confié, je vis passer à pas lents une famille de pumas, deux mâles, une femelle et deux innocents félins à peine âgés de trois ou quatre mois.

La crue des eaux d'un des affluents de Rio-Frio et de Rio-Frio lui-même avait fait sortir ces voisins dangereux de leur repaire, et ils étaient venus s'établir à peu de distance de l'hacienda del Papito, satisfaits, selon toute apparence, de trouver à leur portée des moutons, des bœufs et autres bestiaux dont ils faisaient régulièrement leur nourriture, quelle que fût la vigilance du berger de don Papito.

A ma vue, l'un des deux pumas s'avança en rugissant d'une façon formidable, et je me hâtai de fuir, pour avertir les maîtres et les péones de la présence de ces maudits carnassiers.

Don Papito réunit immédiatement ses gens qu'il arma, et qu'il disposa par petits pelotons de cinq ou six. Nous étions environ quarante. Ignorants du danger, les rabatteurs se dispersèrent en criant, comme s'ils allaient chasser les coyotes ou des peccaris. Un petit courant d'eau se trouvait à quelques portées de fusil de l'hacienda, et l'un des péones aperçut un puma qui se jetait à la nage pour atteindre l'autre rive, sur laquelle se trouvaient déjà postés plusieurs des chasseurs de notre troupe.

L'un d'eux, un Guatémalien pur sang, se préparait tout tranquillement à se mettre à l'eau pour couper la marche au puma, lorsqu'un autre péone visa l'animal et lui brisa la patte.

Bientôt tous les chasseurs arrivèrent et firent un feu roulant sur l'animal, qui cherchait toujours à regagner le bord. Trois des péones osèrent l'attendre, en croisant tout simplement les baïonnettes dont leur rifle était armé. Celle du premier traversa le cou du puma, qui d'un coup de patte brisa l'arme, envoya l'homme rouler à quatre pas, et se disposait à l'achever, lorsque deux autres rabatteurs lui envoyèrent chacun une balle à bout portant.

Le puma, blessé mortellement, se retira dans un hallier, en faisant face aux hommes, et chacun s'imagina qu'il était mort.

Le chef des péones de l'hacienda s'approcha alors sans défiance pour prendre le puma par la patte, lorsque celui-ci se mit à rugir et fit un bond prodigieux, passant heureusement par-dessus le Yucatanais, qui tomba terrifié, et qui véritablement l'avait échappé belle.

Le puma était à l'agonie; on l'acheva; il avait été atteint de vingt-trois balles... On coupa des branches d'arbre à l'aide desquelles on forma une civière sur laquelle on plaça le cadavre de l'animal afin de le rapporter à l'hacienda de don Papito, où il fut écorché pour servir de descente de lit.

La femelle et les deux petits tombèrent, deux jours après, entre les mains d'un pasteur qui avait préparé une fosse au fond de laquelle se trouvait placé un mouton en vie afin de servir d'appât aux carnassiers. La trappe avait réussi, et les trois animaux étaient tombés au fond, où le berger assomma à coups de pierres la mère et un petit, atteint par maladresse. Quant au second félin, il fut pris en vie, porté à dona Pepita Papito, qui l'éleva comme on élève un chat. Cela alla fort bien pendant trois mois, m'a-t-on assuré; mais, au bout de ce temps-là, le jeune élève montra des dispositions tellement féroces, qu'on fut obligé de lui envoyer une balle dans la tête. Il avait voulu dévorer la main de sa belle maîtresse.

Les Mexicains se donnent quelquefois les plaisirs d'un combat d'animaux, car, chez eux, la loi Grammont n'est malheureusement pas en vigueur. Un jour, pendant mon séjour à Mexico, en 1847, l'arène où se livrent d'ordinaire les courses de taureaux fut témoin d'un duel entre deux pumas et deux buffalos. Ce n'était pas un spectacle nouveau pour les citoyens de la Ciudad-Reale, mais pour les Américains et les Européens qui séjournaient alors à « Mejico, » le spectacle était des plus attrayants.

Je laisse de côté la description de la place des Toreros, une des plus pittoresques du Mexique. Dès que la foule eut envahi les gradins et se fut placée aux fenêtres, quand l'heure eut sonné, on ouvrit une cage placée dans un enfoncement sous les gradins, et nous vîmes sortir d'abord un puma mâle, puis ensuite une femelle, qui, tous deux, étaient d'une taille effilée et ressemblaient, à peu de chose près, à deux lionnes; car le mâle du puma n'a pas de crinière.

Les deux carnassiers étaient contenus dans une espèce de boyau composé de barreaux en bois solide et en treillage de fer, lequel s'avançait jusqu'au milieu de l'arène, de façon à laisser voir les évolutions des animaux, jusqu'au moment où il serait temps de les lâcher en face des deux buffalos.

Rien n'était plus curieux que de voir ces deux félins se démener dans leur cage légère, qu'ils eussent pu briser d'un seul coup de patte, s'ils en avaient eu la pensée.

Enfin les cris de la multitude devinrent tels que les entrepreneurs du spectacle comprirent qu'il était temps de faire commencer la bataille.

On lâcha alors deux magnifiques buffalos pleins de fougue et d'ardeur, qui caracolèrent autour de la place, de ci, de là, et finirent par se poser d'un air de défi devant l'orifice du boyau, où rugissaient les pumas. Au moment où on s'y attendait le moins, à l'aide d'une corde on souleva une trappe qui laissa béante la gueule de la cage, et tout-à-coup les deux animaux sortirent en rampant de cet asile, prêts à s'élancer sur les bisons. Ceux-ci se tenaient sur la défensive, et quand les pumas prirent leur élan, ils bondirent en avant, évitant l'étreinte de leurs ennemis; à la seconde passe, cependant, il fallut compter avec eux, et les bisons se plaçant l'un près de l'autre, attendirent, la tête en bas, prêts à repousser à coups de cornes cette attaque inévitable.

Les pumas, avec plus de précaution que la première fois, rampèrent d'abord, puis, tout d'un coup, s'élancèrent en se cramponnant comme ils le purent, sur la bosse fourrée des deux taureaux, les pieds de devant retenus sur le front de chaque bête, de façon à pouvoir déchirer leurs yeux à belles dents et à les aveugler.

Les bisons, qui comprenaient le danger, se liguèrent ensemble pour vaincre, et l'on vit bientôt les deux pumas martelés l'un contre l'autre sur le front des taureaux qui s'avançaient et se reculaient de façon à se servir de leur tête comme d'une enclume sur laquelle ils auraient forgé leurs pumas.

A la seconde secousse, l'un des bisons avait assommé son ennemi, qui tomba pantelant sur le sable de l'amphithéâtre.

Le deuxième puma, soit qu'il eût compris le danger, soit qu'il trouvât préférable de changer de tactique, s'était jeté de côté, et, au lieu de se cramponner sur lui, sans s'accrocher, cherchait à lui crever les yeux, à l'aide de ses ongles. Il réussit sur l'un des deux animaux; mais l'autre accourant au secours de celui qui venait d'être victime d'un aussi déloyal attentat, arriva rapide comme la foudre, par derrière, adressant un terrible coup de tête au puma, et le lança en l'air en lui brisant les côtes.

Le puma retomba lourdement sur le sol où, sans lui donner le temps de se reconnaître, les deux bisons se ruèrent sur lui et le piétinèrent jusqu'à ce que mort s'en suivît.

La foule battait des mains, les senoras jouaient de l'éventail et de la prunelle. On voyait que les toros avaient acquis l'estime et l'approbation de ces aficionados enragés qui, un moment après, cependant, se livraient, entre les deux bisons devenus furieux, à la plus incroyable « course » qu'il soit donné à un Européen de contempler.

Les espados, les banderillos, les picadors, les majos-amateurs et toute l'escouade des jouteurs de taureaux remplaçaient les deux pumas, pour mettre à mort les heureux vainqueurs que pourtant la foule avait acclamés, et qui de la tête rendaient leur salut au public :

Morituri te salutant

Leur courage n'avait pas trouvé grâce devant la cruauté

des Mexicains. Ici moururent, en effet, ces deux pauvres bisons, qui avaient opposé la force à la ruse, et qui ne pouvaient pas lutter contre l'adresse. J'ai toujours vivement regretté que les deux pauvres bêtes n'eussent pas été amnistiées.

On devait bien cette grâce à la victoire qu'ils avaient remportée.

FIN DES CHASSES AUX PUMAS.

UNE CHASSE

SOUS LES TROPIQUES.

Un de mes amis m'ayant fait la description la plus attrayante de la chasse et de la pêche dans l'île de Trinidad, ainsi que sur les côtes et les montagnes de Paria et à l'embouchure de l'Orénoque, je résolus de l'accompagner dans ces contrées, que d'ailleurs je désirais visiter.

Après une traversée de trente-cinq jours depuis les Dunes, où nous nous étions embarqués, nous mouillâmes devant Trinidad, au commencement de janvier 1854.

Je me rendis sur-le-champ à Port-d'Espagne, capitale de l'île, avec mon ami, qui insista pour que je logeasse chez lui, où il me donna une fort belle chambre à coucher avec un petit cabinet pour poser mes fusils de chasse, mes piques et mes javelots, mon coutelas, en un mot, toutes mes armes destructives dont, le jour suivant, je surveillai avec soin le débarquement.

Dans le cours de cette journée, je fis le tour de la ville et je fus présenté à monsieur Bradley, un des plus heureux chasseurs de l'île, de qui les bons conseils et l'assistance salutaire me furent par la suite de la plus grande utilité.

Pour commencer, il m'engagea à me faire tirer un peu de sang, puis de me bien nourrir, mais avec modération ; d'éviter tout exercice forcé pendant quelques semaines, après quoi il pensait que je ne courrais aucun danger à faire une petite excursion.

Si je résistais à cette première épreuve, je pourrais, me dit-il, en toute assurance entreprendre avec lui et un de ses amis une grande partie de chasse dans l'intérieur de l'île, et il me promettait un plaisir extrême.

Je suivis les avis de monsieur Bradley, et pendant le repos indispensable qu'il m'avait tant recommandé, je m'occupai à acquérir une connaissance parfaite de la géographie de l'île et des mœurs de ses habitants.

Trinidad est située par 10° 39' de latitude nord et 61° 34' de longitude ouest de Greenwich; elle a environ dix-huit lieues de long sur quatorze de large, et forme le rivage occidental du golfe de Paria.

Elle se compose de trois chaînes de montagnes parallèles, dont celle qui longe le bord septentrional de l'île est la plus considérable; quelques sommets s'y élèvent à la hauteur de trois mille pieds.

L'intervalle qui sépare cette chaîne de celle du centre forme une plaine unie; mais entre la chaîne du centre et celle du midi le terrain est légèrement ondulé.

La plus grande partie de l'île est encore à l'état de nature, couverte de forêts magnifiques qui abondent en bêtes fauves, ainsi qu'en nombreuses troupes de peccaris ou sangliers de l'Amérique méridionale; de lapins, d'agoutis, d'armadillas et de porcs-épics.

On y trouve une énorme quantité de gros singes roux, d'autres d'une espèce blanche plus petite, et enfin des coqs-d'Inde sauvages, des pigeons et des perroquets de diverses espèces, des macaus, des toucans, des orioles et des cailles.

Les marais que les Espagnols appellent lagunas sont habités par des canards, des sarcelles, des bécassines, des hérons, une espèce d'oiseau gros comme un coq-d'Inde et que l'on appelle le grand kamichy, et par d'innombrables poules d'eau. Enfin les plaines basses sont couvertes, au mois de septembre, de volées de pluviers.

Ainsi qu'on peut le supposer, ces oiseaux et ces quadrupèdes ne sont pas là sans avoir aussi des ennemis; ils sont dévorés par d'énormes boas constrictors, de gros chats-tigres, divers oiseaux de proie, et une espèce de crocodile qui, sans être aussi gros et aussi hardi que celui du Nil, n'en est pas moins formidable.

Après avoir passé près d'un mois à Port-d'Espagne, tuant le temps le mieux que je pouvais, je fus enfin invité par mon ami, monsieur Bradley, à faire avec lui et monsieur Lightfoot la chasse aux cerfs dans les forêts de l'île, ce que j'acceptai avec grand plaisir.

En conséquence, le lendemain, à quatre heures du matin, nous montâmes à cheval, chacun armé d'un fusil, et nous nous rendîmes dans une vallée délicieuse à quatre milles environ de la ville, où nous trouvâmes un chasseur mulâtre, nommé Fernando, et un Indien qui lui servait d'aide.

Ils avaient amené avec eux une meute de dix chiens de différentes races, depuis le chien de renard jusqu'au barbet inclusivement, avec lesquels nous nous mîmes à l'ouvrage de la manière suivante :

Après avoir envoyé nos chevaux à une sucrerie voisine, Fernando nous plaça, mes amis et moi, à une cinquantaine de toises l'une de l'autre, le long d'une route qui traversait la vallée, couverte de champs de cannes et formée par deux montagnes de quinze cents pieds de haut, bien boisées jusqu'à leurs sommets.

Alors Fernando et son compagnon nous quittèrent pour battre avec leurs chiens le penchant de la montagne.

Au bout d'un quart d'heure les perros donnèrent de la voix.

On nous avait prévenus que nous devions être sur le qui-vive aussitôt que nous les entendrions, parce que les cerfs une fois lancés ne manquaient pas de se diriger de l'autre côté de la vallée.

En effet, en moins de deux minutes, nous vîmes quatre belles têtes de l'espèce appelée cervus americainus, traverser la route. L'un d'entre eux fut parfaitement tué par Bradley, et un second fut blessé par l'Indien, qui lui lança son coutelas avec une admirable dextérité.

Quelques secondes après, tous les chiens traversèrent la route en plein cri, et furent bientôt rejoints par Fernando, qui prévoyait que le gibier serait forcé de se retourner et de traverser une seconde fois le chemin.

A peine avions-nous eu le temps de regagner nos postes, dont nous nous étions momentanément écartés, que nous revîmes les cerfs.

Fernando tua l'un d'un coup de fusil; celui qui avait été blessé par le coutelas de l'Indien fut déchiré par les chiens, et le dernier fut entouré et tué par une troupe d'esclaves qui travaillaient dans un champ de cannes à quelques pas de là.

Ayant envoyé l'un des deux animaux au propriétaire de la terre sur laquelle nous avions chassé, et fait quelques largesses aux esclaves qui les avaient tués, nous rentrâmes en triomphe à Port-d'Espagne, précédés de Fernando et de son Indien, assistés de deux nègres qui portaient notre gibier, et suivis d'une troupe de négrillons poussant des hurlements de joie.

Ce fut là le premier essai que je fis de mes forces.

Quelques semaines plus tard, quand mon ami Bradley jugea que j'étais parfaitement acclimaté, nous fixâmes le jour où nous devions partir pour notre grande excursion dans les bois.

C'était le 1er mars.

En conséquence, ce jour-là, ayant été rejoints par Fernando et son Indien, amenant avec eux trois couples des meilleurs chiens qu'ils avaient pu trouver, nous quittâmes le Port-d'Espagne, armés de fusils, de piques à sangliers et de coutelas, et munis de provisions de guerre et de bouche pour huit jours.

Bradley me conduisit dans son « dogcart ; » Lightfoot nous accompagnait à cheval.

Fernando et l'Indien formaient l'arrière-garde à pied, spécialement chargés du soin d'une petite charrette couverte, contenant nos habits, deux hamacs, deux gallons d'eau-de-vie, trois douzaines de bouteilles de vin vieux de Madère, quatre douzaines de Porto, plusieurs jambons et des langues fumées, une quantité suffisante de biscuits de mer, quelques petits objets encore, et une grande cantine.

Le but de notre voyage était situé à douze lieues à l'est de la ville.

La route fut bonne jusqu'à la mission indienne d'Arima, c'est-à-dire pendant un peu plus de six lieues.

Plus tard, ce ne fut qu'un sentier à peine tracé dans l'épaisse forêt.

Nous passâmes la nuit à Arima, et je puis avouer que je dormis fort bien dans la cabane où l'on avait dressé nos lits de camp.

Le lendemain, le chemin n'étant pas praticable, soit pour des voitures, soit pour des chevaux, nous louâmes quelques Indiens pour porter notre bagage sur leurs têtes, et étant partis à pied au point du jour, nous arrivâmes, après avoir fait trois lieues, au village de Tonné, qui n'est habité que par des soldats nègres licenciés.

Nous y trouvâmes une auberge assez passable tenue par un ancien sergent, qui nous servit un excellent déjeuner composé de fricassée de poulet, de jambon, d'œufs, avec des fruits du pays, du pain de cassave en abondance, et d'excellent café.

Nous fûmes rejoints en cet endroit par un chasseur mulâtre nommé Antonio, et quatre chiens de plus.

Cet homme était célèbre par ses exploits, et certes je ne vis jamais plus belle stature.

Il avait trente ans et était originaire de l'Amérique méridionale; sa taille portait six pieds d'Angleterre, et il était robuste à proportion de sa taille.

Après avoir pris quelques heures de repos, nous nous remîmes en route, et une marche rapide de deux lieues et demie nous conduisit au lieu où nous avions dessein de camper.

C'était sur les bords de l'Oropucho, belle rivière très-poissonneuse.

Là, nous nous occupâmes sur-le-champ de construire une cabane, où au bout d'une heure nous fûmes confortablement assis, dînant avec du jambon frit et du vin de Madère.

Mais comment, dira-t-on, construire en une heure une cabane assez grande pour contenir à l'aise six personnes?

J'avoue que cela peut paraître surprenant; mais voici comment nous nous y prîmes :

Nous n'eûmes pas de peine à trouver quatre arbres situés de façon à pouvoir servir de pieux. A l'aide de nos coutelas, nous taillâmes quelques poutres que nous attachâmes aux pieux avec des sarments de vigne, que l'on appelle dans le pays des cordes à singes, et qui remplacent parfaitement la corde.

Pendant que les uns s'occupaient ainsi, les autres rassemblaient des feuilles de caratta ou palmier-éventail en assez grand nombre pour en couvrir le toit. Tandis que la partie de la cabane exposée au vent en fut garnie, d'autres feuilles sèches jonchèrent notre plancher de terre, nos hamacs furent suspendus, et quand tout fut terminé, nous contemplâmes notre ouvrage avec orgueil et plaisir.

Dès que nous eûmes dîné, nous jetâmes un coup d'œil autour de la campagne, nous fîmes nos arrangements pour la chasse du lendemain; puis, après avoir bu une bouteille de vin et fumé un cigare, nous nous couchâmes dans nos hamacs en nous berçant doucement par la pensée des plaisirs qui nous étaient réservés.

Dans le cours de la nuit je fus réveillé en sursaut d'un profond sommeil, par une circonstance assez alarmante.

Il me semblait sentir un battement d'ailes sur mes joues, et quand je passai la main sur ma figure, j'entendis distinctement le bruit d'un oiseau qui s'envolait.

Je donnai sur-le-champ l'alarme, et le briquet ayant été battu, je reconnus que je venais d'être mordu par un vampire, à un pouce environ au-dessus de l'œil droit, et que le sang coulait en abondance de cette blessure.

Bradley aussi avait été piqué au gros orteil, quoiqu'il ne s'en aperçût pas dans le premier moment, et tout son hamac était trempé de sang.

Etant par bonheur munis de charpie, nous eûmes bientôt bandé nos plaies, et quoique Antonio s'efforçât de nous tranquilliser en nous assurant que de pareils accidents sont fort rares, j'avoue qu'il ne me fut plus possible de me rendormir de la nuit; il me semblait toujours entendre les ailes du vampire.

Au point du jour nous nous levâmes, et après avoir pris une tasse de café noir et un biscuit, Bradley et moi nous sortîmes pour aller à la recherche de quelque gibier ailé, tandis que Lightfoot et l'Indien se mettaient à pêcher.

Fernando resta pour garder la cabane.

Nous ne tardâmes pas à rencontrer une troupe de plus de douze powis ou dindons sauvages, et nous en mîmes sept dans notre gibecière.

Un peu plus loin, nous trouvâmes une volée de perroquets verts (*psittacus æstivus*), dont nous abattîmes six du haut d'un arbre où ils s'étaient perchés.

Ces oiseaux, joints à une demi-douzaine de pigeons (*columba speciosa*), à un porc-épic et à deux agoutis, furent les résultats de notre excursion matinale.

Après une absence de deux heures, nous retournâmes à la cabane, où nous trouvâmes que Lightfoot avait rapporté quatre beaux poissons, dont trois brochets.

Nous fîmes un excellent déjeuner de nos brochets cuits au court-bouillon, et de nos pigeons rôtis à la crapaudine. Notre repas se termina par une bonne tasse de café.

Notre projet avait d'abord été de faire sortir nos chiens dès que nous aurions déjeuné, et d'aller à la recherche de quelques peccaris ou sangliers; mais Bradley souffrait de douleurs assez vives, par suite de la morsure du vampire, aussi nous remîmes cette excursion au lendemain, et après une courte sieste, nous partîmes pour aller ramasser une espèce de vers appelés des « grougrous, » et recueillir du miel et de la vanille, ce qui ne nous promettait qu'un faible amusement pour notre journée.

Mais à peine étions-nous parvenus à deux cents pas de notre cabane, que nous aperçûmes, assis dans les branches d'un grand arbre, une trentaine de gros singes rouges.

Nous commençâmes sur-le-champ un feu de file qui leur fit peu de mal, car notre plomb n'était pas assez fort.

Ils se sauvèrent tous, à l'exception d'une femelle que nous avions atteinte et qui tomba avec son petit attaché à son sein comme un enfant à celui de sa mère.

A quelques pas plus loin, nous sentîmes tout-à-coup une odeur de vanille, mais nous fûmes longtemps avant de trouver la plante qui la répandait.

Antonio la découvrit enfin ; elle s'élevait en serpentant autour d'un arbre mort.

Nous en enlevâmes une douzaine de gousses, après quoi nous nous rendîmes à l'arbre au miel qu'Antonio avait découvert dans ses précédentes excursions.

Il était creux, et la ruche était placée à quelques pieds du sol.

Pour nous la procurer, il fallut abattre l'arbre : ce fut l'ouvrage de quelques minutes seulement pour les bras vigoureux d'Antonio, et quoiqu'il se répandît beaucoup de miel dans la chute, nous parvînmes cependant à en remplir trois ou quatre jarres.

Il ne nous restait plus alors que les « grougrous » à chercher.

Nous en trouvâmes une ample provision dans le cœur d'un chou palmiste qu'Antonio avait abattu un mois auparavant, dans le double but d'en manger la tête et de laisser le tronc par terre, afin qu'une espèce de gros scarabée y vînt déposer ses œufs, d'où sortent avec le temps des vers ou des chenilles qui se mangent grillés, et dont le goût surpasse en délicatesse celui de la moelle la plus fine.

Ces chenilles devaient former une partie de notre dîner; et comme c'était la première fois que j'en mangeais, j'eus quelque peine à vaincre la répugnance qu'elles m'inspiraient, mais je n'eus pas à me repentir d'avoir cédé aux persuasions de mes amis : ce mets est réellement délicieux.

Le reste de notre repas se composa d'une soupe au perroquet, d'un porc-épic à l'étuvée, d'un agouti à la broche, d'un dindon sur le gril, d'un chou palmiste cuit, et d'un autre cru en salade.

Nous restâmes à table jusqu'au moment où la nuit vint nous avertir qu'il était temps de chercher le repos, pour nous préparer aux exploits du lendemain.

Notre ennemi le vampire ne nous visita pas cette nuit; mais nous fûmes assaillis par d'autres qui, bien moins effrayants, nous tracassèrent davantage; ce furent des essaims de moustiques qui me privèrent de repos pendant une bonne partie de la nuit.

Nous quittâmes nos hamacs au point du jour, et laissant l'Indien pour garder la cabane, nous nous partageâmes en deux détachements.

Bradley et moi nous allâmes d'un côté avec Antonio et ses chiens, tandis que Lightfoot et Fernando partirent avec leur meute dans une autre direction.

Cet arrangement se fit par suite d'un pari, entre nos sombres chasseurs, à qui tuerait le plus de gibier.

Le détachement auquel j'appartenais avait fait environ un demi-mille quand les chiens ayant commencé à aboyer à cent pas environ de nous, nous y courûmes, et quelle fut notre surprise en voyant devant eux un énorme boa constrictor qui, la tête haute et sifflant de toute sa force, les tenait en échec!

J'étais d'avis de tirer dessus à l'instant même, mais Antonio me retint, en me disant que je ne savais pas comment le tuer.

Il éloigna ensuite les chiens, dont l'un ayant eu l'imprudence d'approcher de trop près de sa majesté serpentine, en fut si rudement secoué qu'il se retira en hurlant de toute sa force.

Après avoir dit à Bradley et à moi de nous tenir un peu en arrière pour lui prêter secours en cas qu'il en eût besoin, Antonio s'avança jusqu'à huit pieds environ du monstre, dont les sifflements qui sortaient de sa gueule béante devenaient de plus en plus horribles.

Le chasseur, visant avec justesse, lui envoya dans le gosier une charge de plomb qui le tua raide sur place.

Cet énorme animal avait plus de vingt pieds de long, et la circonférence de son corps surpassait de beaucoup celle de la forme de mon chapeau.

Une difficulté se présentait encore, c'était de transporter à notre cabane ce témoignage de notre prouesse, afin que sa peau pût être enlevée et conservée.

Nous y parvînmes en l'attachant à un long bâton; ce ne fut pourtant pas sans peine que nous pûmes le porter chez nous, où nous chargeâmes l'Indien de l'écorcher; après quoi nous rentrâmes immédiatement dans la forêt.

Au bout d'une demi-heure, Antonio, qui nous précédait toujours de quelques pas, s'arrêta et fit entendre un faible sifflement, signal convenu pour indiquer qu'il voyait du gibier.

Nous jetâmes donc les yeux du côté qu'il nous montrait du doigt, et nous aperçûmes, à environ trente pas de nous, un troupeau d'une trentaine de peccaris, qu'à notre étonnement les chiens n'avaient pas encore flairé.

Nous fîmes feu sur-le-champ : l'un d'eux tomba, et les autres s'étant sauvés, les chiens coururent après eux.

Un blessé fut bientôt rejoint et dépêché avec nos lances, et un peu plus loin nous en trouvâmes encore quatre qui s'étaient réfugiés dans un terrier, sous les racines d'un arbre gigantesque.

Nous leur décrochâmes une volée, et puis étant tombés sur eux avec nos lances, nous les tuâmes tous, mais ils avaient malheureusement fait à notre basset d'Ecosse, le même qui avait été maltraité par le boa, une blessure si grave que nous fûmes obligés de tirer un coup de fusil sur la pauvre bête, pour mettre fin à ses souffrances.

Après cette dernière expédition, il était temps de songer au retour.

Bradley et moi nous nous chargeâmes chacun d'un peccari suspendu à une corde de singe, et notre hercule Antonio prit à lui seul sur son dos les quatre autres.

Etant arrivés à la cabane à dix heures du matin, nous y fûmes bientôt rejoints par Fernando et Lightfoot, qui apportaient un jeune faucon de six semaines, un peccari et deux tatous ou armadillas.

D'après la décision de Bradley, le prix de la gageure fut adjugé à Antonio; et quand nous eûmes déjeuné, nous nous occupâmes d'abord à fumer tout le gibier de notre chasse dont nous n'avions pas besoin le jour même, puis à étendre la peau du boa pour la sécher. Nous nous couchâmes enfin dans nos hamacs pour faire la sieste.

Dès que nous fûmes reposés, nous nous remîmes en route, et revînmes en moins d'un quart d'heure avec cinq coqs-d'Inde, trois pigeons, dix perroquets et deux grands aras, sans compter deux poissons que nous trouvâmes pris dans nos filets.

On peut juger si nous eûmes ce jour-là un splendide dîner.

Notre festin se composa de poissons, de volaille, de viande, d'insectes, et même d'un reptile, car l'Indien de Fernando avait tué une guani, espèce de gros lézard qui, accommodé en fricassée, peut se comparer au poulet le plus délicat.

Le repas terminé, nous réglâmes les opérations de la journée suivante.

Il fut décidé que nous tuerions autant de gibier que nous pourrions avant le déjeuner, et que nous repartirions ensuite pour la ville.

Ainsi que nous étions convenus la veille, nous nous levâmes avant le jour, et ayant pris notre café, suivant l'habitude, nous sortîmes, partagés encore en deux détachements.

Au bout de deux heures, nous revînmes à la cabane avec onze coqs-d'Inde, neuf pigeons, quinze perroquets et un porc-épic.

Je me dispense de rendre compte du reste de notre voyage, qui n'offrit d'ailleurs aucune aventure digne d'être rapportée; mais je ne puis m'empêcher de remarquer que lorsqu'à six heures du soir nous rentrâmes en ville, notre dogcart littéralement surchargé de gibier, les habitants du Port-d'Espagne nous contemplèrent avec un étonnement mêlé d'admiration qui ne laissa pas de nous inspirer un juste et noble orgueil.

FIN D'UNE CHASSE SOUS LES TROPIQUES.

LE DÉSERT AMÉRICAIN [1]

Il existe dans l'intérieur de l'Amérique septentrionale un vaste désert presque aussi étendu que le fameux Sahara de l'Afrique, car il compte environ seize cents milles de long sur une largeur de plus de neuf cents. Si ce désert affectait une forme régulière, celle d'un parallélogramme, par exemple, rien ne serait plus aisé que d'obtenir sa surface. Il n'y aurait alors, comme vous le savez, jeunes lecteurs, qu'à multiplier sa base par sa hauteur pour obtenir un résultat qui serait d'un million quatre cent quarante mille milles carrés. Mais les contours de cet immense territoire sont encore fort mal déterminés, et bien qu'on soit certain que sur plusieurs points il a en effet seize cents milles de long sur neuf à treize cents milles de large, il est cependant plus que probable que sa surface n'excède pas un million de milles carrés, étendue assez raisonnable encore, puisque ce n'est pas moins de vingt-cinq fois la grandeur de l'Angleterre. Qu'on se représente donc une étendue de terrain avec ces dimensions énormes, et on n'aura pas de peine à convenir que c'est avec raison qu'on lui a donné le nom de Grand Désert de l'Amérique.

(1) Extraits du *Désert*, par le capitaine Mayne-Reid, en vente chez les mêmes éditeurs.

Maintenant, mes jeunes amis, savez-vous ce que c'est qu'un désert? Je parierais bien que non. Le mot désert ne présente-t-il pas toujours à votre esprit l'idée d'une vaste plaine couverte de sable, sans arbres et sans aucune espèce de végétation? Ne vous imaginez-vous pas aussi que l'atmosphère y est toujours remplie de nuages de sable, mis en mouvement par les vents, et qu'on n'y rencontre pas la moindre goutte d'eau? Telle est bien, n'est-ce pas, l'idée que vous vous étiez formée jusqu'à présent de ces vastes espaces que vous voyez figurer sur les cartes sous la dénomination de désert? Quoiqu'il y ait du vrai dans cette opinion, permettez-moi de vous dire cependant que vous errez sur plusieurs points. Sans doute, un désert se compose principalement de grandes plaines de sable. Néanmoins il y a aussi dans les déserts, quels qu'ils soient, certaines étendues de terrain qui affectent des caractères tout-à-fait différents.

Ainsi, bien que le Sahara d'Afrique n'ait point été entièrement exploré, on le connaît assez cependant pour être certain qu'il renferme dans ses limites des collines, des vallées, de grandes chaînes de montagnes, des lacs, des cours d'eau et même des rivières. On y rencontre aussi de loin en loin des espaces privilégiés, ornés d'arbres magnifiques et recouverts de plantes d'une végétation luxuriante. Quelques-unes de ces îles de verdure ne sont que de très-petite dimension, d'autres au contraire ont une grande étendue. Les voyageurs nous apprennent qu'il existe sur certaines d'entre elles des tribus indépendantes, et même des peuplades considérables. Ces espaces fertiles se nomment oasis, et vous pouvez vous convaincre facilement, en jetant les yeux sur une carte d'Afrique, qu'il existe dans le désert plusieurs terrains de cette nature.

Pas plus que les solitudes de l'Afrique, le grand désert américain ne possède un caractère uniforme, sa physionomie géographique, si l'on peut ainsi s'exprimer, est même encore plus variée. Tantôt ce sont des plaines de plusieurs centaines de milles d'étendue, où l'œil fatigué n'aperçoit rien qu'une masse uniforme de sables blancs que le vent soulève de temps à autre, et qui s'accumulent et s'entassent, semblables à des amas de neige bouleversés par le vent d'hiver de nos contrées septentrionales; tantôt ce sont d'autres plaines où il n'y a ni sable ni végétation. On y marche sur un sol dur et sonore, crevassé de toutes parts par l'ardeur du soleil. Ailleurs s'étendent à perte de vue des champs couverts d'une herbe pâle, dont le feuillage cendré n'offre aux regards qu'une fatigante monotonie. En certains endroits cette herbe est si épaisse, et pousse ses jets avec tant de force, que c'est à peine si un homme à cheval peut se tirer du milieu de ses tiges entrelacées. Cette triste plante du Désert se nomme l'armoise, espèce de sauge sauvage, qui a fait donner par les chasseurs, à la terre qui la produit, le nom de *prairie des sauges*. On poursuit sa route, la sauge disparaît, et se trouve remplacée par les couches pressées d'une lave noirâtre, produits vingt fois séculaires de quelques volcans, maintenant répandus sur la terre en fragments aussi multipliés que les pierres qui se trouvent sur une route nouvellement macadamisée.

Ce n'est pas tout, les déserts de l'Amérique ont encore bien d'autres particularités; par exemple, le voyageur qui les parcourt voit tout d'un coup s'étendre devant ses pas un tapis aussi blanc que la neige : c'est du sel qui recouvre ainsi le sol d'une couche de six pouces d'épaisseur. Il y a des champs ornés de cette singulière moisson, qui n'ont pas moins de cinquante milles dans toutes les directions. Dans d'autres contrées, la même blancheur de terrain s'offre encore aux yeux étonnés; seulement ce n'est plus le sel qui donne à la terre cette brillante apparence, c'est la soude.

Pendant des journées entières, on marche sur des efflorescences de cette nature.

Le Grand Désert d'Amérique n'est point dépourvu de montagnes. Une moitié de ce vaste territoire est au contraire très-montagneuse. C'est là qu'on trouve la grande chaîne des montagnes Rocheuses, dont vous avez sans doute entendu parler. Cette chaîne traverse le Désert du nord au sud, et le partage en deux parties égales. Les montagnes Rocheuses ne sont pas les seules qu'on rencontre dans le Désert, il en existe beaucoup d'autres, dont quelques-unes fort élevées offrent à l'œil les formes les plus bizarres et les aspects les plus pittoresques. On en voit qui se prolongent horizontalement sur une longueur de plusieurs milles, semblables à des toits de maisons, et terminées par des arêtes si étroites, qu'il paraît impossible qu'un homme puisse s'y tenir. D'autres, au contraire, affectent la forme conique, et s'élèvent brusquement du milieu des plaines, comme des pains de sucre qu'on aurait posés sur une table. Quelquefois ce sont des pitons amoncelés les uns à côté des autres, semblables à ces réunions de clochers qu'on admire sur les cathédrales gothiques, et notamment sur le dôme de l'église Saint-Paul de Londres. Toutes ces montagnes ne diffèrent pas moins entre elles par la couleur que par la forme; il y en a de blanches et de noires, d'autres sont d'un vert sombre ou gros bleu. Ces dernières couleurs sont particulières à celles qui portent sur leurs flancs des forêts de pins ou de cèdres, les deux plus grands arbres du Désert. Parmi ces montagnes, plusieurs sont entièrement dépourvues d'arbres et de toute espèce de végétation; leurs flancs rudes et abrupts sont hérissés de noirs rochers, et surmontés de pitons aigus, qui doivent aux neiges éternelles dont ils sont couverts la blancheur éclatante qui les distingue. Ces pitons s'aperçoivent de tous côtés à de grandes distances; car ce sont des points très-élevés.

ainsi que l'indiquent suffisamment leurs neiges, qui ne fondent jamais.

La neige n'est pas cependant l'unique cause de la blancheur des montagnes, et l'on voit souvent se dresser des pics dont le sol paraît d'une blancheur éclatante, mais dont les flancs, armés d'une riche et puissante végétation, prouvent suffisamment que ce n'est point à la neige qu'ils doivent leur éblouissante splendeur. Ce sont en effet des montagnes de quartz blanc laiteux.

D'autres sommets ne portent ni arbres ni plantes; cependant on voit leurs flancs reluire des couleurs les plus vives et les plus variées : ils sont partout sillonnés par de longues et larges bandes de vert, de jaune et de blanc. Cette variété de teinte est due tout entière à la diversité des couches de roches dont ces masses sont composées. Mais parmi toutes ces montagnes à l'aspect étrange et fantastique, celles qui étonnent le plus le voyageur, et le forcent à s'arrêter avec admiration, sont les pitons brillants que recouvrent les écailles étincelantes du mica et de la sélénite. A une certaine distance, et lorsque les flancs de ces colosses sont frappés par les rayons de soleil, on se croirait transporté au pied de ces montagnes fabuleuses d'or et d'argent, dont la tradition s'est conservée dans les contes arabes.

Nous l'avons dit, le Désert renferme aussi des rivières; mais quelles rivières étranges et singulières! Les unes roulent leurs ondes dans de larges lits, sur un sable jaune et brillant. Ces grands fleuves, qui ont plusieurs milles de largeur, et qui s'avancent avec majesté en faisant entendre un sonore mugissement, suivez-les... Que sont-ils devenus?... Au lieu d'aller en augmentant le volume de leurs eaux comme des fleuves ordinaires, ils se sont amoindris à chaque pas, et ont fini par s'infiltrer et disparaître dans les sables, ne laissant derrière eux, pendant plusieurs lieues, qu'un lit stérile et desséché. Continuez votre route, et plus loin le fleuve disparu va reparaître à vos yeux plus beau, plus grand, plus majestueux que jamais, et roulant vers l'Océan des masses d'eau dont les flots supportent d'immenses voiles et d'énormes pyroscaphes. Tels sont l'Arkansas et la Platte.

D'autres fleuves coulent entre deux rives rocheuses, resserrées, escarpées, s'élevant jusqu'à plus de mille pieds au-dessus des eaux. Coupées perpendiculairement, ces rives abruptes dominent le torrent qui écume à leur pied : ce sont autant de précipices à l'aspect effrayant et sinistre. Impossible de gravir ces ravins, plus impossible de les descendre, et souvent il est arrivé qu'un malheureux voyageur perdu dans le Désert est venu mourir de soif au sommet escarpé d'une de ces rives, tandis qu'il entendait mugir à ses pieds des masses d'eau torrentueuses dont une seule goutte eût suffi pour lui sauver la vie.

Tels sont le Colorado et le Snake.

Quelques fleuves aussi parcourent le Désert sans même s'y tracer un lit. Chaque année ils changent leur cours, et il n'est pas rare de les voir porter leurs eaux à des centaines de milles de la route qu'elles avaient d'abord suivie. Parfois ils se creusent une galerie souterraine, parfois aussi ils roulent sous des amas d'arbres qu'ils ont déracinés dans leur cours. Souvent encore, après avoir traversé de vastes terrains d'argile rouge, ils étendent leurs sinuosités au travers de grandes plaines, semblables aux anneaux sans fin d'un immense serpent couleur de sang.

Tels sont le Brazos et la rivière Rouge.

Les lacs du Désert ne sont pas moins curieux que ses fleuves.

Les uns dorment dans la profondeur des montagnes, si bien défendus par des remparts de rochers, que le pied de l'homme ne peut atteindre leurs abrupts rivages. L'oiseau du ciel lui-même n'a jamais effleuré de son aile légère la surface de leurs eaux stagnantes, tant il craint de s'aventurer au milieu de la nature volcanique et désolée qui les entoure.

D'autres s'étendent comme de vastes étangs au milieu de larges plaines stériles. Le voyageur admire ces mers intérieures, il passe; quelques mois après il revient au même lieu, les eaux ont disparu, il n'y a plus qu'un sable stérile et brûlant.

Quelques-uns de ces lacs renferment des eaux fraîches comme la neige, limpides et pures comme le cristal; d'autres eaux sont boueuses et tièdes, un plus petit nombre sont salées comme celles de l'Océan lui-même.

Le Désert compte encore plusieurs sources dont quelques-unes sont sulfureuses et alcalines, d'autres salées. Il y en a qui sont aussi chaudes que si on les eût fait bouillir dans une grande cuve. On ne peut y tremper la main sans se brûler horriblement.

On rencontre dans les montagnes de nombreuses cavernes et dans les plaines des crevasses si énormes qu'elles feraient croire parfois à l'imagination effrayée qu'elles sont le résultat des efforts d'un bras de géant qui a tenté de séparer deux mondes. Ces précipices singuliers s'appellent *barrancas*. Sans cause apparente connue, ils s'ouvrent béants et menaçants au milieu d'un plateau qu'ils divisent par des profondeurs qui parfois vont jusqu'à plus de mille pieds. La plupart du temps, au fond de ces abîmes roule une eau torrentielle descendue de quelque montagne escarpée. Les barrancas prennent alors le nom de *cagnon*.

Tels sont à peu près les caractères principaux de cette sauvage contrée qu'on appelle le *Grand Désert Américain*.

Tout désolée et stérile que soit cette terre, elle a pourtant ses habitants. Elle renferme des oasis dont quelques-unes, fort étendues, sont cultivées par des hommes civilisés. Une des plus importantes est celle du Nouveau-Mexique, sur laquelle s'élèvent plusieurs villes, et qui ne compte pas moins de cent mille habitants d'origine espagnole et indienne. Le pays qui entoure le grand lac salé et celui d'Utah forme aussi une oasis importante par son étendue, mais sur laquelle il n'existe jusqu'à présent qu'un établissement fondé en 1846 par des Américains et des Anglais : c'est la petite colonie des Mormons, qui, malgré son éloignement considérable de la mer, n'en paraît pas moins destinée à devenir la source d'une grande et puissante nation (1).

Indépendamment des deux grandes oasis que nous venons de nommer, le Désert en renferme des milliers d'autres qui ne diffèrent pas moins entre elles par leur forme que par leur étendue. Quelques-unes n'ont pas moins de cinquante milles carrés de superficie, tandis que d'autres renferment à peine quelques arpents de terre fertilisés par un humble ruisseau. Ces dernières sont pour la plupart entièrement inhabitées. Celles plus considérables sont au contraire généralement occupées par des tribus d'Indiens dont quelques-unes, riches et puissantes, possèdent de nombreux troupeaux de chevaux, de bœufs et de moutons. Mais la majeure partie de ces tribus qui peuplent les oasis du Désert se composent à peine de trois ou quatre familles qui vivent misérablement de racines, d'herbes, de graines, de reptiles et d'insectes.

En outre des populations stables que nous venons de signaler, on trouve encore d'autres hommes répandus sur ce vaste territoire. Ce sont des individus de race blanche, *chasseurs* et *trappeurs*, qui passent leur vie à la poursuite du castor, du wison et des autres bêtes sauvages. L'existence

(1) Etrange établissement! Si honteuse est la vie de ces sectaires, qu'on les a chassés de partout, et leur colonie, soit par suite de la répression des tribunaux américains, soit sous la pression du mépris des âmes restées honnêtes, est en ce moment presque éteinte. (*Note des Editeurs*).

de ces hommes singuliers est une lutte continuelle non-seulement contre les animaux objets de leurs poursuites, mais encore contre les féroces Indiens avec lesquels ils se trouvent souvent en contact. Ce sont ces hommes qui livrent au commerce les fourrures du castor, de la loutre, du rat musqué, de la martre, de l'hermine, du lynx, du renard et de plusieurs autres animaux dont la chasse constitue, comme nous l'avons dit, leur unique occupation et leur seul moyen d'existence.

D'aventureux marchands ont élevé dans le Désert de petites forteresses qui servent de postes d'échange. C'est à ces établissements situés à de grandes distances les uns des autres que les chasseurs viennent à des époques périodiques apporter les fourrures qu'ils ont conquises au prix de leurs travaux, et recevoir en échange des vivres, des vêtements, des munitions, en un mot toutes les choses indispensables à leur périlleuse carrière.

Les chasseurs et les trappeurs ne constituent pas la seule population nomade de ces sauvages contrées. Le Désert est encore traversé par une autre classe d'hommes qui depuis un certain nombre d'années entretiennent un commerce important entre les Etats-Unis et l'oasis du Nouveau-Mexique. Ce commerce, qui emploie des capitaux considérables, occupe aussi un grand nombre d'hommes, Américains pour la plupart. Les marchandises sont transportées à travers le Désert dans de grands chariots d'une forme particulière désignés sous le nom de *wagons*. Les bœufs et les mulets sont les bêtes de trait employées au service de ces chariots. Un train de wagons forme ce qu'on appelle une caravane. Les Espagnols ont aussi leurs caravanes qui, traversant la partie occidentale du Désert, vont de Sonora en Californie, et de là au Nouveau-Mexique.

Ces caravanes sont, comme vous le voyez, un nouveau

trait de ressemblance entre le Sahara africain et celui du nouveau monde.

Ces convois trouvent pendant des centaines de milles des pays où l'on ne rencontre que quelques bandes éparses d'Indiens *peaux-rouges*. Plusieurs parties de ces vastes contrées sont même si stériles que les Indiens eux-mêmes craignent de s'y aventurer.

Les caravanes suivent ordinairement une route sinon tracée, du moins connue, et sur laquelle on est sûr de rencontrer suivant les saisons de l'eau et de l'herbe. Il existe plusieurs routes de ce genre désignées par les Américains sous le nom particulier de *trails* (piste ou sentier); elles vont toutes des frontières des Etats-Unis à celles du Nouveau-Mexique. Entre ces routes connues s'étendent de vastes espaces entièrement inexplorés et déserts, et dans lesquels il est supposable qu'il existe plusieurs oasis fertiles que le pied de l'homme n'a jamais foulées.

Ce n'est là, mes jeunes amis, qu'un aperçu bien rapide du Grand Désert Américain. Si vous voulez en voir davantage, cela dépend entièrement de vous, car il ne s'agit que de me suivre. J'ai à vous montrer des scènes aussi variées qu'intéressantes, je ne vous cacherai que celles dont l'aspect trop sauvage pourrait effrayer vos jeunes imaginations. Abandonnez-vous donc à moi avec confiance, ne craignez rien, je ne vous conduirai pas dans le danger.

. . . .

Il y a quelques années, je faisais partie d'une caravane de marchands de la Prairie, qui, partie de Saint-Louis, sur le Mississipi, se rendait à Santa-Fé, dans le Nouveau-Mexique. Après avoir gagné cette ville par la route ordinaire, voyant que nous ne pouvions pas nous y défaire de toutes nos marchandises, nous résolûmes d'aller jusqu'à Chihuahua, grande cité qui se trouve plus avant dans le sud. Après quelque temps employé dans cette ville à la terminaison des affaires qui nous y avaient amenés, nous nous disposions à revenir aux Etats-Unis par la route que nous avions déjà suivie, quand quelqu'un d'entre nous fit la proposition d'essayer d'une nouvelle voie à travers la Prairie. La chose était d'autant plus faisable que nous n'étions plus encombrés de bagages; aussi acceptâmes-nous avec joie, et nous décidâmes de revenir par la ville d'El-Paso, le fleuve du Del Norte, et de longer pendant un certain temps la frontière des Arkansas.

Arrivés à El-Paso, nous nous défîmes de nos wagons, que nous échangeâmes contre quelques mules de charge, qui furent confiées à la direction d'un certain nombre d'*arrieros* ou muletiers que nous louâmes à cet effet. Nous nous pourvûmes aussi de chevaux de selle du pays, montures légères autant qu'infatigables, et vraiment inappréciables pour voyager dans le Désert. Nous n'oubliâmes pas non plus de faire acquisition des vêtements et des provisions de toute espèce qui pouvaient nous être nécessaires pour un trajet aussi long par une route tout-à-fait inconnue. Ces préparatifs terminés, nous dîmes adieu à El-Paso, et nous nous mîmes en marche dans la direction de l'est. Notre caravane se composait de douze marchands, auxquels s'étaient joints un certain nombre de chasseurs qui se trouvaient heureux de traverser le Désert dans notre compagnie. Nous avions encore parmi nous un ingénieur qui dirigeait une mine de cuivre dans le voisinage d'El-Paso. Les quatre Mexicains chargés de la conduite de nos mules en leur qualité d'arrieros complétaient notre petite troupe. Chacun de nous était armé de pied en cap et monté sur le meilleur cheval qu'il avait pu se procurer.

Nous avions d'abord à traverser une partie des montagnes Rocheuses, qui s'étendent par toute la contrée dans la direction nord et sud. La chaîne qui se trouve à l'est d'El-Paso est connue sous le nom de la *sierra de Organos* ou montagnes des Orgues, et est ainsi désignée à cause de la ressemblance que les roches basaltiques dont elle abonde présentent, par leur disposition, avec un buffet d'orgues.

Vous n'ignorez pas, sans doute, quelles singulières dispositions et quelles formes fantastiques affectent parfois les montagnes de roches basaltiques; mais la montagne des Orgues dépasse de beaucoup ce que vous connaissez et même ce que vous avez entendu dire à cet égard. Sur l'un des sommets de cette montagne se trouve un vaste lac qui a ses mouvements de flux et de reflux tout aussi bien que l'Océan, phénomène unique, qui a mis jusqu'ici en défaut la science des plus fameux géologues. C'est sur le bord de ce lac que semblent s'être donné rendez-vous tous les animaux sauvages qui peuplent au loin ces solitudes. Le daim et l'élan s'y rencontrent surtout en grand nombre, et y prospèrent d'autant mieux qu'il est rare que leur paix soit troublée par les chasseurs mexicains, qu'une crainte superstitieuse retient presque toujours loin de ces lieux élevés. La tradition a depuis longtemps établi qu'il existait des esprits dans ces montagnes, et les Espagnols ne sont pas gens à les troubler dans leur retraite.

Nous n'éprouvâmes pas de grandes difficultés à travers ces montagnes, et au bout de quelques jours nous débouchions dans les vastes plaines qui s'étendent du côté opposé à celui par lequel nous y étions entrés. Nous longeâmes quelque temps le pied de deux chaînes escarpées connues sous le nom de sierras Sacramento et de Guadalupe jusqu'à ce que nous arrivâmes sur les bords d'une petite rivière. Nous suivîmes son cours, et nous atteignîmes bientôt son confluent avec un grand fleuve que nous n'eûmes pas de peine à reconnaître pour le Pecos, qu'on désigne aussi parfois sous le nom de Puerco.

Vous remarquerez en passant que tous les noms que nous venons de citer sont espagnols; c'est qu'en effet les pays dont nous parlons, bien que complètement inhabités et tout-à-fait inexplorés pour la plupart, n'en sont pas moins censés faire partie du territoire des Hispano-Mexicains, et ce sont eux qui ont donné des noms aux objets et aux lieux dont l'existence leur avait été révélée par les récits de quelques chasseurs.

Nous traversâmes le Pecos et descendîmes pendant quelques jours sur sa rive gauche, avec l'espoir de rencontrer un nouvel affluent qui nous conduirait dans l'est. Mais notre espoir fut déçu; et nous nous vîmes plus d'une fois contraints de nous éloigner des rives du Pecos à une distance de plusieurs milles, car ce fleuve a creusé son lit dans des rochers inaccessibles qui ne permettent pas toujours de cheminer sur ses bords.

Nous avions été de la sorte entraînés beaucoup plus au nord que nous n'aurions voulu. Force nous fut enfin de songer à couper directement dans l'est et à nous enfoncer dans la plaine aride qui se déroulait à perte de vue devant nous. Ce n'était pas une entreprise sans périls que d'abandonner le fleuve pour nous lancer à l'aventure au milieu d'un désert dans lequel nous pouvions ne pas rencontrer une seule goutte d'eau. La prudence exige en pareil cas qu'on ne s'éloigne jamais beaucoup d'une rivière ou d'un fleuve; mais nos recherches pour découvrir un affluent oriental du Pecos avaient été inutiles, et nous étions impatients d'entrer enfin dans la véritable voie qui devait nous conduire à notre but. Aussi, après avoir rempli au fleuve nos outres et nos gourdes et avoir fait absorber à nos bêtes toute la quantité d'eau qu'elles purent boire, nous tournâmes la tête de notre caravane dans la direction du soleil levant.

Après plusieurs heures de marche, nous nous trouvâmes

au milieu d'un immense désert où la vue ne rencontrait ni montagnes, ni collines, ni arbres, ni quoi que ce fût en un mot qui pût arrêter le regard; seulement, d'espace en espace, quelques touffes de sauge ou quelques buissons épineux de cactus, mais tout cela racorni, desséché et d'une couleur cendrée. La verdure avait entièrement disparu, on ne voyait pas un seul brin d'herbe. Non-seulement on ne rencontrait pas une goutte d'eau, mais encore à l'aridité qui nous entourait nous pouvions croire que jamais la pluie n'était tombée dans ces lieux de désolation. Le sol était aussi sec que de la poudre à canon, et les pieds de nos chevaux et de nos mules soulevaient à chaque pas des nuages de poussière qui obscurcissaient l'air et gênaient la respiration. A ces inconvénients se joignait encore une excessive chaleur, qui rendit bientôt plus insupportable et la fatigue à laquelle nous succombions, et l'horrible soif à laquelle nous commencions à être en proie, car nous eûmes bientôt épuisé toute notre provision d'eau. Longtemps avant la chute du jour nous avions vidé nos outres jusqu'à la dernière goutte, et chacun de nous râlait en criant à la soif. Nos pauvres chevaux et nos mules partageaient nos souffrances; leur position, si cela est possible, était même plus déplorable encore, car nous, au moins, nous avions de quoi manger, et rien dans le Désert n'offrait à ces malheureuses bêtes de quoi relever leurs forces épuisées.

Un moment nous songeâmes à retourner sur nos pas, mais nous réfléchîmes bientôt qu'il nous faudrait probablement plus de temps pour retourner au fleuve que nous avions quitté que pour trouver un nouveau cours d'eau, et nous continuâmes de pousser en avant. Nous approchions de la chute du jour, quand nos yeux furent subitement frappés d'un admirable spectacle qui nous fit tous tressaillir sous le coup d'un inexprimable sentiment de joie. Vous allez croire que nous venions de découvrir de l'eau? Point. Ce que nous entrevoyions était un grand objet de couleur blanche qui se dessinait dans le ciel à une distance éloignée, une forme triangulaire qui semblait suspendue dans l'air comme un immense cerf-volant. Au premier coup d'œil, nous reconnûmes cet objet : nous avions devant nous la tête blanche du piton des neiges.

Vous allez vous étonner, sans doute, du sentiment de joie que nous éprouvâmes à cette vue, car dans votre opinion ce ne doit pas être un aspect bien réjouissant que celui d'un sommet inaccessible et couvert de neige. Si vous connaissiez mieux le Désert, cet étonnement n'aurait pas lieu. En effet, la seule apparence de cette montagne suffit pour nous faire comprendre que nous avions devant nous un de ces pics couverts de neiges éternelles qu'on désigne dans le Mexique sous le nom de *nevada*, et d'où découlent presqu'en tout temps, mais surtout pendant la saison chaude, des cours d'eau provenant de la fonte des neiges. Notre joie vous est maintenant expliquée, elle provenait de la certitude où nous étions que nous approchions enfin du but de nos désirs : de l'eau. Une distance assez grande nous séparait encore de la montagne, mais l'espoir nous avait rendu nos forces; nos bêtes elles-mêmes, excitées par l'instinct plus encore peut-être que nous ne l'étions par le raisonnement, semblèrent aussi s'animer d'un nouveau courage; nous continuâmes notre route d'un pas plus rapide et d'un esprit plus content que jamais.

Le triangle blanc devenait à chaque pas plus distinct. Au coucher du soleil nous pouvions déjà distinguer les couches de roches brunes qui forment sa base, tandis que son sommet neigeux, frappé par les rayons de l'astre à son déclin, semblait un dôme d'or dont les reflets brillants nous éblouissaient les yeux.

Le soleil disparut, la lune le remplaça dans le ciel. Sa pâle et tremblante lueur éclaira nos pas que continuait à guider, comme un phare lumineux, le blanc sommet de la montagne. Nous marchâmes ainsi toute la nuit sans nous reposer un seul instant, car le repos c'eût été la mort.

La longueur de cette nuit fut terrible. Lorsque l'aurore commença à paraître, nous nous traînions à peine. Jugez, nous avions fait au moins cent milles depuis que nous avions quitté les bords du Pecos. Cependant nous n'étions point encore au but, et la montagne se dressait à une grande distance en avant de nous. Le soleil parut à l'horizon, sa lumière nous permit de distinguer la base de la montagne, et nous découvrîmes sur son versant méridional une ravine profonde qui prenait naissance à son sommet, et venait se perdre dans la plaine. Le versant occidental, celui-là même qui nous faisait face, ne nous offrait rien de semblable ; et nous fûmes tout naturellement amenés à conjecturer que le seul endroit où nous avions chance de trouver de l'eau, était cette profonde ravine du sud qui devait indubitablement servir d'écoulement aux neiges.

Nous nous dirigeâmes donc en conséquence vers le point où il nous semblait que cette ravine devait déboucher dans la plaine. Nos conjectures ne nous avaient point trompés. Au fur et à mesure que nous nous approchions en contournant le pied de la montagne, nous voyions se dessiner davantage une bande de verdure dont l'émeraude tranchait admirablement sur la teinte grisâtre et monotone de l'aride Désert. C'était comme des herbes et des taillis que surmontaient çà et là les têtes élevées de quelques grands arbres. La nature du feuillage nous indiquait assez celle des arbres, nous avions reconnu des saules et des cotonniers végétaux qui ne croissent jamais que sur un sol humide. Les doutes étaient fixés, la joie était dans tous les cœurs, les hommes poussaient des hourras de satisfaction, les chevaux hennissaient, les mules les imitaient, et tous, gens et bêtes, emportés par une nouvelle ardeur, couraient au bord d'un ruisseau limpide où chacun put bientôt étancher à longs traits, dans une eau aussi pure que le cristal, la soif ardente qui le dévorait.

. . . .

Après une marche aussi longue et aussi fatigante nous avions grand besoin de repos, aussi fîmes-nous nos préparatifs pour passer la nuit sur les bords du cours d'eau et y demeurer même un ou deux jours si les circonstances l'exigeaient. Les saules qui formaient de chaque côté du ruisseau une lisière d'au moins cinquante pas de profondeur, nous offraient la place la plus favorable qu'on pût désirer pour un campement, d'autant mieux que sous l'ombrage de ces arbres s'étendait un vert tapis formé d'une herbe nommée par les Mixicains *gramma*, qui offre pour les animaux une excellente nourriture. Les buffles et les autres bêtes sauvages n'en sont pas moins friands que les chevaux et les bœufs. Nos chevaux et nos mules ne furent pas longtemps à nous prouver que le mets était de leur goût, car à peine ils avaient fini de se désaltérer qu'ils se jetèrent au milieu des herbes et se mirent à les brouter avec une activité et un plaisir que trahissait la joie de leurs yeux, non moins que le bruit de leurs mâchoires. Nous nous hâtâmes de débarrasser ces pauvres bêtes de leurs fardeaux et de leurs selles, et après les avoir attachées avec de longues cordes à des pieux fichés en terre, nous les laissâmes paître à leur aise une nourriture dont elles avaient si grand besoin.

Le moment était arrivé de songer à notre souper : nous y pensâmes non sans quelqu'inquiétude. Jusqu'alors nous n'avions point encore souffert de la faim, ayant toujours eu à notre disposition quelques morceaux de viande séchée;

mais pendant notre traversée du désert nous avions à peu près dévoré jusqu'à notre dernière bande de *tasajo* (c'est le nom qu'on donne à cette espèce de nourriture) : d'ailleurs c'était un triste régal que nous aurions été bien aises de pouvoir échanger contre de la viande fraîche, n'ayant encore mangé depuis notre départ d'El-Paso qu'une antilope fort maigre que nous étions parvenus à abattre d'un coup de fusil. Pendant que quelques-uns d'entre nous s'occupaient à attacher les mules et que les autres ramassaient le bois nécessaire à la cuisson d'un maigre souper qui ne devait se composer que de café et de quelques bandes de tasajo, un de nos compagnons, garçon infatigable, qui se nommait Lincoln, s'était mis à remonter la ravine; nous ne tardâmes pas à entendre un coup de fusil se répéter plusieurs fois dans les échos de la montagne, et nous vîmes en même temps s'éparpiller de tous côtés un troupeau de bighornes, espèce de chèvres ou moutons sauvages particulière aux montagnes Rocheuses. Ils franchissaient les précipices et bondissaient de rochers en rochers avec la rapidité d'oiseaux effrayés. Derrière eux marchait, d'un pas plus mesuré, le chasseur Lincoln ployant sous le poids d'un lourd fardeau qu'à ses grandes cornes qui se dressaient en l'air, nous reconnûmes bientôt pour le corps d'un compagnon des animaux effrayés dont nous avions un moment avant entrevu la fuite rapide. L'animal tué se trouvait être un mâle; les couteaux des chasseurs furent tirés aussitôt, et en moins d'un clin d'œil l'animal fut dépouillé et dépecé convenablement par ces habiles maîtres-queux du Désert. Pendant ce temps on avait abattu des arbres et préparé un ardent brasier sur lequel nous eûmes bientôt le plaisir de voir rôtir en crépitant d'appétissantes tranches de venaison. A l'odeur succulente qui s'échappait de ce rôti se mêlaient les effluves aromatiques du café qui chantait dans la bouilloire. Le souper fut trouvé délicieux, mais nous n'avions pas le loisir de rester longtemps à table, le sommeil dont nous étions privés depuis plusieurs jours nous réclamait à son tour, et quand nous eûmes apaisé en toute hâte les murmures de nos estomacs, nous nous roulâmes dans nos couvertures de voyage et nous ne tardâmes pas à oublier le souvenir des fatigues passées et la crainte de celles qui nous restaient à affronter.

Le soleil, en se levant, nous trouva frais et dispos. Nous déjeunâmes des restes du souper de la veille, puis nous tînmes conseil sur ce qui nous restait à faire. Si nous suivions le cours d'eau, nous étions emmenés dans le sud ; si nous nous éloignions de l'eau nous courions risque de retrouver les mêmes dangers auxquels nous avions failli succomber. Le cas était embarrassant. Pendant que nous étions à délibérer, une brusque exclamation qui fut poussée à côté de nous attira notre attention et nous fit détourner la tête : elle était de Lincoln. Le chasseur, placé à quelque distance, se tenait debout et du geste nous montrait le sud. Chacun regarda dans cette direction, et à sa grande surprise aperçut une colonne de fumée dont les spirales montaient du milieu de la plaine et se perdaient dans le vague du ciel.

— Ce sont des Indiens, s'écria l'un de nous.

— J'ai remarqué dans la Prairie, dit Lincoln, une sorte d'enfoncement qui m'a paru fort singulier ; je n'ai point eu le temps de bien examiner la chose, car je n'ai découvert cela qu'à la tombée de la nuit, au moment où j'étais à la poursuite des bighornes ; mais ce qu'il y a de sûr, c'est que la fumée paraît provenir de là, et comme dit le proverbe, il n'y a pas de fumée sans feu ; donc il y a quelqu'un près de ce feu ; sont-ce des blancs, sont-ce des Indiens, voilà la question.

— Ce ne peuvent être que des Indiens, répondit-on, car

on ne trouverait pas un seul homme blanc à plus de cent milles à la ronde. Pour sûr ce sont des Indiens.

On se consulta un instant sur ce qu'il y avait de mieux à faire. Par précaution on crut prudent de couvrir le feu et de cacher les mules et les chevaux derrière les broussailles, puis on proposa d'envoyer quelques personnes faire une reconnaissance sur les bords du ruisseau, tandis que d'autres tâcheraient de gravir la montagne et d'atteindre un point duquel on pût découvrir et dominer la place d'où sortait cette étrange fumée. Ce plan, qui était le seul raisonnable, fut adopté à l'unanimité, et une demi-douzaine d'entre nous procédèrent immédiatement à l'ascension de la montagne.

Tout en gravissant, nous nous retournions de temps à autre pour jeter un regard sur la plaine. Nous arrivâmes de la sorte jusqu'à un point fort élevé d'où nous dominions du regard toute la ravine ou barranca au fond de laquelle coulait le cours d'eau dont nous avons déjà parlé plusieurs fois. Mais à la distance où nous étions, les détails nous échappaient, et nous ne voyions rien qu'une plaine sans borne, aride et désolée. D'un seul côté, à l'orient, s'étendait une ceinture de verdure d'où s'élevaient, d'espace en espace, quelques arbres isolés entre lesquels on distinguait une ligne noirâtre qui paraissait être une crevasse. Evidemment c'était le lit que le cours d'eau devait suivre à sa sortie de la barranca; mais de l'objet qui nous occupait, nous ne vîmes absolument rien, et persuadés qu'une plus longue ascension ne nous réussirait pas mieux, nous nous mîmes en devoir de redescendre vers le lieu de notre campement.

Quand nous eûmes rejoint nos compagnons et que nous leur eûmes fait part de l'inutilité de nos recherches, on décida qu'il fallait choisir quelques hommes pour descendre le cours d'eau et pousser avec précaution une reconnaissance vers cette vallée mystérieuse qui nous intriguait et nous inquiétait à la fois. Nous partîmes sans bruit, et nous nous avançâmes à travers les arbres en nous tenant le plus près possible du bord de l'eau. Après avoir fait de la sorte environ un mille et demi, nous nous aperçûmes que nous approchions de l'extrémité de la barranca, et nous distinguâmes un bruit sourd semblable à celui d'une chute d'eau. Nous conjecturâmes que ce devait être une cataracte formée par la petite rivière, au moment où elle s'engouffrait dans l'étrange ravine qui commençait à se dessiner d'une manière plus nette à nos yeux. Nos suppositions ne tardèrent pas à se vérifier, et quelques pas plus loin nous atteignîmes la crête escarpée d'un précipice effrayant au fond duquel le ruisseau se précipitait avec violence d'une hauteur de plusieurs centaines de pieds.

C'était un spectacle magnifique que cette onde écumante qui tombait en s'arrondissant comme une immense queue de cheval et allait se perdre en poussière humide dans le vide d'un gouffre dont l'œil effrayé n'osait sonder la sombre profondeur. Le soleil, en frappant sur les innombrables globules de ce cristal mobile, les teignait de mille feux éblouissants qui reflétaient dans leurs gerbes brillantes toutes les couleurs du prisme. Oui, je vous le répète, jeunes lecteurs, c'était un magnifique spectacle sur lequel pourtant nous ne pûmes longtemps arrêter nos regards, car d'autres objets attiraient notre attention et faisaient naître notre étonnement. Au-dessous de nous, à une profondeur effrayante, s'étendait une vallée délicieuse pleine de verdure et de soleil. On eût dit, à la voir, une vaste coupe d'agate dont des rochers coupés à pic formaient les bords inaccessibles. Dans sa forme ovale elle avait au moins dix milles de long sur une largeur de près de moitié. Nous nous trouvions placés à son extrémité supérieure, et nous l'embrassions par conséquent dans toute son étendue. Sur les flancs abrupts du précipice, plusieurs arbres avaient poussé dans une direction horizontale ; il en existait même quelques-uns dont les racines étaient en haut et le feuillage en bas. Ces arbres étaient pour la plupart des cèdres et des pins. Du milieu des nombreuses fissures des rochers s'élançaient quelques tiges ardues de cactus mêlées à celles du mezcal ou maguey sauvage, dont les feuilles écarlates contrastaient admirablement avec le vert sombre des pins et des cèdres. Quelques-unes de ces plantes, suspendues au-dessus du précipice, donnaient, par la bizarrerie de leurs lignes, un caractère étrange et fantastique au paysage qui nous environnait. En un mot, toute cette muraille circulaire de rochers avait à la fois quelque chose de sombre et de pittoresquement sauvage.

Bien différent était le spectacle qui s'offrait à nous lorsque nous jetions nos regards en bas. Là, tout était calme et sourire. La végétation était si riche, les arbres étaient si beaux et leur feuillage si épais, qu'à la distance où nous étions placés, leurs têtes feuillues nous offraient l'aspect d'un riche tapis sur lequel l'automne avait pris soin de dessiner, avec ses brillantes couleurs, les figures les plus variées et les plus fantastiques.

Plus bas encore que ce riant tableau, se dessinait un large ruban de moire : c'était de l'eau ; un lac du plus pur cristal, aussi transparent qu'un miroir, et qui, reflétant en ce moment même les rayons du soleil à son zénith, nous renvoyait du fond de l'abîme des éclairs brillants qui nous éblouissaient. Les arbres nous dérobaient une partie du lac et nous empêchaient d'en saisir la forme et les contours ; nous en vîmes assez cependant pour demeurer convaincus que la fumée, objet principal de notre excursion, s'élevait d'un point situé sur le côté occidental du lac.

Nous rejoignîmes nos compagnons et nous décidâmes tous d'un commun accord de suivre la rive de la barranca, jusqu'à ce que nous eussions trouvé un point d'où nous pussions facilement descendre dans l'intérieur. Il était évident que cette issue devait exister; car sans cela comment ceux qui avaient allumé le feu auraient-ils eux-mêmes pénétré dans la vallée?

Nous laissâmes aux Mexicains la garde du camp et des mules, et, montés sur nos chevaux, nous nous mîmes en route tous deux de compagnie. Nous nous dirigeâmes du côté de l'est, le dos tourné à la plaine, de telle sorte que, quelque chose qu'il arrivât, il nous était possible de voir sans nous exposer nous-mêmes à être découverts. Lorsque nous nous trouvâmes en face du lieu d'où s'élevait la fumée, nous nous arrêtâmes et deux d'entre nous mettant pied à terre s'avancèrent jusque sur le bord de l'abîme. Nous avions eu soin, par surcroît de précaution, de nous abriter derrière quelques buissons. Nous nous avançâmes si près, qu'en nous tenant aux branches des arbres, nous pûmes enfin découvrir ce qui se trouvait directement au-dessous de nos pieds. Ce que nous vîmes était étrange, du moins par rapport au lieu où la scène se passait, car certes nous étions loin de nous y attendre.

Comme nous l'avons déjà dit, au fond de la vallée se trouvait un grand lac et sur le côté de ce lac qui nous était opposé, à cent pas environ de ses bords, s'élevait une jolie maison de bois derrière laquelle se dressaient d'autres constructions plus petites. Tout autour de ces bâtiments s'étendait un parc fermé par une barrière, et dans lequel on voyait un grand nombre d'animaux domestiques. Plus loin s'étendaient des champs spacieux, les uns couverts d'une riche culture, les autres pleins d'herbes verdoyantes que paissaient de nombreux troupeaux. En un mot, nous avions sous les yeux une ferme avec ses champs, ses bois, ses jardins, et tout son appareil champêtre. Nous étions trop loin pour reconnaître la nature des troupeaux qui peuplaient et le parc et les prés. Tout ce que nous pouvions distinguer, c'est qu'il y en avait de différentes espèces, de rouges, de noirs et de tachetés. Plusieurs figures d'hommes et d'enfants circulaient de côté et d'autre et animaient encore le paysage. Nous comptâmes jusqu'à quatre personnes occupées dans l'enclôture, plus une femme arrêtée devant la porte de la maison. La distance nous empêchait de distinguer si c'étaient des Indiens ou des hommes de race blanche; mais il ne nous vint même pas à l'esprit de penser que ce fussent des Indiens; les constructions que nous apercevions ne pouvaient être en effet l'œuvre de ces sauvages. Quoi qu'il en fût, cette vue nous remplit d'étonnement; nous nous attendions si peu à trouver au milieu du désert ce frais et charmant tableau!

Nos regards découvraient plus loin que le lac, sur le bord duquel nous distinguions plusieurs grands animaux enfoncés dans l'eau jusqu'aux genoux. Il y avait aussi de distance en distance différents objets dont nous ne nous rendions pas parfaitement compte. Mais quoique notre curiosité fût excitée, nous ne demeurâmes pas longtemps à contempler ce spectacle, et nous nous hâtâmes de retourner vers nos compagnons, qui nous attendaient avec anxiété.

Notre rapport eut pour effet d'exciter l'enthousiasme général. Il fut décidé qu'on continuerait à marcher jusqu'à ce qu'on eût découvert la route qui conduisait à cette singulière oasis. Une légère dépression de terrain qu'il nous semblait remarquer dans la plaine, du côté de l'extrémité inférieure de la vallée, nous fit supposer que nous pourrions trouver par là l'issue que nous cherchions. Ce fut en conséquence de ce côté que nous dirigeâmes nos pas. Après une course de quelques milles nous arrivâmes à la place où le cours d'eau sortait de la vallée en se dirigeant vers l'orient. Ce devait être indubitablement la route dont nous avions besoin; aussi nous nous mîmes à suivre le cours de l'eau par une sorte de sentier large à peine comme une voie de wagon, et suspendu au bord d'un précipice au fond duquel on ne pouvait regarder sans avoir des éblouissements.

. . . .

Cette route nous eut bientôt conduits au fond de la vallée. Le ruisseau continuait à y couler, et nous persévérâmes à suivre son cours, certains d'arriver de la sorte au grand lac près duquel nous avions aperçu la maison.

La beauté et la variété des arbres qui composaient le principal ornement de cette partie boisée nous surprirent encore moins que le nombre infini d'oiseaux qui s'envolaient par troupes à notre approche en poussant des cris de toute sorte. Nous ne tardâmes pas à arriver dans un endroit découvert, d'où nous pouvions facilement apercevoir et le lac et la maison. On s'arrêta de nouveau, et il fut décidé qu'on pousserait une dernière reconnaissance avant de s'engager plus loin. Deux cavaliers dont je faisais partie mirent pied à terre et furent se poster à l'abri d'un buisson, dans un endroit où l'on pouvait tout voir sans craindre d'être soi-même découvert. La place était aussi favorable que possible, car nous avions en face de nous les objets principaux de notre exploration.

Comme nous l'avions reconnu dès l'abord, la maison était bâtie en bois et semblable en tous points à celles que nous avions eu occasion de rencontrer plus d'une fois dans les Etats de l'Amérique de l'Ouest. Elle paraissait bien construite, touchait par une de ses extrémités à un jardin cultivé, et était entourée de tous les autres côtés par des champs et des prairies. Plusieurs de ces champs étaient en plein rapport : dans l'un nous remarquâmes du maïs et dans l'autre du froment. Mais ce qui nous étonna plus que tout cela fut l'espèce d'animaux que nous aperçûmes dans le parc. Au premier abord, nous avions cru y voir les bêtes domestiques qu'on est habitué de rencontrer dans les fermes de France, d'Angleterre et d'Amérique, c'est-à-dire des chevaux, des bœufs, des moutons, des chèvres, des cochons et des volailles; mais qu'on juge de notre surprise lorsque, en examinant les choses de plus près, nous pûmes nous convaincre qu'il n'y avait pas là un seul animal domestique qui fût de notre connaissance, à l'exception pourtant des chevaux; encore ceux-ci ne ressemblaient-ils pas exactement à l'espèce ordinaire, étant d'une taille plus petite et d'une robe mouchetée comme celle des chiens de chasse. C'étaient, à n'en pas douter, des mustangs, espèce de chevaux sauvages particuliers au Désert.

En examinant les animaux que nous avions pris pour des bœufs noirs, nous reconnûmes que c'étaient des buffles, mais des buffles bien différents de ceux que nous avions rencontrés dans la Prairie; car ils se laissaient parquer et ne paraissaient animés d'aucune colère contre les figures humaines qui circulaient au milieu d'eux. Chose plus étonnante encore, nous vîmes même deux de ces animaux qu'on venait d'atteler à une charrue, et qui traçaient paisiblement leur sillon avec une gravité tranquille digne de nos bœufs les plus civilisés.

Nos regards furent bientôt attirés sur d'autres animaux non moins extraordinaires que les buffles; ils étaient plus petits de taille, mais plus fortement encornés, et nous voyions leur image reflétée par le lac, dans les eaux duquel ils se tenaient enfoncés jusqu'aux genoux. Nous les reconnûmes bientôt pour avoir vu leurs pareils dans les solitudes de la Prairie. Ils étaient de l'espèce du quadrupède connu sous le nom de grand élan d'Amérique. Tout autour d'eux paissaient de nombreux troupeaux de daims et d'antilopes, et plusieurs autres espèces d'animaux qui ressemblaient assez par les formes de leur corps et par la nature de leurs cornes recourbées à des chèvres et à des moutons; quelques-uns ressemblaient aussi à des cochons sans queue, d'autres avaient l'apparence de renards et de chiens. Plusieurs espèces de volatiles se remarquaient devant la porte de la maison, mais aucun d'eux ne ressemblait à ceux qui peuplent d'ordinaire nos pigeonniers et nos basses-cours. Pour donner une idée en un mot de la colonie singulière que nous avions sous les yeux, elle avait bien moins l'apparence d'une ferme que du Jardin des Plantes de Paris ou de la ménagerie d'un nouveau Carter. Nous avions également deux hommes en vue : l'un, de couleur blanche et de teint coloré, était d'une haute stature : l'autre, court et ramassé, appartenait à la race nègre; ce dernier était occupé à la charrue. Deux autres individus de l'espèce humaine, que la petitesse de leurs proportions faisait reconnaître pour des adolescents, se trouvaient à quelques pas des deux hommes. Devant la porte de la maison une femme était assise et paraissait occupée de quelque travail; près d'elle se tenaient deux petites filles, les siennes apparemment.

Ce qui nous parut plus extraordinaire encore que tout cela fut ce que nous aperçûmes devant la maison et non loin de la porte près de laquelle était placée la femme en question. Ce que nous voyions là était en effet de nature à nous effrayer. Deux gros ours noirs prenaient leurs ébats en toute liberté, tandis qu'à côté d'eux circulaient plusieurs animaux que nous avions pris d'abord pour des chiens, mais qu'à leur poil rude, à leur queue touffue et à leurs oreilles droites nous reconnûmes bientôt pour des loups. C'étaient en effet des loups de l'espèce de ceux que nous avions souvent rencontrés dans les pays indiens, et qu'on pourrait appeler à bon droit chiens-loups ou loups-chiens, tant ils participent à la fois des caractères particuliers à ces deux races d'animaux. Il n'y en avait pas moins d'une douzaine à la ferme. Ce n'était pas tout cependant, et ces lieux comptaient encore des hôtes beaucoup plus effrayants. Non loin de la femme et presque à ses pieds étaient couchées deux énormes bêtes d'un brun rouge. Leurs têtes rondes, leurs oreilles pointues comme celles des chats, leurs gros museaux noirs, leurs cous blancs et leurs poitrails d'un rouge pâle nous les firent reconnaître au premier coup d'œil.

— Des panthères! s'écria mon compagnon en me regardant d'un air stupéfait.

Effectivement, ces animaux étaient des panthères; du moins c'est le nom que leur donnent les chasseurs, bien que ce soit celui de kougars qui leur appartienne légitimement. C'est le *felis concolor* des naturalistes, le lion de l'Amérique.

Les deux petites filles s'ébattaient à côté de ces bêtes féroces, sans paraître le moins du monde s'inquiéter de leur présence. Les panthères, de leur côté, ne semblaient point faire attention aux enfants. Cette scène nous transportait à des siècles en arrière, au milieu des délices du paradis terrestre, alors que les bêtes féroces vivaient en paix avec les animaux les plus timides, et que, selon l'expression de l'Ecriture, le lion dormait à côté de l'agneau.

Nous ne nous arrêtâmes pas plus longtemps à contempler ce tableau. Nous en avions assez vu, et nous retournâmes vers nos compagnons. En moins de cinq minutes nous étions tous dans la clairière, nous dirigeant du côté de la maison. Notre apparition produisit la sensation la plus vive; les hommes parurent s'entretenir ensemble, les chevaux hennirent, les chiens hurlèrent et aboyèrent avec force; il n'y eut pas jusqu'aux volatiles qui ne firent leur partie dans ce brouhaha général. Evidemment on nous prenait pour une troupe d'Indiens, mais notre présence et nos paroles eurent bien vite dissipé cette erreur. Après quelques courtes explications, l'homme blanc, qui paraissait le chef de la petite colonie, nous engagea à mettre pied à terre et nous offrit l'hospitalité avec la politesse la plus affectueuse. En même temps il donna des ordres pour qu'on nous préparât à dîner. Nos chevaux ne furent point négligés, et notre hôte, en homme prévoyant, les enferma dans une enclôture et leur porta du grain dans une grande vannette en bois. Il était aidé dans ces soins par le nègre, qui était son domestique, et par les deux jeunes gens, qui paraissaient être ses enfants.

Notre étonnement, loin de cesser, croissait au contraire à chaque pas, tant ce que nous voyions autour de nous était étrange et inexplicable. Les animaux dont nous étions entourés, et que nous n'avions jamais rencontrés jusqu'alors que dans l'état sauvage, paraissaient aussi doux et aussi dociles que les bestiaux d'une ferme ordinaire. Les végétaux qui croissaient de tous côtés nous surprenaient également. C'étaient des vignes sauvages attachées en espaliers, des moissons de blé qui couvraient les champs, des fleurs, des fruits et des légumes qui remplissaient le jardin, et dont nous n'avions encore aucüne idée.

Nous en eûmes ainsi pour une heure à marcher de surprise en surprise; au bout de ce temps on nous appela pour dîner.

— Veuillez me suivre, Messieurs, nous dit notre hôte en nous précédant dans la direction de la maison.

Nous entrâmes derrière lui et nous nous plaçâmes, sur son invitation, autour d'une table sur laquelle fumaient des plats de l'aspect le plus attrayant. Quelques-uns étaient pour nous de vieilles connaissances, d'autres au contraire étaient complètement nouveaux. Il y avait des tranches de venaison, des langues de buffle, des bosses de bison, des rôtis de volaille, et une excellente omelette faite avec des œufs d'une sorte de vautour qu'on nomme turkey. Le pain et le beurre y abondaient, le lait et le fromage s'y trouvaient également; en un mot, il y avait devant nous un festin assez délicat pour réveiller un estomac blasé, et assez copieux pour satisfaire à des appétits de la nature de ceux que nous apportions à table, car il commençait à se faire tard et nous n'avions pas mangé depuis le repas du matin. Une grande chaudière bouillait devant le feu; son contenu nous intriguait. Que devait-il sortir de ses flancs? Du thé ou du café? Ni l'un ni l'autre probablement. Nous ne fûmes pas longtemps dans l'incertitude : des tasses furent placées devant nous et on les emplit avec le liquide contenu dans la chaudière, qui se trouva être une boisson aussi saine qu'agréable au goût : c'était du thé de sassafras, édulcoré avec du sucre d'érable. Chacun mêla à ce breuvage la quantité de crème qu'il crut convenable. Au surplus, ce genre de thé n'était inconnu à aucun de nous, nous en avions déjà goûté à maintes reprises, et nous l'aimions presque autant que celui de Chine.

Tout en mangeant, nous ne pouvions nous empêcher d'examiner les différentes pièces de mobilier qui se trouvaient dans l'appartement. Toutes étaient simples, souvent même grossières, et évidemment fabriquées sur place par une main inexpérimentée. La vaisselle était de différentes sortes. Un grand nombre de coupes et de plats étaient formés tout bonnement de quelques morceaux de calebasse, les cuillers, grandes et petites, avaient été taillées dans la même matière. Il y avait aussi des plats et des assiettes de bois; mais la plus grande partie des ustensiles de ménage était d'une sorte d'argile rouge, pétrie en différentes formes et destinées à divers usages. La poterie qui allait au feu, ainsi que des jarres et des cruches de diverses dimensions, avaient été fabriquées avec cette terre.

Les siéges, grossièrement construits, n'en étaient pas moins merveilleusement propres à l'usage auquel ils étaient destinés. La plupart étaient recouverts de peaux non tannées, et portaient un dossier qui les rendait aussi commodes qu'agréables. Quelques-uns de ces siéges, plus légers que les autres et destinés au service des chambres intérieures, étaient tout simplement foncés en feuilles de palmier tressées.

Les murs de l'appartement étaient peu ornés, si l'on en excepte pourtant diverses curiosités appendues çà et là, et qui étaient évidemment des produits originaires de la vallée même. Là figuraient quelques oiseaux empaillés remarquables par l'éclat de leur plumage, des cornes d'animaux singulièrement contournées, et deux ou trois écailles de tortues terrestres habilement polies et entretenues avec soin. On ne voyait nulle part ni miroir ni tableau, point de bibliothèque, un livre seulement : ce volume, de dimension moyenne, se trouvait placé sur une table exprès, et on avait pris soin de le préserver de tout dommage en l'enveloppant dans une peau de jeune antilope. Sitôt que j'eus aperçu ce livre, je me sentis pris du désir de l'ouvrir ; je cédai à la tentation, et je lus le titre inscrit sur la première page : c'était une Bible. Cette circonstance ne fit qu'augmenter l'intérêt que m'avaient inspiré dès l'abord mon hôte et sa famille, et je m'assis avec confiance à son foyer, heureux de devoir l'hospitalité du Désert à un chrétien comme moi.

Notre hôte et sa famille assistaient à notre repas. C'étaient ceux que nous avions déjà vus, la petite colonie ne comptait pas d'autres habitants. L'entretien que nous eûmes avec les enfants accrut encore notre étonnement, car nous apprîmes d'eux que nous étions les seuls hommes blancs qu'ils eussent vus depuis à peu près dix ans. Ces enfants étaient tous magnifiques, robustes, pleins de vie et de santé. Comme nous l'avons déjà dit, il y avait deux garçons : Franck et Henri ; et deux petites filles : Marie et Loïsa. L'une de ces dernières était une brune au teint pâle, dont le visage avait le caractère espagnol ; l'autre, au contraire, aussi blanche et colorée que sa sœur était pâle et brune, avait de longs cheveux blonds et de grands yeux bleus ornés de longs cils châtains. Ce qui ne laissa pas de me paraître étrange, elles étaient de même taille et semblaient avoir le même âge. Les deux jeunes garçons, plus âgés que leurs sœurs, étaient également de même taille l'un que l'autre, et paraissaient avoir environ dix-sept ans ; il était impossible de discerner quel était l'aîné des deux. Henri, avec ses cheveux longs et bouclés, et ses joues colorées, ressemblait beaucoup à son père : tandis que l'autre, avec sa chevelure noire et son teint pâle, était le portrait vivant de sa mère, dont il avait à la fois les traits et la complexion. La femme ne paraissait pas avoir plus de trente-cinq ans ; elle était belle encore, et la bonté de son cœur se lisait sur sa physionomie franche et ouverte.

Notre hôte montrait quarante ans à peu près ; c'était un homme de haute taille, blanc de peau, de teint coloré, et dont les cheveux déjà grisonnants avaient dû être autrefois blonds et bouclés. Il ne portait ni barbe ni favoris, et son menton attestait, au contraire, le soin qu'il prenait de se raser chaque jour. La rusticité de ses vêtements n'excluait pas chez lui une certaine recherche de toilette. Tout en lui annonçait l'homme bien élevé. Sa conversation et ses manières confirmaient encore la bonne opinion qu'on était porté à prendre de lui au premier aspect.

Les vêtements de cette famille avaient aussi un cachet tout particulier. Le père portait une sorte de blouse de chasse et de grandes guêtres en peau de daim, semblables à peu près à celles de nos chasseurs ; les enfants étaient habillés de la même manière. On apercevait seulement chez eux l'habit de toile qu'ils portaient sous leur vêtement de cuir. La mère et ses filles étaient vêtues partie d'une sorte de toile de ménage, et partie de peaux de faon préparées avec tant d'habileté, qu'elles avaient toutes la souplesse d'un gant. Un grand nombre de chapeaux se trouvaient dans la maison, ils étaient fabriqués avec des feuilles de palmier.

Pendant que nous étions encore à table, le nègre se montra à la porte et parut nous regarder avec une curiosité extrême. C'était un homme gros et trapu, noir comme le jais, dont la physionomie accusait une quarantaine d'années. Sa tête, couverte de cheveux courts et bouclés, avait l'apparence d'une grosse balle de laine. Ses dents étaient larges et blanches, et il les montrait jusqu'à la dernière lorsqu'il souriait, ce qui, pour lui rendre justice, lui arrivait presque toujours. Ses grands yeux noirs avaient une expression singulière de douceur et de gaieté; ils n'étaient jamais au repos, et roulaient continuellement du nez à la tempe et de la tempe au nez.

— Cudjo, éloignez ces bêtes.

C'était la femme ou plutôt la dame qui parlait ainsi, car nous croyions devoir lui donner ce titre, que lui méritaient ses manières et son éducation. Cet ordre, donné avec bienveillance, fut exécuté avec rapidité. Cudjo sortit et au bout de quelque temps parvint à emmener dans une autre direction les chiens-loups et les panthères, dont certains d'entre nous ne voyaient pas le voisinage avec plaisir.

Tout était si étrange dans cette demeure, que nous suivions les moindres détails avec un intérêt toujours croissant. Aussi, notre repas terminé, exprimâmes-nous à notre hôte le désir d'avoir enfin l'explication de toutes les singularités qui nous avaient frappés.

— Attendez jusqu'à la nuit, nous dit-il, et ce soir je vous

raconterai mon histoire autour d'un bon feu de branchages. Quant à présent, vous avez encore besoin de repos et de rafraîchissement. Allez donc au lac et prenez un bain. La chaleur est aujourd'hui très-forte, et après un voyage aussi pénible que le vôtre, un bain ne peut être que très-favorable.

En parlant ainsi il sortit de la maison et se dirigea vers le lac.

Nous le suivîmes tous. Quelques minutes après nous goûtions le plaisir du bain.

Différentes occupations remplirent pour nous le reste de la journée. Quelques-uns retournèrent au camp pour avertir les Mexicains à la garde desquels nous avions laissé les mules et les bagages, tandis que les autres se mirent à explorer la vallée et toutes les choses curieuses qu'elle renfermait.

Nous attendîmes la nuit avec impatience, car elle devait nous apporter l'explication de tant de choses singulières qui avaient au plus haut point excité notre curiosité.

Elle vint enfin, et, après un souper qui fut digne du dîner, nous nous assîmes autour d'un bon feu et nous nous disposâmes à entendre l'histoire de Robert Rolfe. Ainsi s'appelait notre hôte.

. . . .

. . . .

Le lendemain, le soleil nous trouva debout; nous avions déjeuné; nous rechargeâmes le coffre et tous nos ustensiles sur le chariot et nous dîmes adieu à notre campement en l'appelant le camp de l'Antilope. Nous donnâmes le nom de crique des Grosses-Cornes au cours d'eau sur le bord duquel nous avions campé.

Une heure avant le coucher du soleil nous arrivâmes au haut de la colline : nous y passâmes la nuit. Le lendemain, je me mis en quête d'un sentier qui nous conduisît au fond de la vallée. Je fis plusieurs milles sur le bord du précipice, mais à ma grande surprise je ne trouvai partout que des falaises à pic; et je commençai à craindre que ce paradis ne fût inaccessible, et ne nous eût été montré que pour nous soumettre au supplice de Tantale. J'arrivai enfin à l'autre extrémité où vous avez dû voir que le terrain s'abaisse, et que la plaine semble s'affaisser. Là je trouvai un chemin qui descendait dans la vallée et où se trouvaient encore les empreintes de pas de divers animaux. J'avais enfin ce que je cherchais.

Nous pouvions rester dans cette vallée jusqu'à ce que nos bêtes eussent repris assez de forces pour nous traîner hors du Désert, et que nos carabines nous eussent procuré une assez grande quantité de provisions pour le voyage.

Je retournai vers le chariot; mais comme mes explorations avaient employé la plus grande partie de la journée, il se faisait tard quand j'arrivai : nous restâmes toute la nuit à cette place, que nous nommâmes le camp du Saule.

Nous partîmes de bonne heure le lendemain : en arrivant à l'entrée du chemin, je fis arrêter le chariot. Marie resta avec les enfants, tandis que Cudjo et moi nous allâmes reconnaître le pays. Les broussailles étaient très-épaisses, les grands arbres étaient comme liés ensemble par des lianes centenaires qui couraient d'un tronc à l'autre comme des serpents sans fin.

Je trouvai cependant un chemin frayé par les animaux qui descendaient dans la vallée, mais je ne vis aucun signe qui annonçât la présence de l'homme ou indiquât même qu'il fût venu jusque-là.

Nous suivîmes le sentier, il nous conduisit droit au ruisseau. Il y avait alors très-peu d'eau, presque tout le lit était à sec et pouvait devenir une excellente route pour notre chariot; nous continuâmes donc à le remonter.

Nous avions parcouru environ trois milles, à partir du bas de la vallée, quand nous atteignîmes un endroit où se trouvait une clairière à peu près libre de broussailles.

A droite du ruisseau, le sol s'élevait graduellement et présentait une grande étendue de terres où ne croissaient que quelques arbres épars. C'était une espèce de prairie où l'herbe la plus épaisse se mêlait aux fleurs les plus parfumées : il y avait là plusieurs animaux que notre approche effraya et qui coururent se cacher sous le fourré. Nous nous arrêtâmes un instant pour admirer le paysage que nous avions sous les yeux. Des oiseaux au brillant plumage sautaient de branches en branches, sifflant, gazouillant et se pourchassant les uns les autres. Nous vîmes des perroquets, des perruches, des orioles, des geais bleus, de magnifiques loxias écarlates et d'autres de l'azur le plus pur. Des papillons aux larges ailes peintes de mille couleurs volaient de fleurs en fleurs : il y en avait parmi eux qui étaient aussi grands que des oiseaux et même plus grands, car nous voyions des nuées d'oiseaux-mouches dont la plupart n'étaient pas plus gros que des abeilles et qui, étincelants comme des pierres précieuses, voltigeaient amoureusement sur les calices des fleurs.

C'était un spectacle enchanteur : Cudjo et moi nous fûmes d'avis que nous ne pouvions trouver un endroit plus propice pour y asseoir notre camp. Nous résolûmes d'y demeurer jusqu'à ce que nos bêtes eussent recouvré leurs forces, et que nous eussions trouvé dans les bois d'alentour assez de provisions pour pouvoir traverser le Désert. C'était un campement temporaire. Dix ans se sont écoulés depuis ce temps, et nous sommes encore au même endroit! Oui, cette maison est bâtie au milieu même de la clairière dont je viens de vous parler. Vous serez surpris d'apprendre qu'il n'y avait pas de lac alors et qu'il n'y en avait jamais eu; je vous dirai plus tard comment il a été créé.

L'endroit où vous voyez un lac était le fond du vallon; le sol était couvert de la plus riche végétation; il y avait çà et là des bouquets d'arbres qui lui donnaient l'aspect d'un parc; on eût pu facilement s'imaginer qu'il y avait dans le lointain quelque splendide demeure que les arbres dérobaient aux yeux.

Nous ne restâmes pas à contempler ce paysage plus longtemps qu'il n'était nécessaire : je savais que Marie nous attendait anxieusement, nous retournâmes donc vers elle. Trois heures après, le chariot couvert de sa bâche blanche était arrêté au fond du vallon, tandis que le cheval et le bœuf paissaient en liberté la riche et verdoyante prairie. Les enfants jouaient sur le gazon à l'ombre d'un magnolia; Marie, Cudjo, les deux garçons et moi nous travaillions avec ardeur à mettre toutes choses en état. Les oiseaux voltigeaient et gazouillaient autour de nous au grand contentement des enfants : ils venaient se percher sur les branches les plus rapprochées de notre camp et semblaient s'étonner de nous voir troubler leur solitude. La curiosité qu'ils manifestaient me fit croire qu'ils n'avaient pas encore vu d'hommes, et que nous n'avions par conséquent aucune chance d'en rencontrer dans la vallée. N'était-il pas étrange que l'animal que nous craignions le plus était l'homme! C'est qu'en effet nous savions que les seuls hommes que nous pouvions rencontrer seraient des Indiens, et que nous avions tout à redouter de leur part.

Quoiqu'il fût encore de bonne heure, nous résolûmes cependant de consacrer le reste du jour au repos; car nous avions éprouvé bien des fatigues pour faire arriver le chariot jusque-là. Il avait fallu retirer de lourdes roches qui se trouvaient dans le chemin, et couper de grosses branches d'arbres qui l'obstruaient. Toutes ces difficultés étaient vaincues, nous avions atteint notre but et nous pouvions nous reposer. Cudjo construisit cependant un foyer, et éleva une grosse branche au-dessus pour y suspendre nos chaudrons et notre marmite. Cette branche était supportée à chaque extrémité sur deux pieux fourchus. C'est ainsi que les chasseurs des montagnes établissent leur cuisine et qu'ils rôtissent leur gibier en plein air. Il est rare de rencontrer en Amérique le trépied rustique des bohémiens de l'Europe.

Notre marmite remplie d'eau fut suspendue à cette crémaillère improvisée; elle ne tarda pas à bouillir, et nous eûmes bientôt devant nous un excellent café. Nous nous étions occupés en même temps de la cuisson d'un quartier d'antilope, puis le grand coffre avait de nouveau été descendu, Marie l'avait recouvert d'une nappe, sur laquelle elle disposa nos assiettes et nos tasses de fer-blanc, qui reluisaient comme de l'argent. Quand tous ces préparatifs furent achevés nous nous assîmes autour du feu en attendant que notre gibier fût suffisamment rôti. Nous nous félicitions déjà du savoureux souper que nous allions faire, quand nous entendîmes tout-à-coup du bruit dans la lisière du bois. Les feuilles remuaient, et l'on eût dit que les pas des lourds animaux brisaient des branches desséchées. Nous nous tournâmes tous de ce côté; bientôt le feuillage s'agita violemment, et nous vîmes trois gros animaux entrer dans la Prairie comme pour la traverser.

Nous crûmes d'abord que c'étaient des cerfs, car ils portaient de magnifiques bois, mais ils étaient beaucoup plus gros qu'aucun des cerfs que nous eussions jamais vus. Ils étaient de la taille d'un fort cheval flamand, et leur bois, qui s'élevait à plusieurs pieds au-dessus de leur tête, les faisait paraître encore plus grands. C'étaient des élans : le grand élan des montagnes Rocheuses.

En sortant du bois ils marchaient à la suite les uns des autres, pleins de confiance dans leur force et leur agilité. Ils savent en effet se servir très-adroitement des cornes pointues dont est armée leur tête, et se défendent avec courage contre leurs ennemis. Ils avaient un grand air de majesté; et nous les admirions sans mot dire à mesure qu'ils s'approchaient, car ils venaient tout droit à notre camp.

Quand ils aperçurent notre chariot et notre feu, ils s'arrêtèrent aussitôt, et humant l'air avec bruit, ils nous regardèrent pendant quelques instants d'un œil plein de surprise.

— Ils vont partir tout-à-l'heure, dis-je tout bas à ma femme et à Cudjo, et nous échapper infailliblement, car ils sont encore hors de la portée de ma carabine.

J'avais saisi mon arme dès la première alerte, et je la tenais sur mes genoux : Harry et Franck avaient pris aussi leurs petites carabines.

— Quel malheur, massa! dit Cudjo, la grosse carabine n'ira pas jusque-là, et ils sont aussi gras que possible!

Je me demandais si je ne pourrais me glisser un peu plus près d'eux, quand, à ma grande surprise, ils s'approchèrent de quelques pas, au lieu de se sauver dans le bois, puis s'arrêtèrent de nouveau et relevèrent la tête en humant encore l'air. L'élan est un animal facile à effrayer; mais il est en même temps excessivement curieux, et il s'approche souvent des objets qui lui paraissent nouveaux pour les examiner avant de s'enfuir. La curiosité les avait amenés si près de nous, que supposant qu'ils pourraient s'approcher encore, je recommandai à tous mes compagnons de ne rien dire et de rester immobiles.

Le chariot avec sa grande bâche blanche semblait étonner nos visiteurs au-delà de toute expression; après l'avoir regardée de nouveau avec des yeux effarés, ils firent encore quelques pas pour s'arrêter une troisième fois. Puis ils s'avancèrent encore et firent une nouvelle halte.

Comme le chariot se trouvait à une petite distance du foyer autour duquel nous étions assis, les animaux se présentaient à nous de plus en plus de côté. Les derniers pas qu'ils avaient faits avaient amené le plus avancé à portée de ma carabine : c'était le plus fort des trois, et je résolus de ne pas attendre davantage. Le visant donc au cœur, je fis feu.

— Manqué! m'écriai-je; car ils se retournèrent tous les trois en un clin d'œil et disparurent comme un éclair. Ce qui nous parut étrange, c'est qu'ils ne galopaient pas : ils trottaient d'un trot relevé et couraient beaucoup plus vite qu'un cheval au galop.

Les chiens, que jusqu'alors Cudjo avait retenus, s'élancèrent après eux en aboyant de toutes leurs forces : ils disparurent bientôt à la piste des élans; mais nous les entendions chasser avec ardeur. Je pensai que nos gros chiens n'avaient aucune chance de rattraper le gibier à la course, et je crus inutile de les suivre; mais tout-à-coup le cri des chiens changea de nature, on eût dit qu'ils avaient engagé une bataille.

— J'ai peut-être blessé l'animal, et ils l'ont atteint! dis-je au nègre. Allons, Cudjo, allons voir. Vous, enfants, restez auprès de votre mère.

Je pris la carabine de Harry, et, suivi de Cudjo, je traversai rapidement la clairière du côté où les élans et les chiens étaient entrés dans le bois. Les feuilles des buissons étaient teintes de sang.

— Il est blessé, dis-je, et sérieusement : il est à nous.

— Il est à nous, répéta Cudjo.

Nous courûmes à travers les broussailles dans le sentier qu'ils avaient ouvert, aussi rapidement que les lianes nous le permirent. J'étais en avant de Cudjo, qui n'a jamais été bon coureur, et je trouvais à chaque pas des gouttelettes de sang sur les branches et sur les feuilles. Guidé par les aboiements des chiens, j'arrivai bientôt à l'endroit où ils étaient. L'élan était à genoux et se défendait avec ses bois contre un des chiens; l'autre chien était étendu à terre et poussait des cris de douleur. Le premier cherchait à attaquer l'élan par derrière; mais cet animal se retournait sur ses genoux comme s'il eût été sur un pivot, et offrait toujours la tête à son ennemi.

J'eus peur que l'élan ne portât un coup mortel à notre brave chien, et pour en finir je tirai à la hâte et me précipitai en avant dans l'intention de l'achever à coups de crosse. Je le frappai de toutes mes forces en tâchant de l'atteindre à la tête; mais j'y mis tant de hâte que je le manquai, et, emporté par la violence de l'effort que je faisais, je tombai juste entre les cornes! Je lâchai la carabine et je cherchai à saisir une des branches pour me dégager, mais l'élan fut aussitôt sur ses pattes, et relevant vivement la tête, il me lança haut dans les airs. Je retombai sur un treillis de lianes, de vignes et de branches entrelacées, que je saisis de toutes mes forces. Heureusement que je restai là suspendu, car l'élan était à me chercher au-dessous et se demandait évidemment ce que j'étais devenu. Si je fusse retombé à terre au lieu de rester accroché dans les branchages, il m'aurait sans aucun doute brisé sous l'effort de ses puissantes cornes.

Je restai là quelques instants, incapable de me remuer : je regardais ce qui se passait au-dessous de moi. Le chien continuait à harceler l'élan; mais le sort de son compagnon l'avait sans doute effrayé, il se bornait à mordre la bête quand il pouvait s'élancer sur un de ses flancs. L'autre chien était toujours étendu et criait de toutes ses forces.

Ce fut à ce moment qu'arriva Cudjo, que j'avais laissé en

arrière. Il s'arrêta stupéfait de voir la carabine à terre, et de ne m'apercevoir nulle part. J'avais eu à peine le temps de l'avertir, quand l'élan l'aperçut, et, abaissant la tête, se précipita de son côté avec fureur.

J'avoue que je craignis pour mon vieux compagnon. Il tenait à la main une longue lance indienne qu'il avait trouvée dans le camp où nos compagnons avaient été massacrés, mais je ne le croyais pas de force à repousser une attaque aussi impétueuse. Il n'essayait même pas de diriger la pointe de son arme vers l'animal, qui s'approchait furieux : il restait immobile comme une statue.

— Il est paralysé de terreur, pensai-je. Et je m'attendis à le voir empalé par les branches pointues des formidables cornes. Je me trompais étrangement : Cudjo n'était pas homme à se laisser tuer ainsi. Quand il vit que les cornes de l'élan n'étaient plus qu'à deux pieds de lui, il sauta légèrement derrière un arbre, et l'animal, emporté par la rapidité de sa course, le dépassa de plusieurs pieds. Cela se fit si vite que je crus un instant qu'il était touché; et ma surprise fut grande quand je le vis sortir de derrière l'arbre et plonger sa lance entre les côtes de son adversaire. Le plus adroit matador de toutes les Espagnes n'aurait certes pas pu déployer plus de présence d'esprit et plus d'agilité.

Je jetai un cri de joie en voyant cet énorme animal rouler sur le sol, et descendant aussitôt de l'endroit où j'étais perché, je courus vers le lieu du combat. L'élan se mourait au moment où j'arrivai, et Cudjo jouissait de son triomphe.

— Hourra, mon brave Cudjo! m'écriai-je, vous l'avez adroitement achevé!

— Oui, massa, répondit Cudjo tranquillement tout en laissant percer quelques symptômes de contentement et d'orgueil, oui, massa Roff, l'homme noir a su trouver le joint de la cinquième côte de ce monsieur. Il ne blessera plus mon pauvre vieux Castor! Et Cudjo se mit à caresser Castor, qui avait reçu un coup de corne.

En entendant le coup de carabine, Harry n'avait pu se résoudre à rester au camp davantage, et il était venu nous rejoindre. La carabine n'avait reçu aucun dommage.

Cudjo tira son couteau et saigna l'élan de la manière la plus scientifique; cet animal était si lourd (il pesait plus d'un millier de livres), que nous résolûmes de le dépouiller et de le dépecer sur place : il nous aurait fallu employer le cheval ou le bœuf pour le traîner. Nous retournâmes chercher tout ce qu'il fallait et annoncer notre triomphe, puis nous revînmes nous remettre à l'ouvrage. Le soleil n'était pas encore couché que nous avions près d'un millier de viande d'élan pendue aux arbres qui entouraient notre camp. Nous avions attendu pour manger que tout fût fini; et pendant que Cudjo et moi nous accrochions les immenses quartiers de chair aux gros rameaux du voisinage, Marie avait couvert le gril de biftecks d'élan qui nous semblèrent aussi tendres et aussi bons que le meilleur filet de bœuf.

. . . .

Nous nous levâmes de bonne heure le lendemain, et après avoir déjeuné avec des grillades d'élan et du café, nous nous demandâmes ce que nous avions de plus pressé à faire. Notre provision de viande était devenue assez considérable pour nous permettre d'entreprendre le plus long voyage : il n'y avait plus qu'à la sécher de manière qu'elle pût se conserver. Mais comment pouvions-nous la préparer sans avoir du sel? C'était là notre plus grande difficulté. Notre embarras ne dura cependant qu'un moment, car je me rappelai bientôt que les Espagnols et les habitants de tous les pays savent préparer la viande sans sel de manière à la conserver. J'avais entendu dire aussi que sans employer de sel les chasseurs des montagnes Rocheuses avaient l'art de conserver la chair de buffalo. C'est ce qu'ils appellent du bœuf fumé, denrée que l'on connaît parmi les Espagnols sous le nom de *tasajo*.

Je me souvins d'avoir lu autrefois la méthode à suivre pour cette préparation, je l'expliquai à Cudjo, et nous commençâmes tout aussitôt à fumer notre élan. Nous fîmes d'abord un grand feu, sur lequel nous jetâmes une grande quantité de branches vertes. Par ce moyen nous empêchâmes le feu de brûler trop vivement et nous obtînmes beaucoup de fumée. Nous plantâmes alors plusieurs perches tout autour du feu, et nous étendîmes des lianes de l'une à l'autre au-dessus du foyer. Quand ces lianes furent prêtes nous prîmes les quartiers de l'élan et nous détachâmes la chair des os en la coupant en tranches d'environ une aune de long. Ces tranches furent suspendues sur les lianes de manière à les exposer autant que possible à l'action de la fumée et à la chaleur du feu sans cependant les approcher assez pour les faire rôtir. Nous n'eûmes plus alors qu'à alimenter le feu et à empêcher les chiens et les loups de venir enlever quelques-uns de ces morceaux, qui pendaient comme autant de longs saucissons.

Cette opération nous prit trois jours : après quoi la viande fut assez desséchée pour pouvoir se garder fort longtemps. Nous restâmes pendant ces trois jours dans le camp ou dans le voisinage : nous aurions pu nous procurer d'autre gibier, mais nous en avions assez pour les besoins que nous prévoyions; et nous ne voulions pas dépenser trop vite nos munitions, car nous avions vu des traces d'ours et de panthère auprès du ruisseau. En nous enfonçant dans les bois à la recherche du gibier, nous courions risque de rencontrer quelques-uns de ces dangereux voisins. Il nous semblait prudent de les laisser tranquilles aussi longtemps qu'ils ne viendraient pas nous attaquer, et nous tenions si peu à l'honneur de leur visite, que pour les éloigner de nous pendant la nuit, nous faisions de grands feux tout autour du chariot.

Nous ne manquâmes pas cependant de viande fraîche pendant ces trois jours, nous fîmes même les repas les plus succulents. J'avais tué une dinde sauvage qui était venue avec plusieurs autres se poser auprès de notre camp. Elle pesait plus de vingt livres, et nous en trouvâmes la chair plus fine, plus savoureuse que celle des dindons de basse-cour.

Vers la fin du troisième jour toute la chair de l'élan était fumée et aussi sèche qu'un morceau de bois ; nous la retirâmes de dessus les lianes, et en ayant fait de petits paquets nous la déposâmes dans le chariot. Nous n'avions plus maintenant qu'à attendre notre bœuf et notre cheval, qui se remettaient complètement de leurs longues fatigues. Et comme depuis le matin jusqu'au soir ils étaient à paître une herbe fraîche et touffue, nous espérions n'avoir pas longtemps à attendre.

Mais l'homme propose et Dieu dispose. Au moment même où nous avions l'espoir si bien fondé de pouvoir sortir de cette prison sans limites, il survint un événement qui nous fit abandonner cette idée, pour des années au moins, et peut-être pour toujours! Voici ce qui nous arriva.

C'était dans l'après-midi du quatrième jour après notre descente dans la vallée, nous venions de dîner et nous étions assis auprès du feu regardant Marie et Loïsa qui se roulaient ensemble sur le gazon. Nous parlions, ma femme et moi, de la petite Loïsa, de la mort terrible de son père et de sa mère, que nous supposions avoir été massacrés par les Indiens. Nous nous demandions si nous devions lui taire la fin malheureuse de ses parents et l'élever comme notre fille, ou bien quand elle serait arrivée à un âge plus raisonnable lui raconter comment elle était devenue orpheline. De là, nos pensées se tournèrent vers notre avenir si incertain, car tous nos projets se trouvaient anéantis par la mort de notre ami l'Ecossais. Nous allions dans un pays étranger, dans un pays où nous ne connaissions personne, dont nous ne pouvions même parler la langue, et dont les habitants sont loin d'être bienveillants envers les étrangers, surtout des gens de notre pays et de notre race. Nous n'avions d'ailleurs aucun projet en vue : la mort de notre ami avait rendu notre voyage sans but. Nous ne possédions rien, nous étions sans argent, au point que nous n'avions même pas de quoi payer notre logement pendant une seule nuit! Qu'allions-nous devenir? Nous étions dans une position terrible : l'avenir nous paraissait tout en noir : nous ne nous laissâmes cependant pas abattre.

— Ne crains rien, Robert, me dit ma courageuse femme en me pressant la main et m'adressant un de ses plus doux sourires. Celui qui nous a protégés jusqu'ici ne nous abandonnera pas.

— Ma chère Marie, lui répondis-je en prenant courage à ces paroles si consolantes, tu as raison, tu as raison, confions-nous à Lui.

Un bruit étrange qui s'élevait de la forêt vint au même moment nous interrompre : il s'approchait à chaque instant. C'était comme un cri d'animal en proie à une grande souffrance. Je me tournai pour chercher mon bœuf : le cheval était dans la prairie, mais je n'y voyais pas son compagnon. Le bruit s'approchait toujours et devenait plus terrible à chaque moment : c'était, à n'en pas douter, le beuglement d'un bœuf. Mais que se passait-il?

Un cri plus fort que les autres retentit dans toute la vallée : il semblait que l'animal courait de notre côté.

Je saisis ma carabine, Franck et Harry m'imitèrent; Cudjo s'arma de sa lance indienne. Les chiens, qui s'étaient rapprochés de nous, attendaient un signal pour s'élancer dans le bois. Ce terrible cri retentit plus près, et déjà nous pouvions entendre le bruissement des feuilles et le bris des branches; évidemment un puissant animal se frayait un passage à travers les buissons. Les oiseaux s'enfuirent effrayés, le cheval hennit de terreur, les chiens se mirent à hurler et les enfants crièrent d'effroi. Le beuglement retentit de nouveau sonore et plaintif; toute la vallée sembla gémir de concert. Les roseaux se brisaient sous des pattes puissantes, nous vîmes les feuilles agitées sous les grands arbres; le mouvement s'approchait, l'ondulation était au bord du bois, et un instant après quelque chose de rouge parut sous le feuillage et s'élança dans la clairière. C'était notre bœuf! Mais pourquoi beuglait-il ainsi? Quelque bête sauvage, quelque monstre le poursuivait-il? Non! il n'était pas poursuivi, il était déjà atteint. Il portait son ennemi sur ses épaules! c'était horrible à voir.

Nous restâmes muets d'étonnement : un gros animal était cramponné sur les épaules du bœuf et le tenait étroitement par le cou. Nous crûmes d'abord que ce n'était qu'une masse de poils rougeâtres, un morceau du bœuf lui-même, tant c'était pressé sur lui. Quand le groupe approcha cependant, nous pûmes distinguer les griffes et les pattes courtes et nerveuses du monstre. Sa tête était fixée sur le cou de notre pauvre bête, qui était déchirée et ensanglantée; sa gueule avait saisi la jugulaire, et suçait avidement le sang du bœuf.

Notre vieux compagnon ne galopait plus que lentement en sortant du bois, et ses beuglements n'étaient plus aussi retentissants. On le voyait chanceler en courant. Il cherchait cependant à s'approcher du camp. Il fut bientôt au milieu de nous et poussa un long gémissement; mais arrivé là, il tomba pour ne plus se relever.

L'animal, secoué par cette chute, lâcha prise tout-à-coup et se dressa sur le cadavre de sa victime. Je pus alors le reconnaître : c'était le terrible *carcajou*. Il sembla nous voir pour la première fois, et se baissant tout-à-coup, comme pour prendre son élan, il bondit en un clin d'œil du côté de Marie et des enfants.

Nous tirâmes tous trois au moment où il s'éleva, mais la surprise nous empêcha de viser juste; aucune de nos balles ne l'atteignit. Je tirai mon couteau et courus sur l'animal; mais Cudjo m'avait prévenu, je vis la pointe de sa lance briller comme un éclair et s'enfoncer dans ce poil hérissé. Le monstre poussa un long gémissement : la lance lui avait percé le cou de part en part; il était loin cependant d'être abattu, il s'élança vers Cudjo et allait l'atteindre de ses redoutables griffes, avant que notre vieux compagnon eût eu le temps de retirer son arme. Je ne restai point spectateur inactif de ce drame effrayant; je pris un de mes pistolets et tirai l'animal au cœur : il fut frappé presque à bout portant, roula sur le sol, s'y tordit quelques instants dans les convulsions de la douleur, puis expira.

Nous n'avions plus rien à craindre, mais notre pauvre bœuf, qui devait nous aider à sortir du Désert, n'était plus qu'une masse inerte, qu'un cadavre ensanglanté.

R.F.

FIN.

TABLE

BIBLIOTHÈQUE NATIONALE R.F.

BIBLIOTHÈQUE NATIONALE RF IMPRIMÉS

FIN DE LA TABLE.

Limoges. — Imp. E. Ardant et Cie

www.ingramcontent.com/pod-product-compliance
Ingram Content Group UK Ltd.
Pitfield, Milton Keynes, MK11 3LW, UK
UKHW020107200726
13856UKWH00002B/414